磁阻炮

成都科创科学文化研究院 著

科学出版社
北京

内 容 简 介

本书通过介绍磁阻炮的原理和设计思路，帮助读者较为轻松地步入磁阻炮设计的大门，进而全面理解技术难点和应对措施。内容力求深入、坦率、通俗，尽可能全面呈现近年来出现的新技术，做到授人以渔，意在推动磁阻炮的技术创新和产品创新。

全书共9章，内容包括磁阻炮的概念和基本原理、总体设计和优化方法、电路结构、供弹技术、控制方法，以及关于弹丸稳定方面的初步研究等。基于系统工程思想，书中推导了不同约束条件下的最优设计，初步建立了磁阻炮的设计模式。

本书适合相关科研人员、工程技术人员、学生和爱好者阅读，也可供武器装备发展方面的研究者参考。

图书在版编目（CIP）数据

磁阻炮 / 成都科创科学文化研究院著. -- 北京 : 科学出版社, 2025. 1. -- ISBN 978-7-03-079890-9

Ⅰ. TJ866

中国国家版本馆CIP数据核字第2024YK5566号

责任编辑：孙力维 喻永光/责任制作：付永杰 魏 谨
责任印制：肖 兴/封面设计：武 帅

科学出版社 出版
北京东黄城根北街16号
邮政编码：100717
http：//www.sciencep.com

三河市春园印刷有限公司印刷
科学出版社发行各地新华书店经销

*

2025年1月第 一 版　　开本：787×1092 1/16
2025年1月第一次印刷　　印张：13
字数：248 000

定价：78.00元

（如有印装质量问题，我社负责调换）

前　言

为了阐述磁阻炮的技术体系和设计方法，我们邀请部分关键技术的发明人撰写了本书。

在没有先例的情况下，开发新技术将面临巨大的不确定性。用通俗的话讲，把能走通的路线公之于众，讲讲“踩坑的故事”，或者哪怕只是说“我造出来了”，就能为后人节省许多时间和成本。这是撰写本书的意义之一。

磁阻炮的研究有困难的一面。不但精确的解析模型很难建立，技术上的制约因素也非常多，加之性能“天花板”看起来比较低，一度让几乎整个学术界无人问津。

但它又有简单的一面。电力拖动在近年来发展得很快，而磁阻炮只是其中一种特殊情况，理论和实践的基础条件都相当丰富。它的进步是“小步快跑”的过程中间或有几次“跨栏”，并没有极端困难的跳跃。

近几十年来，算力的突飞猛进带来了设计方法的改变，为磁阻炮的精确设计创造了条件。目前的常规做法是通过近似的解析计算，确定初步可行的方案，例如，将问题极度简化为可以用简单的电磁学公式或时域方程描述。此后再通过仿真优化得到详细和准确的设计参数。磁阻炮能够“小步快跑”，与设计方法的进步是分不开的。

历史上有过几次技术变革。人们很容易注意到，科学革命之后技术得到了科学理论的支撑，并随着科学文化的传播而规范起来。但人们往往忽略了近几十年叠加上的数值仿真等工具链体系。教条地看，数值仿真“本质的”优势仅限于针对难以解析计算的问题做一些“曲线救国”，比如，解决磁阻炮的精确解析模型过于复杂的问题。但它真实普及之后极大地降低了参与设计的门槛，成倍提高了研究效率，颠覆了传统的研发流程，是革命性的进步。每一次技术变革都带来了“设计生产力”的巨大提升，将落后生产力远远甩在后面。从目前的趋势看，人工智能也将带来新一轮技术变革。

本书重在讲明白事物的道理，将设计磁阻炮面临的问题抽丝剥茧，充分简化，营造一种步步为营、层层递进的研究氛围，让读者看到开发的清晰轨迹，从而能够找到自己的道路。关于设计模式的论述大多截止于系统设计，因为此后的工作在算力和现代工具链的支撑下，通常并不会超出机电产品设计的常见套路。

在过去十多年里，磁阻炮面临一个有趣的局面：几乎只有爱好者“业余”开发，学术界零星的一些“研究”也几乎“取材”于爱好者开源的成果。没有商业利益，没有绩效考核，有的只是“自由的空气”和“纯兴趣的快乐”。这种边缘的局面，恰恰为磁阻炮的研究提供了理想主义的土壤。为数不多的几次“跨栏”，都是爱好者在自我驱动的研究中首先设想并尝试的。

通常说到“爱好者”，天然传达着“不专业”的意思，但这是一种来自大众语境的误读。爱好只是个人志趣，与是否职业或专业没有直接关系。许多爱好者自少年时期就确定了在一系列领域的兴趣和追求，强烈兴奋于相关领域的知识和实践，因而有机会花费更多的时间，投入更多的精力。如果路径正确、条件适宜，则可在钻研的广度和深度方面具备优势。事实上，世界上有很多创造是爱好者做出的，爱好者从来都是各行业的重要力量。

爱好者探索的领域如果有商业或应用的前景，当它被推进到接近实用的门槛时，就必然面临“普通化”的过程。因为风险大、收益小的“从零到一”已经过去，而市场趋势在这个阶段通常能够初现端倪。社会将用企业等形式组织职业工程师，迅速将技术推进到实用化、产业化的程度，一部分爱好者也会选择将爱好转变为职业。

相比于“业余”，职业队伍具有更强的纪律性，也更容易组织科研生产要素，在“从一到百”阶段有更高的效率。良好的机制可以在“普通化”的进程中维持商业社会与爱好者相互促进的关系，而欠文明的风气则会动摇爱好者的热情。报道爱好者在磁阻炮领域的研究，从而在维系良好机制方面做一点微小的工作，是撰写本书的另一层意义。

磁阻炮的新时代才刚刚开始，本书所做的工作仍然是初步和片面的。希望本书能为各位带来愉快的阅读体验，对于书中的疏漏之处，也请读者不吝赐教。

刘 虎

2024 年 10 月 1 日

目　录

第 5 章　功率电源系统

第 6 章　供弹机构

第 7 章　传感控制系统

第 8 章　弹丸稳定系统

第 9 章　磁阻炮的极限性能

第1章 电磁炮的发展

电磁炮是利用电磁力发射弹丸的装置。从原理上看，电磁炮的出现是动能武器的一次飞跃。

电磁炮的基本原理较为简单，学习过高中物理电磁学部分就能够理解。但实现电磁炮的实用化乃至达到先进水平却非常困难。电磁炮问世已经一百多年，经过无数先辈的不懈探索，方才勉强迈过实用的门槛。

电磁炮涵盖范围很广，本书探讨的磁阻炮是它的一个分支。过去，由于从理论上看不到希望，磁阻炮并不受学术界和产业界的重视，处于十分边缘的地位，它的发展主要是由世界各地的电磁炮爱好者推动的。近年来，一些新电路结构和控制策略被发明，磁阻炮的效率相比最初的原型有了数量级的提升，弹丸动能达到警用枪械或运动枪械的水平。同时，磁阻炮在其他方面也存在巨大的优势，并且非常适合小型化。因此，磁阻炮反而成为最有可能实现产业化并引领武器装备换代的电磁炮种类。在磁阻炮突飞猛进的发展过程中，中国电磁炮爱好者做出了卓越的贡献，整体实力达到世界领军水平。

本书将从电磁炮的概念和发展历程开始，对理论进行系统但通俗的梳理，逐步引入磁阻炮的各项关键问题，并将最新的电路拓扑和一些新颖的技术展现给读者。作者希望帮助读者较为轻松地理解磁阻炮，掌握行之有效的设计模式，从而推动磁阻炮的发展。

1.1 电磁炮的分类和特点

各类电磁炮的原理都可以用“弹丸电流在外磁场中受到的作用力”来阐释。根据弹丸电流、外磁场的产生方式和相互作用方式的不同，可以组合出多种类型的电磁炮。人们习惯根据结构，把电磁炮分为轨道炮和线圈炮两大类。

轨道炮利用磁场对电流的安培力加速弹丸，它通过两根轨道向弹丸馈电，电流同时在轨道和弹丸上产生磁场。轨道炮主要结构如图 1.1 所示。轨道炮能够将小质量物体加速到非常高的速度，但是在低速下的电性能较差。

对于图 1.1 这种经典的轨道炮结构，发射时不仅弹丸附近的轨道有电流，弹丸走过的所有位置的轨道上都有相同大小的电流。离弹丸较远的电流几乎不能在弹丸处产生磁场，对加速力几乎没有贡献。理论表明，弹丸上超过 99% 的磁场都是由距离弹丸 4 倍口径之内的轨道产生的。但是由于单位长度轨道的电阻是恒定的，所以轨道上大部分地方都白白损耗能量而不加速弹丸。

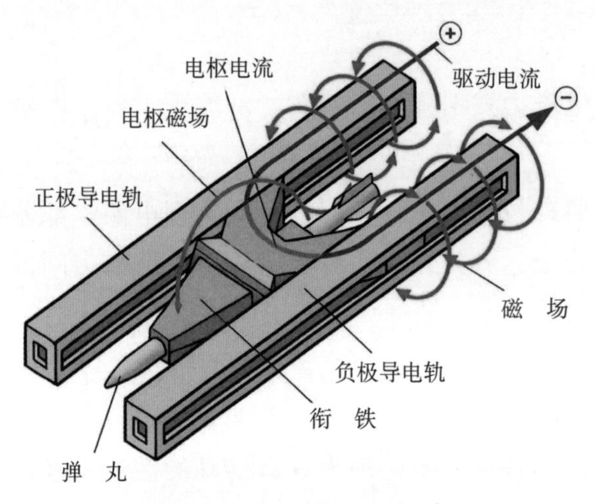

图 1.1 轨道炮主要结构 ①

从电路角度看，轨道炮的轨道和弹丸是串联关系，弹丸受到的推动力与电流大约呈平方关系。在电阻一定时，电阻损耗功率与电流也呈平方关系。这么看来，似乎提高电流既没有好处也没有坏处。然而，提高电流后由于弹丸受力平方级增大，能够更快达到较高的速度，在炮体内停留的时间就变得更短，实际上降低了总的电能损耗。更抽象的说法是，轨道炮的电能损耗是关于时间的积分，而动能是关于加速路程的积分，因此，轨道炮做得越极端，弹丸加速越快，加速路程与时间的比值越大，效率就越高。由于轨道炮需要非常大的电流来产生用于加速的磁场，因此电源内阻的影响非常明显。在储能相对较小，比如几百到几千焦耳的情况下，电源内阻往往占回路电阻的大部分，此时轨道炮的效率将会非常低，甚至出现弹丸一动不动的情况。综合考虑各方面因素后，可以认为只有在规模足够大，并且弹丸出速 ② 非常快，如达到千米每秒量级时，轨道炮才较有优势。

线圈炮是指用线圈产生磁场来驱动导体材料弹丸或者铁磁材料弹丸的发射装

① 图片来源：https://www.ck12.org/physics/electromagnet/rwa/The-Rail-Gun/.

② 对于电磁炮，弹丸有时经过机械加速后才到达电磁加速部件，或者弹丸“上膛”与加速能够一气呵成，从而利用上膛时的初始速度来改善性能。为避免与“初速（初始速度）”混淆，用“出速”表示弹丸的“出膛”速度。“射速”是指单位时间内发射的弹丸数量。

置。它利用驱动线圈和弹丸间的磁耦合机制工作。线圈炮又分为感应炮、磁阻炮、有刷线圈炮等。

感应炮是一种适合中等速度的电磁炮，其弹丸电流通过电磁感应产生。外部激励对弹丸电流的影响接近于线性，这一点与轨道炮类似。但感应炮的驱动线圈可以绕很多匝，电流远小于轨道炮，电源内阻损耗所占的比例要小得多。在结构上，感应炮还可以只给弹丸附近的线圈通电，从而避免像轨道炮一样浪费电能。

感应炮的弹丸需要包含承载感应电流的导体，但不需要全部是导体。弹丸中承载感应电流的导体（称为电枢）可以驱动沉重的载荷一同加速。电枢存在电阻，通过感应电流时会损耗电能，导致电枢的温度快速升高，甚至发生电枢熔化。加大电枢尺寸或选用铜、银等高电导率材料，电枢的质量增大，能够带动的有效载荷就相对地减小。

感应炮存在反拉问题，会严重影响感应炮在低速小口径下的性能。反拉现象的发生时间和弹丸电流的时间常数有关。可以粗略地认为，线圈电流的半波时间需要小于或约等于弹丸电流的时间常数，才能使反拉的影响可以接受。然而，通常尺寸的弹丸，其时间常数都很小。例如，一个长 20mm、外径 12mm、壁厚 1mm 的铜管，假设弹丸中电流分布均匀，其时间常数大约为 100μs。也就是说，如果发射这个弹丸时不希望出现明显的反拉，线圈、电源和开关需要共同保证在 100μs 的时间内放出所需的电能。电解电容很难满足这个要求，所以感应炮通常使用放电速度更快的薄膜电容作为储能装置。感应炮常用的可控硅开关也难以承受巨大的 $\mathrm{d}i/\mathrm{d}t$，往往需要特殊设计。这些都会导致感应炮体积、质量和成本增加，对电磁加速器小型化来说是不利的。

综合这些因素后，感应炮更适用于在几米的路程中把弹丸加速到一两倍音速这样的应用。在加速较缓慢的条件下，效率并不太受加速度的影响。

磁阻炮是目前最适合小型化的线圈炮。与感应炮一样，它也可以利用线圈进行局部激励。不同的是，弹丸上的磁化电流并不会产生焦耳热，因此在低加速度的场合，磁阻炮的效率必然比感应炮高。但是磁阻炮会遇到磁饱和的现象，相当于弹丸电流存在上限。在需要高加速度的时候，即使线圈电流很大，弹丸磁化电流也会被磁饱和所限制，不能相应地增大，效率反而会比感应炮低。从经验上讲，直到 $10^4\mathrm{m\cdot s^{-2}}$ 的加速度时，磁阻炮都比感应炮有显著的优势；而在 $10^5\mathrm{m\cdot s^{-2}}$ 以上的加速度时，与感应炮相比磁阻炮有明显劣势。所以，磁阻炮更适合低加速度场合。

不同原理的电磁炮具有各自的特点和适用场合。轨道炮具有出色的高速性能，但负载能力不强，弹丸质量小且没有多少创作空间，基本只能依靠高速撞击发挥作用。由于需要在高速下进行大电流的载流滑动，对设计和工艺的要求都很高，主要用于需要追求极限速度的场合。线圈炮电流较小，大多没有接触和烧蚀，因此寿命长，但需要多级加速，结构和控制技术较为复杂。与轨道炮相反，感应炮具有很强的承载能力，能够携带多种不同功能的战斗部，弹丸的创作空间大，凡是你想抛掷到远方的东西都可以尝试，比如用来发射人工影响天气安全炮弹。不过，如果需要在几米的路程上把弹丸加速到音速级别，弹丸需要承受极强的电磁场，在携带精密电子设备方面有一些限制。不论是轨道炮还是感应炮，都需要较大规模才比较有价值。一个极端的例子，多数磁悬浮列车本质上就是感应炮，我们可以把数百吨的列车加速到音速，只是加速路程长达数千米，而“炮”的加速路程一般要控制在 10 米以内才能满足实际应用的需要。

磁阻炮在线圈炮中属于较简单的类型。在小口径、小储能和亚音速发射的场景下，使用本书介绍的技术，磁阻炮恰恰是效率最高、体积最小、全寿命成本最低的。这使得磁阻炮成为目前便携式电磁发射器的首选。

1.2 磁阻炮的结构

磁阻炮通常由驱动线圈、导管、储能装置、开关和控制系统组成，发射铁磁材料弹丸。磁阻炮主要结构如图 1.2 所示。

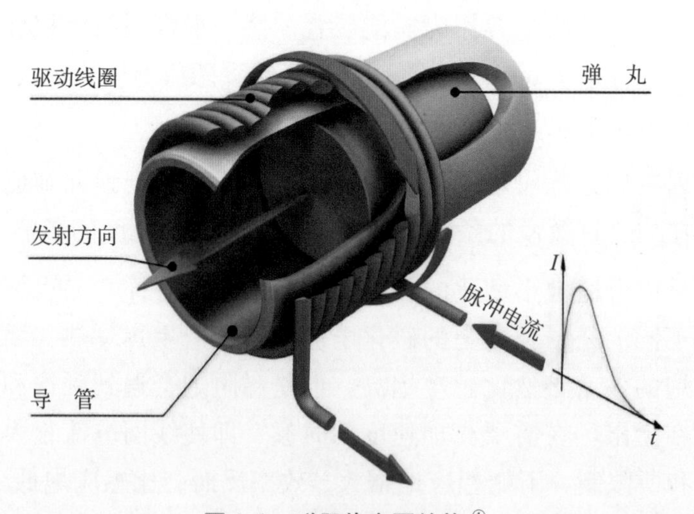

图 1.2 磁阻炮主要结构[①]

磁阻炮的原理可以简单描述为“电磁铁吸引铁磁物质”，因此称为电磁铁炮也是合理的。“磁阻”是指磁路对磁通的“阻碍”作用。磁通总是倾向于沿磁阻

① 图片来源：http://www.coilgun.eclipse.co.uk/coilgun_basics_1.html.

最小的路径闭合。当铁磁材料弹丸位于线圈中心时，磁路的磁阻最小，处于稳定状态。弹丸在偏离线圈中心的位置时，磁阻增大，处于不稳定状态，会受到朝向线圈中心的吸引力，这也是磁阻炮名称的由来。

铁磁物质的饱和磁感应强度低得可怜。在磁饱和后，若通过增大线圈电流的办法继续加大吸引力，则线圈损耗功率的增大将与吸引力的增大呈平方关系。因此，实用的磁阻炮必须由多个线圈组成，弹丸被线圈逐级缓慢加速。图 1.3 是一个三级磁阻炮实验套件。这是一个由电池供电，高压电解电容作为储能元件，通过光电开关检测弹丸位置，可控硅（晶闸管）作为开关的磁阻炮。

图 1.3 市售三级磁阻炮实验套件实物图（小北）

普通电池很难直接提供足够的脉冲电流，需要在发射前先使用电容充电电源（capacitor charging power supply, CCPS）将电池电能升压后存储在电容中。光电开关用于检测弹丸的位置，当弹丸遮挡光电开关时，电路触发下一级的可控硅导通。可控硅是一种半控型半导体开关。

图 1.4 是图 1.3 所示磁阻炮实验套件的原理框图。具体发射流程是这样的，首先用 CCPS 对储能电容组充电，使储能电容组存储足够发射的电能。然后闭合第一级发射开关。第一级储能电容通过开关对第一级线圈放电，在线圈中产生电流并激发出磁场。磁场对放置于线圈一侧的弹丸产生吸引力，弹丸开始向线圈中心移动。当弹丸通过线圈中心时，线圈电流恰好降低，从而避免反拉弹丸。弹丸因为惯性继续向前移动，遮挡住第一个光电开关时，触发第二级可控硅导通。弹丸会继续被第二个线圈加速。如此持续，经过线圈的连续加速最终使弹丸发射出去。

在电源动力足够强大时，也可以使用电源直接为线圈供电，例如，使用多级串联的动力锂电池或者市电整流后直接驱动线圈，从而省去电容储能。这种方式在单次发射后电源电压几乎保持不变，因此可以称其为“恒压驱动”电磁炮。由于常使用多级串联的锂电池组供电，更习惯称之为“电池直驱”或“直驱方案”。直驱方案省去了电容充电过程，容易做到很高的射速，极限情况下能达到每分钟

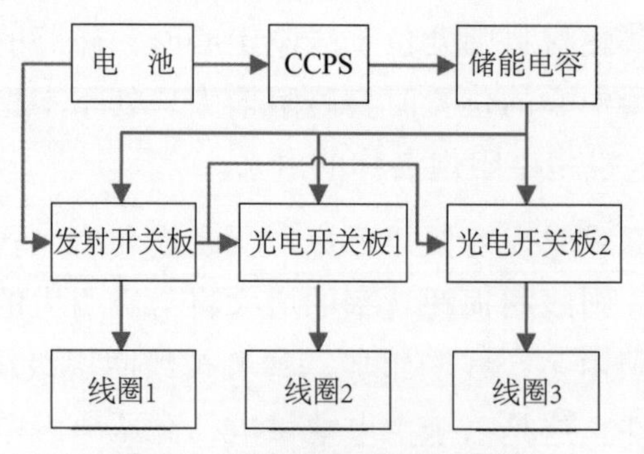

图 1.4 磁阻炮发射流程框图

上万发。但高压动力锂电池组很难做到小体积，在手持设备上只能使用较低的电压，直驱方案就有很大的局限性。目前，新能源汽车的锂电池组能够满足小规模直驱方案的需求，因此，直驱方案在车载电磁炮上较有前景。

尽管多级磁阻炮从结构来看是由多个单级磁阻炮组合而成的，但要让其合理地工作却相当困难。本节举例的磁阻炮只能用于演示基本原理，它的效率很低，通常只有 1% 左右，即便经过精心调试也很难超过 5%。要达到实用的程度，需要把效率提升大约一个数量级，这就必须用到包括能量回收在内的一系列新技术。除此之外，设计一套实用的、产品化的磁阻炮还需要仔细洞察用户需求，做好从总体到细节的各方面工作，综合电气、机械、力学、通信、控制、材料、工业工程和管理等多门学科的知识。

1.3 磁阻炮的发展

在电磁发射领域，磁阻炮的技术背景远不如其他方式丰富。但事实上，依靠磁阻原理进行发射是最早出现的电磁发射方式。

虽然早在我国先秦时期，人们就已经记录了磁铁之间的吸力，但长久以来只限于对磁现象的简单利用。19 世纪之前，科学家依然默认电与磁是两个互不相关的事物。1820 年，汉斯 · 奥斯特发现通电导线周围存在磁场，人们终于意识到电可以转变为磁，而磁可以带来机械运动。对于如何把磁转变为机械运动，长期以来存在旋转和直线往复两种路线。1845 年，查尔斯 · 惠斯通在直线电机方向取得了进展，制成世界上第一台磁阻式电动机。当电动机的“动子”，也就是铁棒缺乏约束的时候，就会从电机中飞出去。据说惠斯通的动子飞了 20m 远，磁阻炮就这样诞生了。在接下来的半个世纪里，电气技术取得了空前的发展，大功率电源等基础条件逐渐成熟。在这样的历史背景下，电磁炮爱好者的祖师爷，奥斯陆大学的伯克兰（Birkeland）教授走上了历史舞台。他沉迷于电磁发射，尝试了许多方案，在 1901 年使用一系列线圈将 500g 的铁弹丸加速到 50m/s（图 1.5）。

图 1.5 伯克兰教授制作的多级线圈炮[①]

然而磁阻炮没能像其他关于电机的发明那样高歌猛进。人们在尝试进一步提升磁阻炮的效率时遇到了瓶颈，由于引入了磁导率非线性的铁磁材料，很难用解析方法对磁阻炮的工作过程进行建模，使得工程改进缺少理论支撑。同时明眼人都能看出，由于铁磁材料的磁饱和特性限制，磁阻炮不可能通过直接扩大规模实现高速。人们不愿意为一个注定没有前景的事物投入过多精力。随着轨道炮和感应炮的提出，磁阻炮逐渐变得门可罗雀，这一歇就是八十多年。直至 20 世纪 90 年代，受益于得克萨斯大学奥斯汀分校机电中心的工作，关于磁阻炮较为完整的理论才得以建立，其中包括磁阻的计算，弹丸受力大小的计算，能量分配，以及由于引入铁磁材料弹丸所产生的非线性问题的计算和解决方法[①]。虽然这些研究指出磁阻炮有作为武器的前景，但相比于火药武器并没有动能方面的优势，学术界和产业界仍然没有太当回事。

在随后的二十年里，磁阻炮依然用它那 1% 的可怜效率履行着科普教学的使命，并没有多大进展。但“科普”出了数以万计的电磁炮爱好者，其中不乏科学家和发明家。最近十来年，电磁炮爱好者通过热火朝天的社区开源研发，把磁阻炮的效率提高了一个数量级，并且推进到商业化阶段。

1.3.1 国外电磁炮爱好者

早在 2003 年，就有爱好者建立网站对磁阻炮进行系统而全面地介绍[②]。2010 年，美国的爱好者 Jason Murray 开发了磁阻式线圈炮 CG-33。三年后，他又开发

① Bresie D A，Andrews J A．Design of a reluctance accelerator．IEEE．Transactions on Magnetics，1991，27(1).

② http://www.coilgun.eclipse.co.uk/index.html.

了全自动手持式线圈炮 CG-42（图 1.6）。该炮是 8 级磁阻炮，采用电池直驱 + IGBT 控制开关的方案，出速 42m/s，动能可达 10J，效率达到 7%，整体质量为 4.17kg。CG-42 的发表给爱好者社区带来了信心。

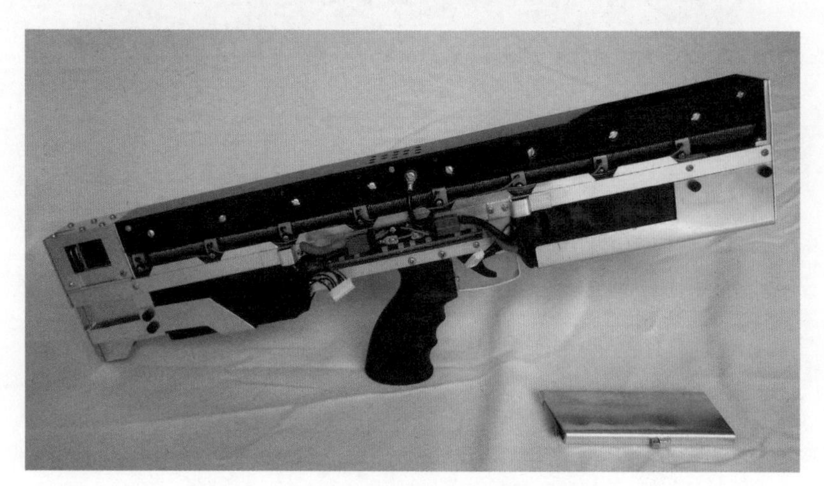

图 1.6 CG-42 全自动手持式线圈炮 ①

David M.Wirth 等于 2015 年开发了一款手持式轨道炮 XPR-1。在这之后不久他们开始研究磁阻炮，在 2017 年合作成立了 Arcflash Labs 公司，并于 2018 年开始出售第一款商业化“线圈枪”EMG-01A。这是一款手持式自动 8 级磁阻炮，外壳采用 3D 打印，同样是电池直驱方案，出速 45m/s，动能 4.65J，效率 6.5%，质量 2.5kg。

随后该公司又推出了改进产品 EMG-01B 和 EMG-02，并于 2021 年底推出了名为铁砧（Anvil）的高压磁阻炮 GR-1（图 1.7）。GR-1 是利用高压电容储能的磁阻炮，使用可控硅作为开关，可发射不同规格的弹丸，最大出速 75m/s，最大动能 100J，效率 2.8%，质量 6.8kg，首发售价 3375 美元。虽然这个团队的水平间或被中国爱好者嘲笑，但他们在商业上的尝试依然具有开创性。

图 1.7 GR-1 高压磁阻炮 ②

① 图片来源：https://www.deltaveng.com/gauss-machine-gun/.

② 图片来源：https://arcflashlabs.com/wp-content/uploads/2023/01/GR13.jpg.

世界各地的爱好者多通过视频网站、社区和开源平台发表自己的作品，其中有许多不引人注意但相当重要的小发明。例如，俄罗斯爱好者 Борисов Алексей Вячеславович（Borisov Aleksey Vyacheslavovich）受差动变压器启发，首先测试并使用了镜像线圈传感器，较为完美地解决了弹丸位置检测问题，开辟了磁电控制这一新天地（图 1.8）。日本爱好者在桥式拓扑方面也有丰富的经验。

图 1.8 俄罗斯爱好者制作的磁电控制磁阻炮

1.3.2 国内电磁炮爱好者

我国是全球制造业中心，发展科技爱好具有得天独厚的优势。

磁阻炮最初是作为一个科技爱好项目引进国内的。伴随着《科学超电磁炮》等动漫的流行以及创客运动的兴起，参与范围扩大到普通创客。虽然大多数制作相对简陋，但随着爱好者基数的增加，不断有高水平的作品产生。在成都科创科学文化研究院的系统推动下，国内电磁炮爱好者群体形成了良好的学术风气。

早期国内大多采用高压电容储能，可控硅作为开关，光电控制。CG-42 问世后，我国爱好者很受鼓舞，很快跟进了低压磁阻炮的研究，在 2013 年 8 月制作出低速时效率达 25% 的作品（图 1.9），并采用时序控制。创新的接力赛从此拉开帷幕。

时序控制十分诱人，但起初弊端很多，例如，轻微扰动就会造成后级失步，导致出速不稳定。随后几年，爱好者仍以探索传感器控制方案为主，但也有人尝试解决时序控制的理论问题。陶乐等在 2020 年确定了速度负反馈的形成条件，解决了高速级失步问题，实现了时序控制的实用化。时序控制已成为高性能磁阻炮的主要控制方式。

图1.9 我国爱好者在2013年制作的低压磁阻炮

潘永生于2015年推导了磁阻炮的理论极限，明确指出磁阻炮“前途无量”。同时对正确的优化方向进行了探索，推导出最优加速度分配原则，并提出“脉波推进”等新结构，为后续创新开拓了思路。

在此后的几年间，关于电路拓扑的研究逐渐升温，我国爱好者提出或改进了十多种拓扑结构，使磁阻炮的性能获得质的飞跃（图1.10）。除了拓扑结构，在工艺和控制方面也有较多创新。杨硕在实验中观察到弹丸磁浮稳定现象，总结控制策略后改善了散布。指纹解锁、物联网授权、等动能命中等技术也已经尝试应用于手持电磁炮的安全管理。

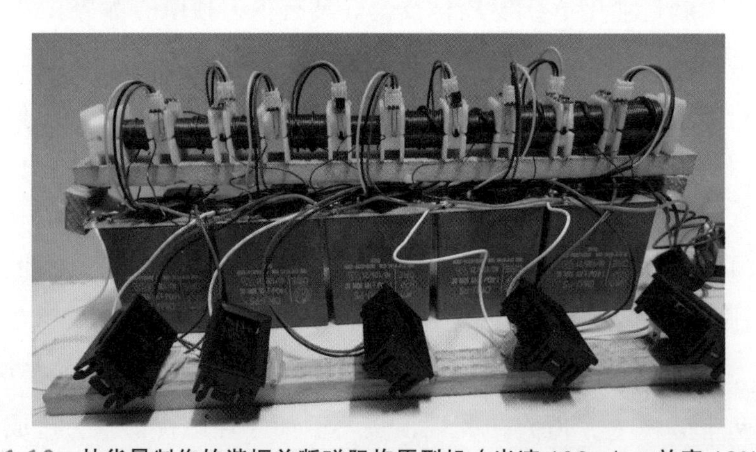

图1.10 林华景制作的谐振关断磁阻炮原型机（出速106m/s，效率12%）

近期，一些科技创业者已经着手产业化。祝凌云采用电池直驱、磁电控制方案构建出的CA-09低压电磁枪（图1.11）首先在国外成为“爆款”。后来该团队与国内军工企业合作研制了系列产品，产生了较大的社会反响。CA-09动能约16J，射速可达每分钟上千发。

图 1.11 CA-09 低压电磁枪[①]

除了传统的产业化路线，也有一些爱好者以外包方式为科研院所提供题材，其中部分应用了近年的新技术，出速可达 100m/s 量级。李俊萱曾开源一种双 Boost 能量回收磁阻炮方案（TK-18，图 1.12），被国内外争相仿制。

图 1.12 TK-18 磁阻炮原型机（动能 92J，效率 25%）

在设计技术方面，国内外爱好者开发了不少专用计算软件，其中较优秀的是我国爱好者顾子飞开发的行波加速模拟器（图 1.13）。该软件基于物理爱好者柯巍推导的系列算法，可以根据电磁炮构型快速评估理论性能并计算主要电气参数。

目前，国内爱好者已经逐渐迈向理论创新指导设计创新的阶段，在实验装置中将磁阻炮的关键指标推进到全球领军水平。在手持的规模下，出速可达 200m/s，效率约 30%，动能超过 100J。在环境适应性、可靠性等方面也做了大量细节工作。

① 图片来源：https://coilaccelerator.com/gallery/.

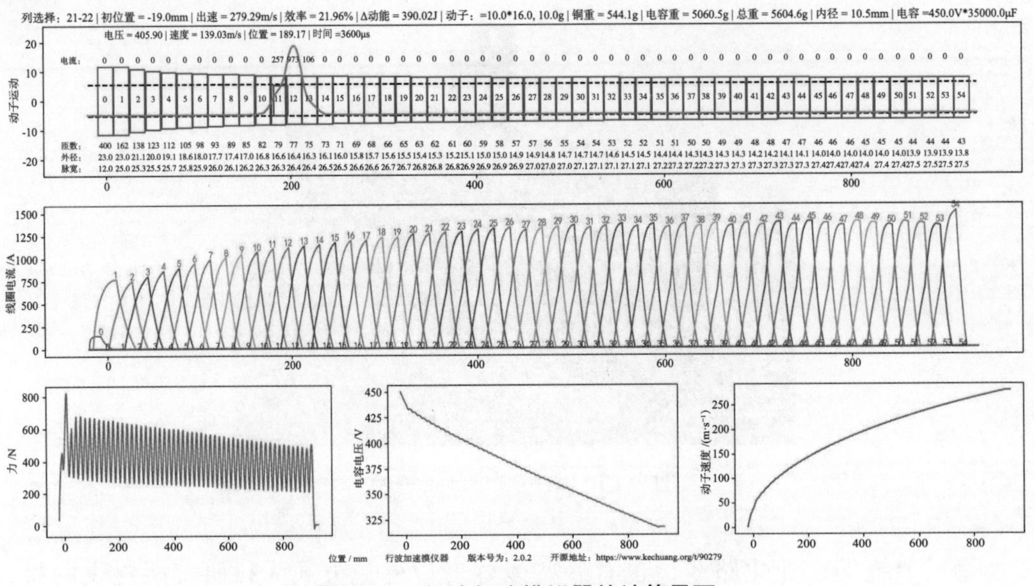

图 1.13 行波加速模拟器的计算界面

我国电磁炮爱好者的努力，使磁阻炮在性能上达到实用的临界点，技术上的障碍已经基本扫除。在管理控制等方面，电磁炮则全面碾压现有火药武器。这些进展预示着护卫、侦察、体育运动等对弹丸速度要求不高的场合，技术换代已经箭在弦上，“电气时代”即将到来。

第2章 磁阻炮的原理

电磁炮的工作原理是将电磁能转换为弹丸的动能。它可以被看作一种特殊的直线电机，而发射过程可以看作电机的启动过程。旋转电机的启动过程可以比较漫长，但电磁炮的加速路程不可能太长。为了在有限的路程上将弹丸加到高速，电磁炮必须瞬间提供极大的功率，这就需要诸多特殊设计。

本章将从磁阻炮的工作原理入手，构建多级磁阻炮发射模型，对其中的线圈磁场和弹丸受力进行计算，讨论系统中的各种参数变化对于磁阻炮发射效果的影响，最终给出磁阻炮设计的一般原则。

2.1 磁阻炮的工作原理

磁阻炮利用通电线圈产生磁场来吸引铁磁材料弹丸。尽管线圈的磁场可以在弹丸上产生一些感应电流，但在磁阻炮的磁场下，感应电流是次要的——远小于磁化电流，所以弹丸只会被拉动而不会被推动。

如图 2.1 所示，通电线圈产生的磁场会使弹丸磁化，弹丸会产生感应磁场，极性和线圈磁场的极性刚好相反。因此，弹丸在线圈的任何一侧都会受到指向线圈中心的吸引力。

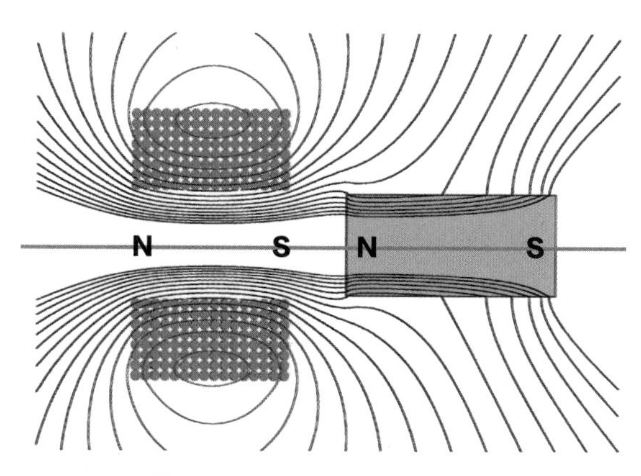

图 2.1　磁阻线圈发射原理图

2.1.1 磁场对弹丸的吸引力

铁磁性是物质的一种属性，具有铁磁性的物质在磁场中非常容易被磁化，在磁化时会表现出磁性。根据量子物理的解释，铁磁物质中存在许多自发磁化的小区域，叫作磁畴。每个磁畴由大量磁矩方向相同的原子组成。磁畴与磁畴之间的边界叫磁畴壁。图 2.2 给出了铁磁物质的磁畴在磁化前后的变化。

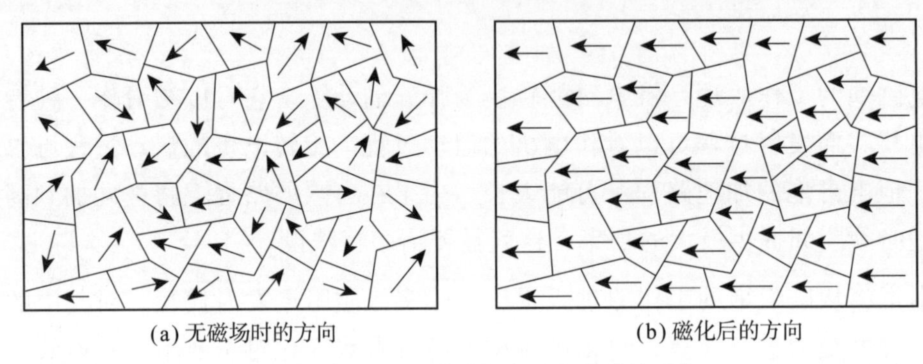

图 2.2 铁磁物质的磁畴在磁化前后的变化

无外磁场时，虽然一个磁畴内的原子磁矩方向一致，但不同磁畴的磁化方向混乱。从整体上看，磁场互相抵消，物质对外不显示磁性。磁化过程开始时，磁畴壁发生运动，各磁畴将按外磁场的方向排列。磁化后的弹丸出现了磁性和磁极，可以被磁场吸引。这是一种比较直观的解释。

物质产生磁性的本质源于组成物质的微观粒子的磁矩，铁磁物质的原子磁矩主要由原子中的电子自旋产生。内部电子自旋产生的电流相互抵消，而在物质外沿的电流没有被抵消，看起来就像沿物体表面闭合的环形电流，这种电流被称为磁化电流（图 2.3）。

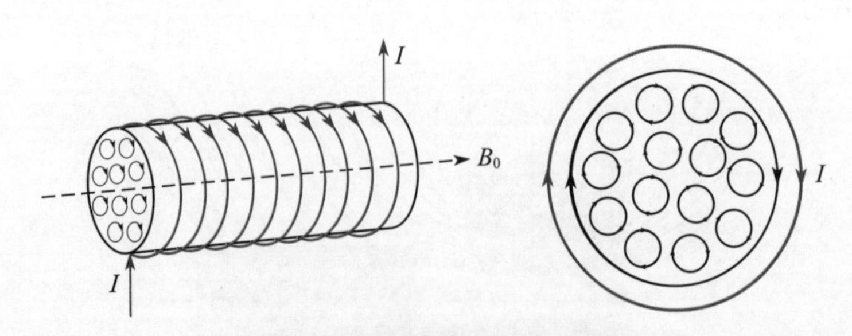

图 2.3 铁磁物质的磁化电流

通常用磁化强度 M 描述物质被磁化的程度，单位是 A/m。材料被磁场磁化后表现出的磁性，可以用磁化电流 I 来等效。可以认为物质内部的磁场是由驱动线圈的电流和磁化电流共同形成的，则磁感应强度 B 的环路定律：

$$\oint_l B\cdot \mathrm{d}l=\mu_0\left(\sum I+\oint_l M\cdot \mathrm{d}l\right) \tag{2.1}$$

经整理后可以得到

$$\oint_l\left(\frac{B}{\mu_0}-M\right)\cdot \mathrm{d}l=\sum I \tag{2.2}$$

令$H=\dfrac{B}{\mu_0}-M$，则有 $B=\mu_0(H+M)$。

式中，H 为磁场强度，单位为 A/m；μ_0 为真空磁导率，其值为 $4\pi\times10^{-7}$（T · m/A）。对于各向同性的介质，根据实验有$M=\chi_m H$，其中 χ_m 是介质的磁化率，有

$$B=\mu_0(1+\chi_m)H=\mu_0\mu_r H \tag{2.3}$$

μ_r 是相对磁导率，除了铁磁材料的相对磁导率远大于 1，其他材料的这个值都接近于 1。实际上，相对磁导率会随外部磁场强度的变化而变化（图 2.4），外部磁场开始使磁畴转向时，相对磁导率会迅速上升，可能高达数千。外部磁场强度继续增大，所有磁畴的方向都排列整齐之后，相对磁导率开始减小，这种情况被称为“饱和”。磁场强度无限大时，相对磁导率会趋近于 1。这样的现象会导致铁磁材料的磁感应强度并不随着磁场强度线性变化，给定量计算带来了一定困难。

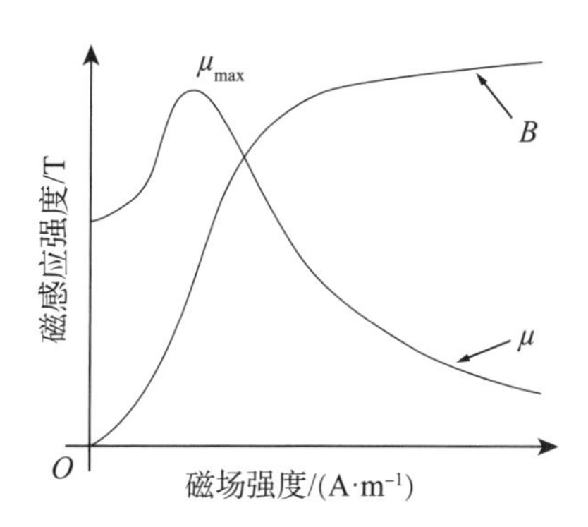

图 2.4 铁磁材料的磁感应强度随磁场强度的变化

假设磁阻炮的弹丸为圆柱形，受到磁场的吸引力（图 2.5）。根据虚功原理，弹丸向线圈移动无限小的距离 Δx，磁场的能量转化为弹丸动能。作用在弹丸上的力为

$$F=-\frac{\Delta W_m}{\Delta x} \tag{2.4}$$

磁能密度为

$$w_m=\frac{1}{2}HB=\frac{B^2}{2\mu} \tag{2.5}$$

磁能密度随磁感应强度的变化具有以下形式：

$$\Delta w_{\mathrm{m}} = \int_{B_1}^{B_2} H(B)\mathrm{d}B \tag{2.6}$$

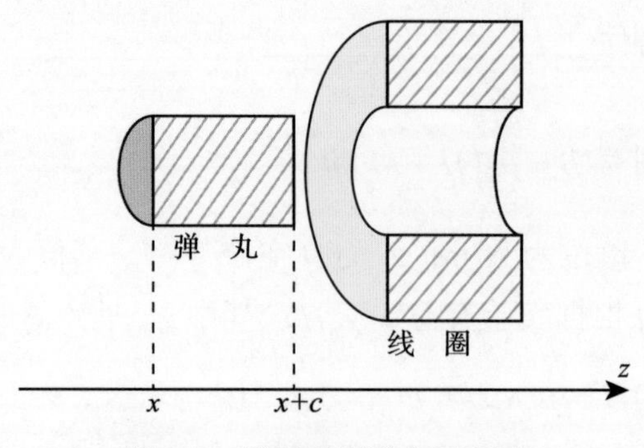

图 2.5 线圈吸引弹丸示意图

假设弹丸长度为 c，截面积为 S，尾部位于 x 处，受到线圈磁场的吸引向前运动了一个极小的距离。总的能量变化可以看作弹丸尾部厚度为 $\mathrm{d}x$ 的薄片移动到头部之后，磁能密度的变化带来的能量变化。

$$\Delta W_{\mathrm{m}} = \mathrm{d}x \cdot S \cdot \left[\int_{B(x)}^{B(x+c)} H_{\mathrm{fe}}(B)\mathrm{d}B + \int_{B(x+c)}^{B(x)} H_{\mathrm{air}}(B)\mathrm{d}B\right] \tag{2.7}$$

铁磁材料和空气的磁感应强度 B 随磁场强度 H 变化的关系如图 2.6 所示，可以表示为

$$H_{\mathrm{fe}} = \frac{B}{\mu_0} - M \tag{2.8}$$

$$H_{\mathrm{air}} = \frac{B}{\mu_0} \tag{2.9}$$

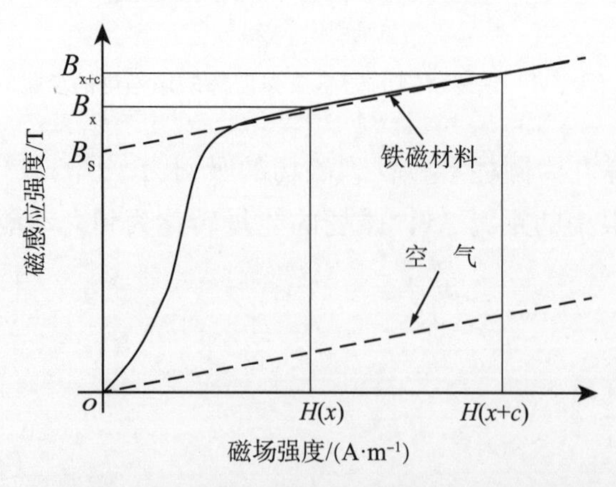

图 2.6 铁磁材料和空气的磁感应强度随磁场强度变化的关系

可以得到弹丸在磁场中的受力为

$$
\begin{aligned}
F &= -S \cdot \left[\int_{B(x)}^{B(x+c)} \left(\frac{B}{\mu_0} - M\right) \mathrm{d}B + \int_{B(x)}^{B(x+c)} \frac{B}{\mu_0} \mathrm{d}B\right] \\
&= M \cdot S \cdot \left[B(x+c) - B(x)\right] \\
&= M \cdot \Delta\phi
\end{aligned}
\tag{2.10}
$$

M 为弹丸均匀磁化时的磁化强度，可以通过查阅材料的 B-H 曲线计算出 M，$\Delta\phi$ 为圆柱体两端磁通量之差。但是弹丸的磁场会影响磁通量的分布，所以我们并不知道 $\Delta\phi$。

通常磁阻炮工作在弹丸完全磁饱和的区域，磁化曲线的后半段与空气的 B-H 曲线是平行的。铁磁物质磁化曲线后半段反向延长相交纵轴于 B_S，有

$$
\begin{aligned}
F &= -S \cdot \left[\int_{B(x)}^{B(x+c)} \frac{B - B_S}{\mu_0} \mathrm{d}B - \int_{B(x)}^{B(x+c)} \frac{B}{\mu_0} \mathrm{d}B\right] \\
&= \frac{B_S S}{\mu_0} \left[B(x+c) - B(x)\right] \\
&= B_S S \left[H(x+c) - H(x)\right] \\
&= B_S S \Delta H
\end{aligned}
\tag{2.11}
$$

式中，B_S是铁磁材料的饱和磁感应强度；S是弹丸截面积；$\left[H(x+c)-H(x)\right]$是弹丸头部和尾部的磁场强度差。由此可见，磁场对铁磁材料弹丸的吸引力正比于弹丸两端的磁场强度差。

2.1.2 线圈产生的磁场

在磁阻炮中，发射线圈通常是多层密绕的导线，也就是螺线管（solenoid）。当有稳定的电流通过导线时，电流均匀分布，螺线管会产生磁场，其磁场构型相对简单，磁场方向可以用右手定则判断（图 2.7）。

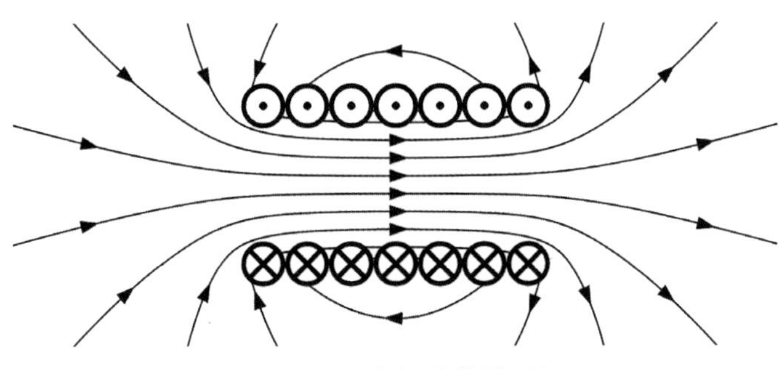

图 2.7 通电螺线管的磁场

通电螺线管可以看作一个条形磁铁，它对铁磁物质会产生吸引力。磁感线是一种简单描述磁场的方法，磁感线上每一点的切线方向都表示该点的磁场方向，而磁感线的疏密程度表示磁场强度的大小。可以看到从线圈中心到无穷远处，磁感线由密变疏。当弹丸位于螺线管一侧时，靠近螺线管一侧的磁场强度更大，弹丸两端磁通量的差使得弹丸受到朝向螺线管中心的吸引力。

磁阻炮的线圈通常是由漆包线多层绕制的，其截面为矩形。后面的讨论也都会围绕截面为矩形的线圈展开。

为了计算线圈对弹丸的作用力，需要知道弹丸首尾的磁场强度。而偏离线圈轴线的磁场强度计算起来较为困难，计算出的结果没有初等函数形式的解析解，轴线上的磁场强度容易通过计算得到。为了方便工程计算，可以用轴线上的磁场强度来代表弹丸首尾两端整个面上的磁场强度。

图 2.8 是磁阻炮线圈的剖面图，其内半径为 R_1，外半径为 R_2，长度为 $2l$。对于有限长的有厚度载流螺线管，可看作多个单层螺线管的积分。单层螺线管的半径为 R，厚度为 $\mathrm{d}R$。假设线圈的总匝数为 N，通过的电流为 I，则单层螺线管轴线上 x 处的磁感应强度为

$$\begin{aligned} B &= \frac{\mu_0 NI}{4l}(\cos\alpha - \cos\beta) \\ &= \frac{\mu_0 NI}{4l}\left[\frac{x+l}{\sqrt{(l+x)^2+R^2}} + \frac{l-x}{\sqrt{(l-x)^2+R^2}}\right] \end{aligned} \tag{2.12}$$

$\mathrm{d}R$ 薄层在线圈轴线上产生的磁感应强度为

$$\mathrm{d}B = \frac{\mu_0 NI\mathrm{d}R}{4l(R_2-R_1)}\left[\frac{x+l}{\sqrt{(l+x)^2+R^2}} + \frac{l-x}{\sqrt{(l-x)^2+R^2}}\right] \tag{2.13}$$

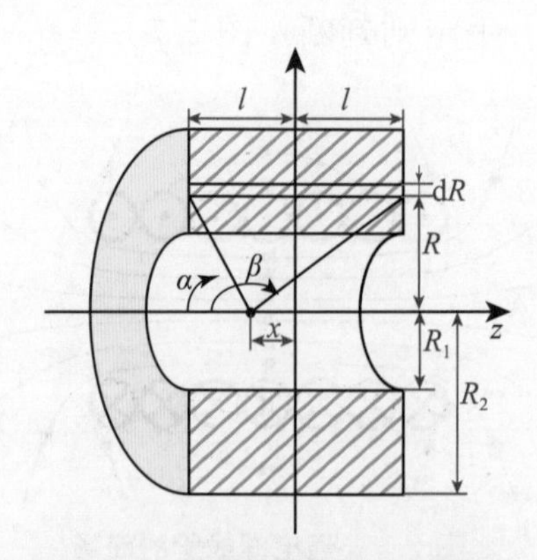

图 2.8 磁阻炮线圈的剖面图

多层螺线管轴线上的磁场强度为

$$H=\frac{NI}{4l\left(R_2-R_1\right)}\int_{R_1}^{R_2}\left[\frac{x+l}{\sqrt{\left(l+x\right)^2+R^2}}+\frac{l-x}{\sqrt{\left(l-x\right)^2+R^2}}\right]\mathrm{d}R$$
$$=\frac{NI}{4l\left(R_2-R_1\right)}\left[(x+l)\ln\frac{R_2+\sqrt{(x+l)^2+R_2^{\ 2}}}{R_1+\sqrt{(x+l)^2+R_1^{\ 2}}}+\left(l-x\right)\ln\frac{R_2+\sqrt{\left(l-x\right)^2+R_2^{\ 2}}}{R_1+\sqrt{\left(l-x\right)^2+R_1^{\ 2}}}\right] \tag{2.14}$$

为方便后续计算，定义函数

$$F\left(z\right)=(z)\ln\frac{R_2+\sqrt{(z)^2+R_2^{\ 2}}}{R_1+\sqrt{(z)^2+R_1^{\ 2}}} \tag{2.15}$$

则

$$H=\frac{NI}{4l\left(R_2-R_1\right)}\left[F\left(x+l\right)+F\left(l-x\right)\right] \tag{2.16}$$

对于螺线管中心的磁场强度，代入 $x=0$，

$$H=\frac{NI}{2l\left(R_2-R_1\right)}\cdot F\left(l\right) \tag{2.17}$$

假设有一个长 2cm 的线圈，内半径 1cm，外半径 3cm，共 300 匝，在其中通过 150A 的电流，可以通过计算得到磁场强度随位置的变化曲线。作为验证，使用有限元仿真进行计算，并将结果绘制在同一张图中，如图 2.9 所示。

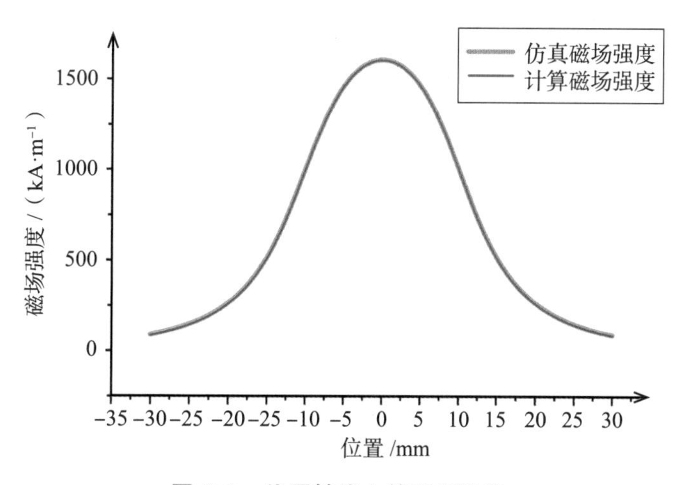

图 2.9 线圈轴线上的磁场强度

两条曲线几乎完全重叠。实际上，在曲线所代表的所有位置上，磁场强度的差距均小于 2kA/m。从曲线的形状可以看出，线圈中心的磁场强度最强，远离线

圈中心时，磁场强度迅速减小。当距离线圈中心 3cm 时，磁场强度降低到中心强度的 1/10 以下，说明线圈能吸引弹丸的距离相当有限。

如果用轴线上的磁场强度代表整个截面的磁场强度，可以得到一种弹丸受力的近似公式：

$$\begin{aligned}F&=B_{S}S\left[H(x)-H(x+c)\right]\\&=B_{S}S\frac{NI}{4l\left(R_{2}-R_{1}\right)}\left[F(x+l)+F(l-x)-F(x+c+l)-F(l-x-\mathrm{c})\right]\end{aligned}\tag{2.18}$$

为后面方便表示，定义参数 K：

$$K=F(x+l)+F(l-x)-F(l+c+x)-F(l-x-c)\tag{2.19}$$

式中，x 是弹丸头部到线圈中心的位置；l 是线圈长度的一半；c 是弹丸长度。

假设在前文所述的线圈中心放置一个口径 8mm，材质为 1008 钢的弹丸。根据 B-H 曲线，材料的饱和磁感应强度约为 2T。若弹丸头部位于线圈中心，可算出弹丸受到的拉力约为 135N，而有限元仿真的结果为 147N。这是由于我们使用轴线上的磁场强度代替截面上的磁场强度进行计算，而实际上偏离轴线的磁感线更密集，磁场强度更高。

2.1.3 线圈的电阻损耗

根据式（2.17），安匝数不变时，线圈的外形越小，线圈中心的磁场强度越大。但线圈越小则导线越细，电阻越大，产生的损耗也越大。设计线圈时，应当考虑在产生相同强度的中心磁场时，哪种形状的线圈产生的电阻损耗最小。

磁阻炮采用的线圈截面形状通常为矩形，其外形参数标准如图 2.8 所示，其匝数为 N。通过稳定电流 I 时，可以得到线圈截面平均电流密度为

$$J=\frac{NI}{2l\left(R_{2}-R_{1}\right)}\tag{2.20}$$

则螺线管中心的磁场强度可以表示为

$$H=J\cdot F(l)\tag{2.21}$$

线圈导线材料电阻率为 ρ，假设绕组内的电流均匀分布，电流密度为 J，则线圈消耗的功率为

$$P=J^{2}\frac{\rho}{\lambda}V=J^{2}\frac{\rho}{\lambda}2\pi l\left(R_{2}^{2}-R_{1}^{2}\right)\tag{2.22}$$

式中，λ 是线圈填充率，即导体的截面积与线圈（包含绝缘层、导线之间的空隙）的截面积的比。

将式（2.20）和式（2.22）代入式（2.21）中，则磁场强度可表示为

$$H=\sqrt{\frac{P\lambda}{2\pi\rho}}\cdot\sqrt{\frac{l}{R_2^{\ 2}-R_1^{\ 2}}}\cdot\ln\frac{R_2+\sqrt{l^2+R_2^{\ 2}}}{R_1+\sqrt{l^2+R_1^{\ 2}}} \tag{2.23}$$

为了找到形状与磁场强度的关系，可以假设$R_1=a,R_2=xa,l=ya$。

$$H=\sqrt{\frac{P\lambda}{2\pi a\rho}}\cdot\sqrt{\frac{y}{x^2-1}}\cdot\ln\frac{x+\sqrt{y^2+x^2}}{1+\sqrt{y^2+1}} \tag{2.24}$$

当线圈电阻消耗的功率确定时，$\sqrt{\frac{P\lambda}{2\pi a\rho}}$为常数，$\sqrt{\frac{y}{x^2-1}}\cdot\ln\frac{x+\sqrt{y^2+x^2}}{1+\sqrt{y^2+1}}$为形状系数。当$x$=3.095，$y$=1.862时，形状系数存在最大值，此时最优的形状系数为0.3575。图2.10所示为线圈形状系数关于x和y的曲面。

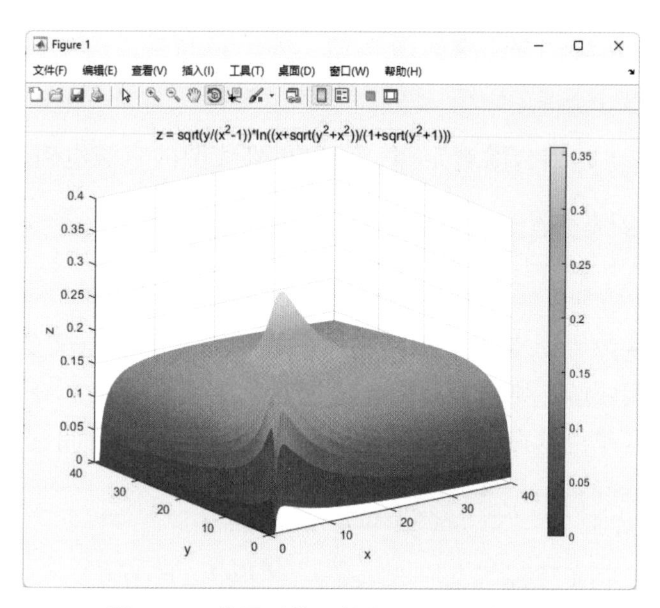

图 2.10 线圈形状系数关于 x 和 y 的曲面

这意味着当使用的线圈内半径为D，线圈外半径约为3.1D，线圈长度约为1.9D时，在相同的线圈电阻损耗下能在线圈中心产生最强的磁场。但是需要注意以下两点。

（1）线圈中心产生磁场强度最强不等于加速效率最高，只有加速较长的弹丸时才能这样理解。

（2）公式推导假设电流均匀分布。实际由于线圈由脉冲直流驱动，受趋肤效应和邻近效应影响，电流分布是不均匀的，实际损耗会大于上述计算，最优形状系数也稍有变化。

2.1.4 线圈的电感量与时间常数

为了达到加速所需的安匝数，既可以用粗线绕较少的圈数并采用较大的电流，也可以用细线绕较多的圈数并采用较小的电流。在工程设计中，必须有选择线圈匝数和线径的理论依据。不难想象，线圈的匝数和形状会影响电感量，而电感量会影响放电时间。为了尽可能将能量传递给弹丸，放电时间必须与弹丸的速度相匹配。我们首先关心电感量，关于线圈形状的问题会在2.2.4节进一步讨论。

准确计算电感量是比较困难的，对于磁阻炮上常用的多层线圈，电感量 L 可以由经验公式 [①] 算出：

$$L=\frac{31.5\left(\frac{R_1+R_2}{2}\right)^2\cdot N^2}{13R_2-7R_1+9h} \tag{2.25}$$

式中，R_1、R_1、h 分别对应线圈的内半径、外半径和长度，单位都为 m；电感量单位为 μH。

根据式（2.22），结合欧姆定律，可以得到线圈的直流电阻为

$$R=\frac{P}{I^2}=\frac{J^2\frac{\rho}{\lambda}2\pi l\left(R_2{}^2-R_1{}^2\right)}{I^2}=\frac{\rho\pi N^2\left(R_1+R_2\right)}{2l\left(R_2-R_1\right)\lambda} \tag{2.26}$$

电感的时间常数等于电感量与其电阻的比值。其物理意义是，给线圈提供一个电流，然后短接两端，则在 τ 秒后，电流衰减为原来的 1/e，约 36.8%。时间常数越大，则电流衰减得越慢，线圈上的有功损耗也越小。时间常数为

$$\tau=\frac{L}{R}=\frac{\dfrac{31.5\left(\frac{R_1+R_2}{2}\right)^2\cdot N^2}{13R_2-7R_1+9h}}{\dfrac{\rho\pi N^2\left(R_1+R_2\right)}{2l\left(R_2-R_1\right)\lambda}}=\frac{15.75\lambda}{\pi\rho}\cdot\frac{\left(R_2{}^2-R_1{}^2\right)l}{13R_2-7R_1+18l} \tag{2.27}$$

单位为μs。可以看出线圈的体积越大，填充率越高，时间常数就越大。时间常数与匝数无关。

使用经验公式计算的电感量只在线圈长度和厚度都较大时满足，是近似的结果。若想更精确地计算线圈的电感量，可以使用有限元等其他方法。

① 资料来源：Wheeler H A. Simple Inductance Formulas for Radio Coils. Proceedings of the Institute of Radio Engineers, 1928, 16(10): 1398-1400.

2.2 理论指导优化

通常，多级磁阻炮采用一系列线圈连续加速弹丸，可以看成一个运动的磁场拉着弹丸加速。

根据前面的计算，我们已经知道任意一个通电线圈轴线上的磁场强度，从而可以近似得出弹丸在线圈中某个位置的受力。

图 2.11 是弹丸在单个线圈产生的磁场中运动时，受力随位置变化的典型曲线。当弹丸中心与线圈中心重合时，弹丸所受拉力为 0。

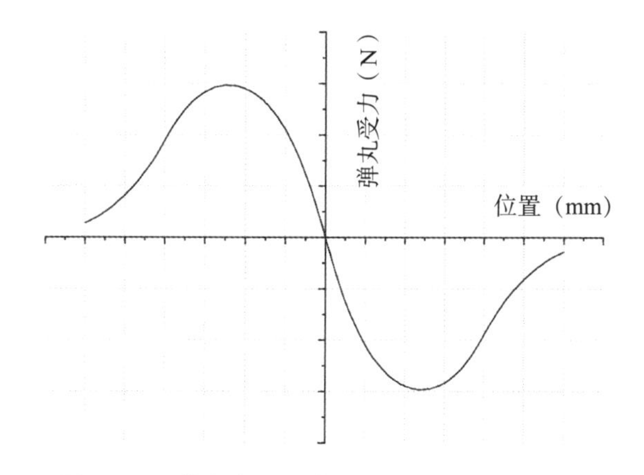

图 2.11 弹丸在线圈中不同位置时的受力情况

假设有这样一个通电线圈，以匀加速向前并拖动弹丸同步运动。弹丸为圆柱形，正好位于线圈中轴。弹丸与线圈的相对位置保持在弹丸受力最大处，弹丸头部到线圈中心的距离为 x。与形状相关的未知量标注在图 2.12 中。其中，R_1、R_2 是线圈的内半径、外半径，l 是线圈长度的一半。弹丸直径为 D，长度为 c。忽略

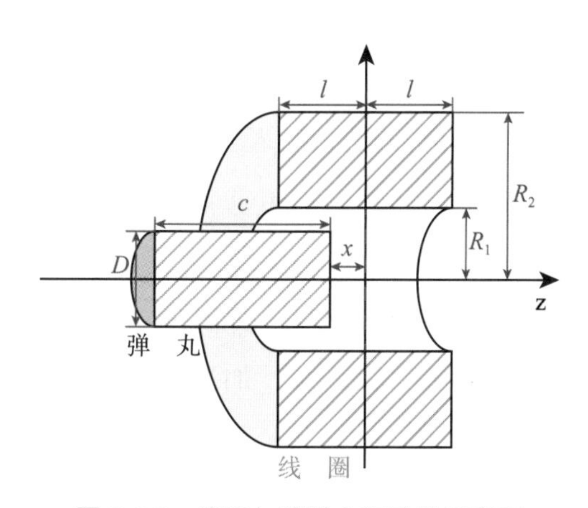

图 2.12 线圈加速弹丸运动的示意图

线圈质量，并假设电能除转化为线圈的焦耳热和弹丸的动能之外，没有其他损耗。

在本节中，通过分析这种理想情况下各参数对加速效果的影响，帮助我们更好地设计和优化磁阻炮。

2.2.1 效率和电流的关系

对于拉力恒定的匀加速情况，最终弹丸的动能等于电磁力乘以加速的路程。

$$E_K = Fs$$

线圈发热损耗的能量等于电阻损耗的功率乘以加速的时间：

$$W = Pt$$

则该系统的发射效率η（以下简称效率）为

$$\eta = \frac{Fs}{Fs + Pt} = \frac{1}{1 + \dfrac{Pt}{Fs}} \tag{2.28}$$

根据匀加速运动的特点可以得到

$$\eta = \frac{1}{1 + \dfrac{2P}{Fv}} \tag{2.29}$$

式中，v 为弹丸的最终速度。受力 F 可以由式（2.18）得到，线圈电阻损耗的功率 P 可由欧姆定律计算得出，线圈的电阻由式（2.26）给出，则效率可以表示为

$$\eta = \frac{1}{1 + \dfrac{2I^2R}{B_S S\Delta H v}} = \frac{1}{1 + \dfrac{2I^2 \dfrac{\rho\pi N^2(R_1 + R_2)}{2l(R_2 - R_1)\lambda}}{B_S \dfrac{\pi D^2}{4}\Delta H v}} = \frac{1}{1 + \dfrac{16\rho NI(R_1 + R_2)}{\lambda B_S D^2 v K}} \tag{2.30}$$

式中，ρ 是线圈材料电阻率；N 是线圈匝数；I 是线圈通过的电流；λ 是线圈填充率；B_S 是弹丸的饱和磁感应强度；D 是弹丸直径；$K=F(l+x)+F(l-x)-F(l+x+c)-F(l-x-c)$。

从式（2.30）可以直观地看出使用通电线圈匀加速拉动弹丸时，各种参数对效率的影响。

假设使用2.1.3节最优形状的线圈，即内半径10mm、外半径31mm、长19mm，并假设共绕300匝，填充率70%，加速一个直径9mm、长20mm、饱和磁感应强度2T的铁质弹丸到100m/s。代入式（2.30）可以看到效率与电流的关系（图2.13）。

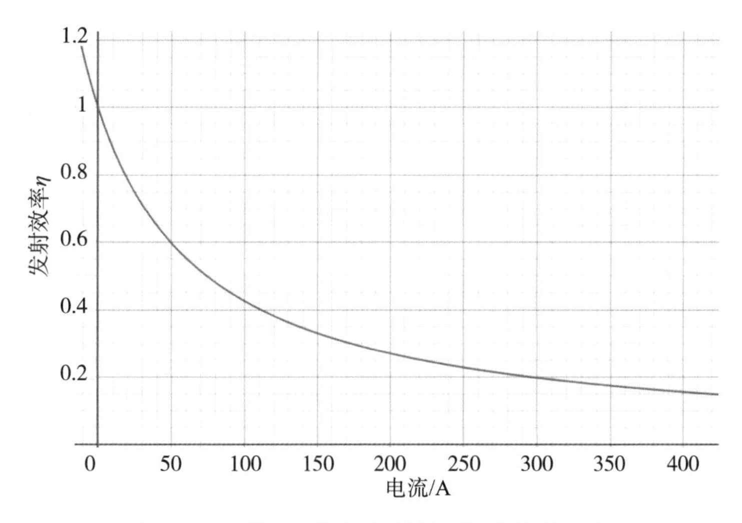

图 2.13 给定情况下发射效率随电流的变化

可以看出，电流越大，发射效率越低。但是减小电流会降低磁场强度，意味着更低的加速度和更长的加速路程。受到体积和成本的限制，磁阻炮的加速路程是有限的，因此需要对发射效率和加速路程进行取舍。

2.2.2 效率和出速、加速度的关系

假设加速路程一定，弹丸出速为 v，根据匀加速运动的性质，加速路程 s 可以表示为

$$s=\frac{1}{2}at^2=\frac{v^2 m}{2F}=\frac{v^2\rho_{\mathrm{m}}c}{2B_{\mathrm{S}}\Delta H} \tag{2.31}$$

式中，ρ_{m}是弹丸材料的密度。

弹丸两端的磁场强度差可以表示为

$$\Delta H=\frac{v^2\rho_{\mathrm{m}}c}{2B_{\mathrm{S}}s} \tag{2.32}$$

根据式（2.16），弹丸两端的磁场强度差为

$$\Delta H=\frac{NI}{4l\left(R_2-R_1\right)}K \tag{2.33}$$

电流在线圈上消耗的功率为

$$P=J^2\frac{\rho}{\lambda}2\pi l\left(R_2{}^2-R_1{}^2\right)=\left[\frac{NI}{2l\left(R_2-R_1\right)}\right]^2\frac{\rho}{\lambda}2\pi l\left(R_2{}^2-R_1{}^2\right) \tag{2.34}$$

将式（2.32）和式（2.33）代入式（2.34）可以得到

$$P=\left(\frac{2\dfrac{v^2\rho_{\mathrm{m}}c}{B_{\mathrm{S}}s}}{K}\right)^2\frac{\rho 2\pi l\left(R_2{}^2-R_1{}^2\right)}{\lambda} \tag{2.35}$$

结合式（2.11）、式（2.29）、式（2.32）和式（2.35），发射效率为

$$\eta=\frac{1}{1+\dfrac{2P}{Fv}}=\frac{1}{1+\dfrac{32v\rho_{\mathrm{m}}\rho cl\left(R_2{}^2-R_1{}^2\right)}{s\lambda B_{\mathrm{S}}{}^2D^2K^2}} \tag{2.36}$$

据式（2.36），可以计算在某路程上使用某形状的线圈将某弹丸加速到任意速度时的效率。对于内半径 10mm、外半径 31mm、长 19mm 的线圈，在 0.5m 路程中加速一个直径 9mm、长 20mm 的弹丸，假设弹丸头部始终位于线圈中心，发射效率随弹丸出速的变化曲线如图 2.14 所示。

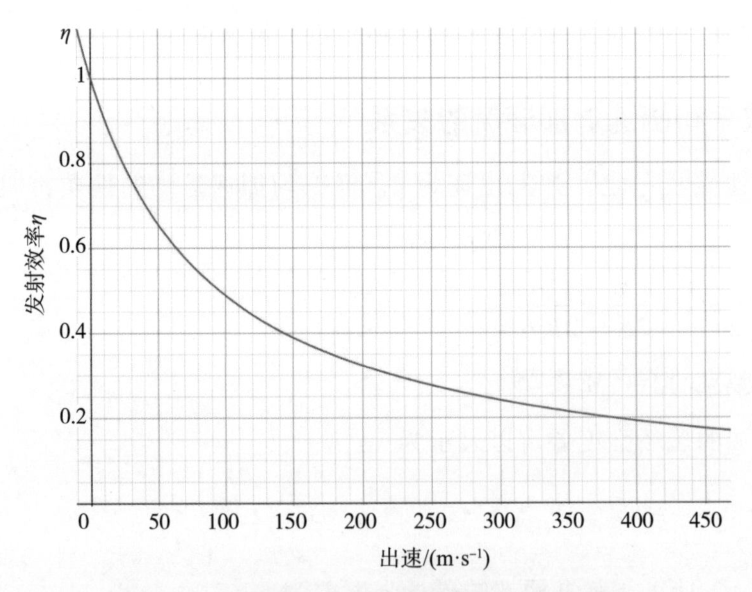

图 2.14　给定情况下发射效率随弹丸出速的变化

对于给定的加速路程，出速越高，效率越低。在匀加速情况下，将直径 9mm、长 20mm 的弹丸在 0.5m 路程中加速到 200m/s，计算效率能达到 32%，出口动能约 200J。这样的动能可以赶上一些小口径的手枪，具备实用性。

需要注意的是，由于磁感线径向分布不均匀，使用轴线上的磁场强度计算得到的弹丸受力会偏小。另外匀加速也未必是磁阻炮最优的加速度分配方式。磁阻炮的理论最优效率会高于这一特殊情况下的结果。

根据匀加速过程的特性，还可以从速度与效率的关系推导出加速度 a 与效率 η 的关系：

$$\eta = \frac{1}{1+\dfrac{32v\rho_{\mathrm{m}}\rho cl\left(R_2^{\,2}-R_1^{\,2}\right)}{s\lambda B_{\mathrm{S}}^{\,2}D^2K^2}} = \frac{1}{1+\dfrac{32\sqrt{2}\rho_{\mathrm{m}}\rho cl\left(R_2^{\,2}-R_1^{\,2}\right)}{\lambda B_{\mathrm{S}}^{\,2}D^2K^2}\sqrt{\dfrac{a}{s}}} \tag{2.37}$$

可见在其他参数确定的情况下，加速度越大，效率越低。而加速度相同时，加速路程越长，效率越高。

2.2.3 效率和弹丸长度的关系

弹丸长度会影响效率。由式（2.30）可以得到使用某线圈匀加速弹丸到某一速度时的效率。

如果给定单级所用的能量为 E，且从 0 开始加速，则

$$\begin{gathered} E\eta = \frac{1}{2}mv^2 \\ v = \sqrt{\frac{2E\eta}{m}} \end{gathered} \tag{2.38}$$

代入式（2.30），可以得到关于效率的隐函数：

$$\eta = \frac{1}{1+\dfrac{16\rho NI\left(R_1+R_2\right)}{\lambda B_{\mathrm{S}}D^2K\sqrt{\dfrac{2E\eta}{m}}}} \tag{2.39}$$

假设使用一个内半径 10mm、外半径 31mm、长 19mm 的线圈加速一个直径 9mm 的弹丸，得到效率随弹丸与线圈长度比值变化的曲线如图 2.15 所示。

可见当输入能量一定时，效率随弹丸长度增加先上升后下降。可以认为，当弹丸很短时，两端的磁场强度差较小，产生的电磁力小，只有很少一部分能量传递给弹丸，效率低。随着弹丸加长，受力也在增加，效率逐渐升高。当弹丸很长时，继续增加弹丸长度，弹丸的受力增速变缓，而质量却均匀增加，加速度变小并导致速度降低。而动能与速度的平方成正比，弹丸无限长的时候，尽管质量趋于无穷，但速度趋于零。速度是平方项，故动能趋于零，效率也趋于零。因此，弹丸长度会存在一个最优的结果，使得发射效率最大。

图 2.15 中曲线的最大值出现在弹丸与线圈长度比值略小于 1 处，意味着弹丸长度应略短于线圈。需要注意，此处仅计算了一个特定例子，实际上最优的弹丸长度会随线圈形状的不同而有所变化。对于长度较短的线圈，最优的弹丸长度又会略长于线圈。后面会对这种关系进行更详细的计算。

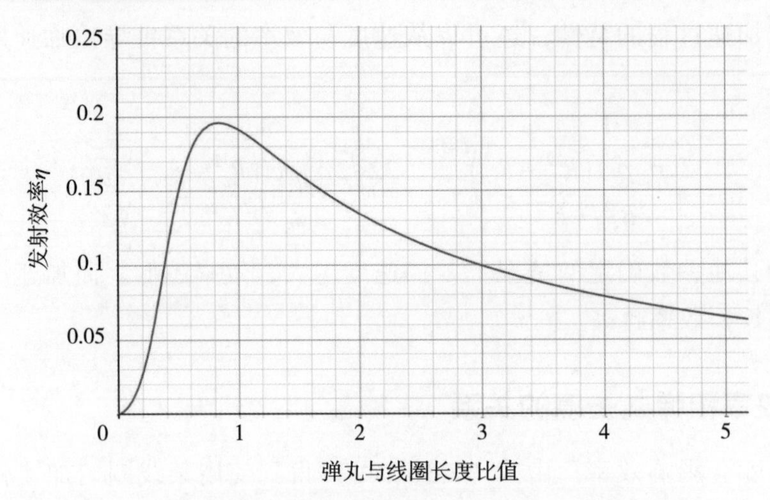

图 2.15 给定情况下发射效率随弹丸与线圈长度比值的变化

2.2.4 一种匀加速情况下的最优结果

由于相互影响的因素较多，这里先来探讨匀加速这一简单条件下磁阻炮的效率。

根据前文得到的结果，弹丸既不能太长，也不能太短。一个合适的弹丸长度对应一个最优的线圈形状。式（2.36）给出了匀加速情况下磁阻炮的发射效率，可重写为

$$\eta = \frac{Fs}{Fs + Pt} = \frac{1}{1 + \frac{32v\rho_{\mathrm{m}}\rho cl\left(R_2^{\,2} - R_1^{\,2}\right)}{s\lambda B_{\mathrm{S}}^{\,2} D^2 K^2}} \tag{2.40}$$

式中，v是弹丸出速；ρ_{m}是弹丸密度（钢弹丸取7860kg/m^3）；ρ是线圈导线电阻率（铜线取$1.7\times10^{-8}\Omega\cdot\mathrm{m}$）；$\lambda$是线圈填充率（圆漆包线取70%）；$B_{\mathrm{S}}$是饱和磁感应强度（钢弹丸取2T）；$s$是加速路程；$D$是弹丸直径；$K=F(l+x)+F(l-x)-F(l+x+c)-F(l-x-c)$；$R_1$、$R_2$、$x$、$c$、$l$是与形状有关的参数，分别对应线圈内半径、线圈外半径、弹丸头部距中心距离、弹丸长度、线圈长度的一半。

去除式（2.40）中与外形和位置无关的参数，分母可简化为如下表达式：

$$\frac{lx\left(R_2^{\,2} - R_1^{\,2}\right)}{D^2K^2} \tag{2.41}$$

假设线圈内径为a，弹丸直径为D，其他与形状和位置有关的参数均与a呈某种比例，那么，式（2.41）可进一步化简为$k\left(\frac{a}{D}\right)^2$，即弹丸的直径$D$越大，效率越高，当弹丸直径等于线圈内径时效率最高。而k为与前述“各参数与a的比例”有关的系数，求其最佳取值可以得到所有的最优比例关系。

这意味着，尽管加速度、出速、加速路程、饱和磁感应强度等与形状无关的量都会影响最终效率，但不会影响最优效率时与形状有关的比例关系。缩小弹丸直径会降低效率，但也不会影响最优效率时的其他形状关系。因此，当线圈内径确定后，就能够根据比例关系确定弹丸和线圈形状了。

于是得到这样一个形状关系，在已知线圈内径的情况下，在给定路程中将弹丸匀加速到某一速度，使用图 2.16 中的线圈和弹丸形状具有最优效率。

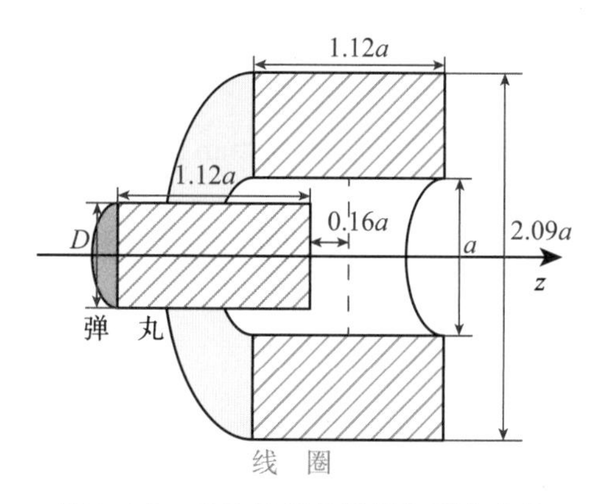

图 2.16 效率最优的线圈与弹丸参数

且弹丸直径等于线圈内径（$D=a=2R_1$）时，式（2.41）的值最小，效率达最大值。

假设线圈内径为 10mm，考虑导管壁厚及弹丸气隙，弹丸直径取 9mm，又假设需要在 0.5m 路程上将弹丸加速到 200m/s，利用内点法求得函数（2.40）的极值，即最优效率是 38.8%。此时线圈外径为 20.8mm，弹丸头部距线圈中心距离为 1.62mm，弹丸与线圈长度均为 11.2mm。

从上面的分析还可以得出这样一个的结论：对于不同直径的弹丸，只要其长径比相同，在相同路程上匀加速到同一速度时，它们的最优效率相同。

这个结论解释了一个常见的误区，即通常认为“大口径的磁阻炮效率更高”。从上面的分析可知，口径的大小对效率并没有决定性的影响。观察到这种现象是因为，使用相同储能的磁阻炮，加速更大直径的弹丸，加速度更低，所以效率更高。类似的误区还有“使用低电压的磁阻炮效率更高”，同样是因为加速度而非电压导致。当然，不排除实际工程中因为一些具体因素而呈现出某种规律，比如高电压磁阻炮的漆包线更细，绝缘层更厚，导致填充率下降，引起效率下降。

在实际工程中，有些情况会限定弹丸的长度和直径。尽管在约束部分参数（如弹丸形状）时不能做到“总体最优”，但使用上面的方法同样能得到其他参数的较优值。在求式（2.40）的极值时固定弹丸的长度来计算多元函数的极大值，如给定弹丸长度为 20mm，则会求出不一样的线圈形状（图 2.17）。

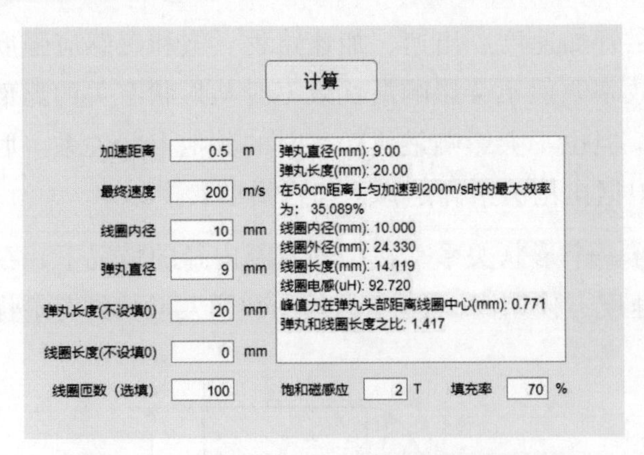

图 2.17 当弹丸长度为 20mm 时的最优结果

优化结果表明，当弹丸长度大于最优长度时，对应的线圈长度和线圈外径都有所增加（图 2.18）。

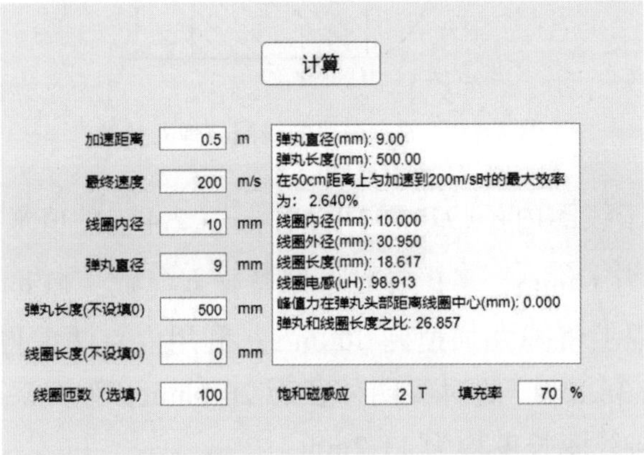

图 2.18 当弹丸长度为 500mm 时的最优结果

当弹丸长度无限大时，则效率最高的线圈形状变成 2.1.3 节给出的相同的线圈电阻损耗下能在线圈中心产生最强磁场的线圈形状。

推导出的形状具有一定的工程价值。比如使用多级线圈对弹丸进行加速时，线圈外径可以直接参考最优结果。当线圈划分较细时，同时导通的线圈的长度应与计算出的线圈长度相当。优化结果也为选择弹丸长度指明了方向。

前面提到，线圈磁场中偏离轴线区域的磁感线更密集，使用轴线上的磁场强度代表弹丸整个截面的磁场强度会导致算出的拉力偏低。想要更准确地计算磁阻炮的效率，还需要进一步研究磁场分布对弹丸拉力的影响。另外，匀加速可能并不是效率最高的加速方式，对于加速方式对效率的影响还需要进一步分析。

2.2.5 磁阻炮最优加速度分配

为便于讨论，前面一直将加速过程按照匀加速研究。实际工程中很容易发现，磁阻炮在刚开始加速时效率很低，或许匀加速并不是最优的加速方式。

磁阻炮发射过程中某时刻的效率：

$$\mathrm{d}\eta = \frac{F\mathrm{d}x}{F\mathrm{d}x + P\mathrm{d}t} = \frac{1}{1+\dfrac{P}{Fv}} \tag{2.42}$$

这意味着，匀加速情况下每个时刻的瞬时效率会随着弹丸的速度而变化。速度越快，瞬时效率越高。通常认为将能量放在速度更高的后级，整体的电阻损耗最小。但是前面输入的能量过少，弹丸又无法到达高速。这个问题和“最速降线”问题类似，都存在一个最优函数。这类问题需要使用变分法求解。

系统的电阻损耗功率 P 与加速度 a 的平方成正比，即 $P_r=k \cdot a^2$，而拉力 $F=ma$，所以有

$$\mathrm{d}\eta = \frac{1}{1+\dfrac{ka}{mv}} \tag{2.43}$$

k 的值可以由计算得到

$$k = \frac{P}{a^2} = \frac{P}{\left(\dfrac{F}{m}\right)^2} = \frac{{\rho_\mathrm{m}}^2 \rho 2\pi lc^2\left(b^2 - a^2\right)}{\lambda K^2} \tag{2.44}$$

k 是与线圈和弹丸的参数有关的系数。当线圈和弹丸的材料、形状和位置等参数确定的时候，k 的值是固定的。而弹丸形状的推导可以直接通过式（2.40）求最值得到。得出的形状是唯一且与加速度无关的。也就是说，这个形状在任何加速条件下都成立，k 具有唯一的最优值。

加速度可以由速度推导出，为了求解方便，将问题转化为解速度－位置函数，使得弹丸加速到某一速度时消耗的能量最少。以位移为零的时刻为时间起点，即 $t|_{x=0} = 0$。设位移为 x_1 时，时间为 t_1（t_1 为未知量）。设加速过程中电阻损耗的总能量为 E_r。

现在的任务是，在满足固定边界条件 $v|_{x=0} = v_0$，$v|_{x=x_1} = v_1$ 的情况下，求 $v(x)$，使 $E_r[v(x)] = k\int_0^{t_1} a^2 \mathrm{d}t$ 取极小值。

根据速度和加速度的定义得到 $v = \dfrac{\mathrm{d}x}{\mathrm{d}t}$，$a = \dfrac{\mathrm{d}v}{\mathrm{d}t}$。

故有$\mathrm{d}t=\dfrac{\mathrm{d}x}{v}$，$a=v\cdot\dfrac{\mathrm{d}v}{\mathrm{d}x}=v\cdot v'$，（$v'=\dfrac{\mathrm{d}v}{\mathrm{d}x}$），$E_r[v(x)]=k\int_0^s v\left(\dfrac{\mathrm{d}v}{\mathrm{d}x}\right)^2\mathrm{d}x=k\int_0^s v\cdot v'^2\,\mathrm{d}x$。

设$G(x,v,v')=v\cdot v'^2$，对于物理可实现的系统，$G(x,v,v')$拥有二阶连续偏导数。由欧拉－拉格朗日方程可知，E_r取极值的必要条件是

$$G_v-\frac{\mathrm{d}}{\mathrm{d}x}G_{v'}=0 \tag{2.45}$$

即

$$v'^2+2v\cdot v''=0 \tag{2.46}$$

这是一个可降阶的二阶微分方程，可以求出

$$v'=C_0\cdot v^{-1/2} \tag{2.47}$$

进而求出E_r取极小值的必要条件：

$$v=(C_1\cdot x+C_2)^{2/3} \tag{2.48}$$

代入边界条件可以求出C_1和C_2的值，解得

$$\begin{cases}C_1=\dfrac{v_1^{3/2}-v_0^{3/2}}{x_1}\\ C_2=v_0^{3/2}\end{cases} \tag{2.49}$$

E_r取极小值的勒让德必要条件是，在$v(x)$上任意一点，以下不等式成立：

$$G_{v'v'}=2v>0 \tag{2.50}$$

显然此时$v>0$在给定边界条件下恒成立，所以$v=(C_1\cdot x+C_2)^{2/3}$也可以视为E_r取极小值的充分条件。

综上，电阻损耗能量E_r取极小值的充分必要条件是

$$v=(C_1\cdot x+C_2)^{2/3}=\left(\frac{v_1^{3/2}-v_0^{3/2}}{x_1}x+v_0^{3/2}\right)^{2/3} \tag{2.51}$$

易得$v'=\dfrac{2}{3}C_1\cdot(C_1\cdot x+C_2)^{-1/3}$，因为$a=v\cdot v'$，所以可以求出：

$$a=\frac{2}{3}C_1\cdot(C_1\cdot x+C_2)^{1/3}=(C_3\cdot x+C_4)^{1/3} \tag{2.52}$$

假设某级线圈长度为Δx，线圈位置为x（$\Delta x\ll x_1$，$x<x_1$）。则弹丸在这级线圈的时候，可以根据以上公式求出其速度和加速度，进而求出弹丸动能E_k和电阻损耗能量E_r，解得

$$\begin{cases}\Delta E_{\mathrm{r}}=k\cdot\Delta x\cdot\left(\dfrac{2}{3}C_1\right)^2\\ \Delta E_{\mathrm{k}}=m\cdot\Delta x\cdot(C_3\cdot x+C_4)^{1/3}\end{cases}\tag{2.53}$$

ΔE_{r} 与位置 x 无关，所以这种加速方式实际上就是单位长度发热相同的加速方式。

· 与匀加速方式相对比

匀加速，即 a 为常数且$a=\dfrac{v_1^{\ 2}-v_0^{\ 2}}{2x_1}$的情况下：

$$E_{\mathrm{r匀}}=\frac{k\left(v_1-v_0\right)^2\left(v_1+v_0\right)}{2x_1}\tag{2.54}$$

在这种加速方式下，电阻损耗的总能量：

$$E_{\mathrm{r}}=\frac{4k\left(v_1^{3/2}-v_0^{3/2}\right)^2}{9x_1}\tag{2.55}$$

$$\frac{E_{\mathrm{r}}}{E_{\mathrm{r匀}}}=\frac{8}{9}\frac{\left(v_1^{3/2}-v_0^{3/2}\right)^2}{\left(v_1-v_0\right)^2\left(v_1+v_0\right)}=\frac{8}{9}\frac{v_1^{\ 3}+v_0^{\ 3}-2(v_1v_0)^{3/2}}{v_1^{\ 3}+v_0^{\ 3}-(v_1^{\ 2}v_0+v_1v_0^{\ 2})}\tag{2.56}$$

若 $v_0=0$，则$\dfrac{E_{\mathrm{r}}}{E_{\mathrm{r匀}}}=\dfrac{8}{9}$。

若$v_0\neq0$，设 $v_1=k_1v_0$（$k_1\geqslant0$），容易求出$E_r/E_{r匀}$在 $k_1=1$ 时取最大值 1，在 $k_1<1$ 时单调递减，在 $k_1>1$ 时单调递增，且当 $k_1=0$ 或 $k_1=\infty$ 时，$E_r/E_{r匀}$取最小值 $\dfrac{8}{9}$。

可以推知，假设使用匀加速方案从 $v_0=0$ 开始加速的效率为 η_0，则使用最优加速方案加速到相同速度的效率为

$$\eta_1=\frac{9}{\dfrac{8}{\eta_0}+1}\tag{2.57}$$

使用最优加速方案的效率略高于匀加速方案。两种方案的效率之差，即 $\eta_1-\eta_0$ 的最大值出现在 $\eta_0=48.5\%$ 处，此时 η_1 可提升至 51.4%，两者相差不多，其他地方提升更小，是否值得追求请结合实际情况。

这两种加速方式的储能分配可以由下式进行计算：

$$\frac{\mathrm{d}E}{\mathrm{d}x}=F+\frac{P}{v}=ma+k\frac{a^2}{v}\tag{2.58}$$

代入某一情况下的参数，可以得到两种加速方式输入的能量随位置的变化关系（图 2.19）。

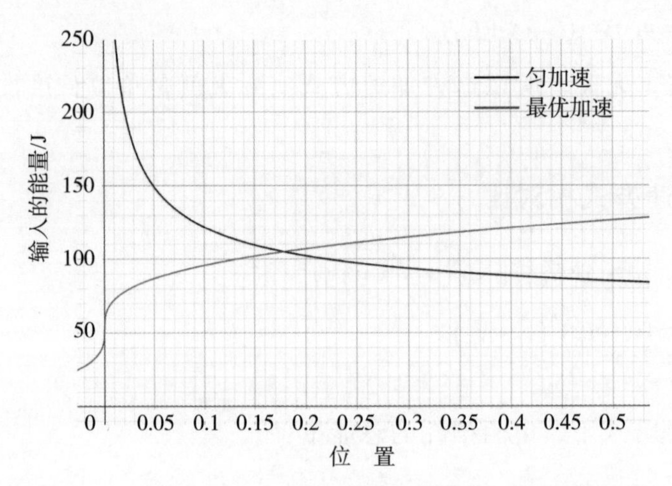

图 2.19 匀加速与最优加速分配的能量随位置的变化关系

从图 2.19 可以看到，不论是匀加速还是最优加速，能量分配都随位置而变。实际工程中最方便的分配方式是每级储能相同，也就是储能随位置均匀分配，反映到图像上是一条平行于 x 轴的直线。这种方式的效率介于匀加速和最优加速之间。

2.2.6 小 结

从 2.2.1 节和 2.2.2 节的讨论可以看出，磁阻炮的效率与电流和出速负相关，同时得到“磁阻炮的加速度越大，效率越低”的结论。

2.2.3 节给出了在给定能量下效率和弹丸长度的关系，效率会随着弹丸长度增加逐渐趋近一个定值。

2.2.4 节得出了最优效率的线圈形状和弹丸长度的比例关系。另外还得出了给定路程和速度时，长径比相同的不同直径弹丸最优效率相同的结论。

2.2.5 节对最优效率的加速度分配进行了推导，可以发现最优加速度分配的效率略好于匀加速。

第 3 章 磁阻炮的总体设计

设计磁阻炮时需要考虑许多相互制约的因素。预研阶段，应根据市场需求或应用场景对外形以及各指标进行综合考量，初步确定出速、射速、动能、口径等基本参数。例如，消防破窗需要大动能、低出速，需要质量较大的弹丸，考虑弹丸的长径比优选值范围，就能初步确定口径；如果用于科学实验，可能需要采用违背一般原则的设计，如用弹丸模拟导弹入水，往往长径比必须严重偏离优选区间；有时需要高出速、低动能，如防暴拒止用空心薄壁弹丸，设计参数会有明显变化。

初步确定初始条件后，需要进一步完善总体设计，涉及电磁炮各组成部分的指标、方案以及它们之间的联系。将效率作为纲领性的因素较有利于思考各部分的取舍。如果在完善总体设计的过程中发现初始条件不合理，则需要向上一环节反馈，进行适当的调整。

第 2 章已经围绕磁阻炮发射效率进行了研究，假设的理想情况是一个通着稳定电流的线圈通过自身的移动来拖动弹丸加速，然而在实际工程中需要用固定的线圈来产生相同的作用。本章会给出从整体指标到细节参数的考量过程。

3.1 评价性能的主要指标

为了把握磁阻炮的设计脉络，首先需要了解主要的技术指标和它们之间的联系。

3.1.1 出速和加速度

出速是指弹丸尾部离开发射器时的瞬时速度，以 m/s 为单位。相同的弹丸，更高的出速意味着更大的动能、更远的射程、更低的弹道、更短的飞行时间。

遗憾的是，在其他参数固定的情况下，加速度越高，效率就越低。如果想在保持效率的同时提高出速，就需要增加加速路程。在手持规模的磁阻炮中，小于 0.5m 的加速路程是比较合适的，至多不超过 1m。通过前面的理论可以计算，在

0.5m 的路程上匀加速到接近音速，理论效率会在 30% 以下。当加速路程有限时，磁阻炮想要做到高出速就需要牺牲效率。因此当加速度过大时，磁阻炮并不是最合适的选择。

无法高效提升加速度的主要原因是铁磁材料弹丸存在磁饱和特性。弹丸受到的拉力可以看作线圈电流和弹丸磁化电流之间的作用力。线圈电流和弹丸磁化电流是两个同轴同向的电流环。拉力与两电流环的电流之积成正比。

当弹丸磁饱和后，即使继续增加外磁场，磁化电流也不会有明显升高。此时拉力只和线圈电流成正比，而线圈电阻损耗却与电流的平方成正比。因此，继续增大线圈电流，发射效率会迅速降低。与此相对，感应炮电枢电流会随着线圈电流增大而增加，就没有这种制约。通常铁质弹丸的饱和磁感应强度为 2T，对应的磁化电流线密度是 1600A/mm。如果要求弹丸加速度足够大，以至于要求电流线密度显著大于 1600A/mm，则感应炮较有优势。

图 3.1 统计了一些气枪和小口径手枪子弹的出速，分布在两三百米每秒。对磁阻炮的期望是达到与之相当的水平。

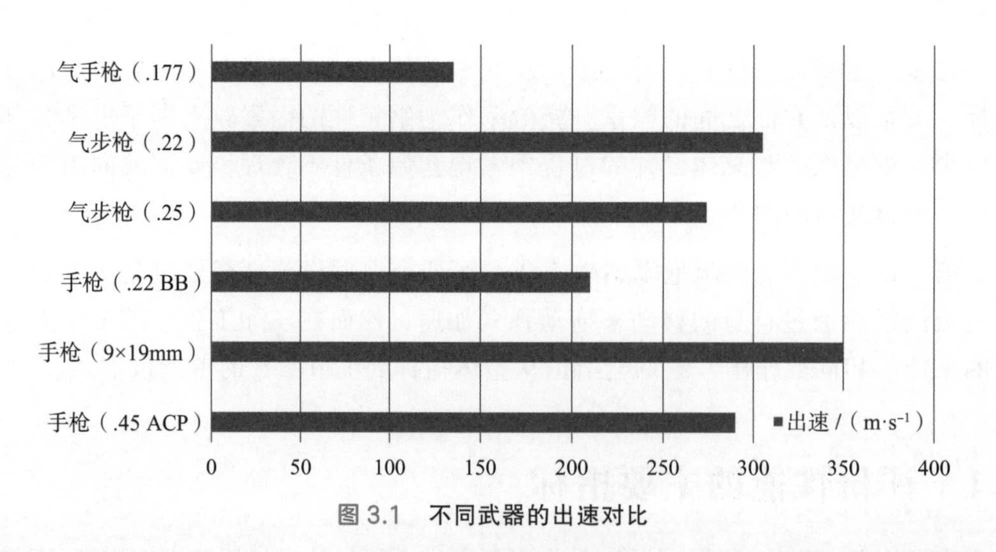

图 3.1 不同武器的出速对比

无人机、无人车等平台以及科学实验用的磁阻炮，如果允许更长的加速路程，则可以实现更高的出速。需要了解，在经典物理范围内，磁阻炮并不存在理论上的出速上限。

3.1.2 射 速

火药武器的每个发射循环都需要完成上膛、闭锁、击发、抽壳等动作，参与的机构多，惯量大。而磁阻炮可使用电磁力直接将供弹具中的弹丸加速发射，弹丸是唯一的运动组件，不受复进机构惯量的限制。火药武器每发子弹对枪膛和枪管是独占使用的，必须等待整个加速过程完成才能开始下一个装弹周期。磁阻炮的线圈可以只对其附近的弹丸产生吸引力，导管中可以存在多个弹丸同时被加速，最终排队射出。因此，磁阻炮的理论射速可以远高于火药武器。

使用电容储能的磁阻炮，其射速会受电容充电时间的限制。目前，手持规模可用的升压电源最大可做到 10kW 水平，对应的射速极限在每分钟千发左右。为了提升射速，可以采取增加充电功率、提高发射效率或减小单发耗能等办法。电池直驱炮则不受充电时间的限制，如果电池的输出功率无限大，则射速几乎仅受限于供弹速度。磁阻炮既然以电能为能源，使用电能供弹就变得顺理成章，于是供弹机构可以与加速机构异步工作，在简化供弹机构的同时，还能将等候时间压缩到极限。综合运用各项措施，磁阻炮的射速可达每分钟上万发。

关于供弹系统的讨论在第 6 章进行。

3.1.3 精　度

精度通常包括出速精度、射速精度和射击精度三个方面。磁阻炮是全电控制的发射装置，它的出速、射速和发射的时间都可以由电子系统精确调控，精度比火药武器高得多，并且能在很宽的范围内任意调节。射击精度的最终表现是弹丸散布，在出速一定的情况下，主要受出射方向精度、外弹道性能影响。

磁阻炮通常采用光滑导管引导柱状弹丸发射。由于弹丸与导管之间存在间隙，弹丸射出时可能存在方向误差（图 3.2、图 3.3）。同时，由于很难采用高速自旋等方法稳定弹丸，相较于火药武器，磁阻炮的外弹道一致性较差。这些因素导致磁阻炮弹丸散布较大。

对于方向误差，目前已有一些控制手段。研究表明，当弹丸离线圈较远时，弹丸受到磁场力的径向合力始终指向线圈的轴线，使得弹丸趋向线圈中心，本书称此时的径向合力为“回中力”。当弹丸离线圈较近时，磁场力的径向合力却会指向线圈的边缘，称为“靠边力”。如果不加管控，则弹丸接近加速线圈时，先受到回中力，再受到靠边力。若弹丸通过最后一级线圈时依然受到靠边力，则姿

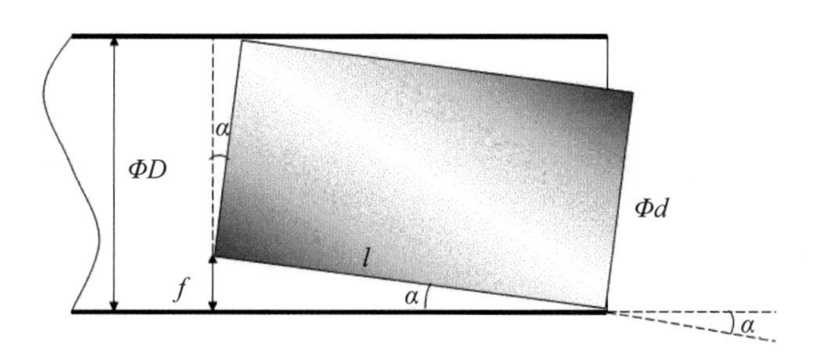

图 3.2　弹丸射出时的角度偏转

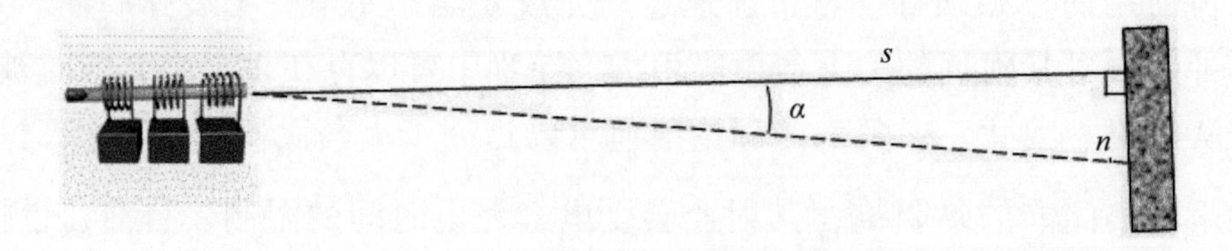

图 3.3 方向误差导致的着弹偏差

态不正，可能出现明显的方向误差。

通常在最后一级线圈后增加一段导管来约束弹丸的运动方向，使靠边力导致的姿态偏转和方向误差不超过弹丸与导管之间间隙的限定。考虑最坏的情况，即方向误差等于弹丸姿态偏转角 α：

$$\alpha=\arcsin\frac{f}{l}=\arcsin\frac{D-d\cdot\cos\alpha}{l} \tag{3.1}$$

忽略外弹道特性，距离 s 上的着弹偏差 n 与偏转角 α 的关系：

$$n=s\tan\alpha=s\frac{l\left(D-d\cdot\cos\alpha\right)}{l^2-\left(D-d\cdot\cos\alpha\right)^2} \tag{3.2}$$

考虑较小的 α（即 $\cos\alpha\approx1$），

$$n=s\frac{l\left(D-d\right)}{l^2-\left(D-d\right)^2} \tag{3.3}$$

例如，使用内径 8.1mm 的导管发射直径 8mm、长 20mm 的弹丸。在射击 20m 距离的物体时，最坏情况下方向误差可导致散布直径达到 20cm。单纯考虑方向误差，使用长弹丸有利于减小散布。

若不采用气动稳定或自旋稳定等措施，弹丸射出后还可能发生翻滚。对于长弹丸，翻滚的负面影响很大，不仅会增大散布，还会严重影响打击效果。对于短弹丸或球形弹丸，虽然翻滚的负面影响较小，但由于方向误差有一定概率更大，散布并不能得到根本改善。

对磁阻炮而言，自旋稳定很不现实，比较简便的方法是增加尾翼或采用特殊的弹丸形状。但这会导致供弹困难、成本增加。总的来讲，应当发扬磁阻炮在速度调节、速度精度方面的长处，避免在暴露其短处的场景应用它。考虑磁阻炮的应用场景，大多数情况下可以接受其散布稍大的特点，从而不采取外弹道稳定措施。更多关于弹丸稳定的讨论放在本书第 8 章。

3.1.4 动 能

动能是描述“威力”时最常用的参数。对于小型动物，如鸟、松鼠和野兔等，通常只需要十几焦耳的动能即可击毙；对于狐狸和郊狼等中型动物，需要几十焦耳的动能；而鹿和野猪等大型动物则需要至少两三百焦耳的动能。对于无防护的人体，以击毙为目的通常需要几百焦耳的动能，以停止为目的至少需要几十焦耳的动能，而以驱散为目的则只需十几焦耳的动能。

电容的能量密度很低，储存 1kJ 的电能，需要 1 ~ 1.5kg 电容。目前来看，在满足单人便携的条件下（步枪长度及 5kg 以下质量），磁阻炮理论上可以做到 200 ~ 300J 动能，对应 1kJ 左右的储能。考虑到一些制约因素，真实产品动能还会更小一些，目前的极限在 200J 左右。这种程度的动能，对野战而言明显不足，因此磁阻炮的应用场景主要在警用、狩猎、运动、自卫、特种作战等。

“比动能”，即弹丸动能和作用面积之比，可以衡量弹丸的穿刺能力。质量、速度相同的球体和长杆，球体只能撞出一片瘀青，而长杆尖端的比动能高得多，有可能进入体内。

同样动能、比动能下，速度不同，杀伤效果也有差异。高速弹丸会以更大的功率将能量传递给打击目标，造成更强的杀伤。极端而言，一根长的铁棒，即使挪向目标的速度十分缓慢，也有很高的动能和比动能，但杀伤作用远不及同样动能和比动能的短弹。

由于动能和速度基本决定了“威力”，本书只关注动能和速度等更加普适的物理量。

3.1.5 质量和续航

磁阻炮具有小型化方面的优势，常被用于便携设备。正因如此，通常需要对它的质量和续航进行更细致的探讨。

一般的军用步枪质量在 3 ~ 5kg。例如，M16 步枪约为 3.26kg，AK-47 步枪约为 4.3kg。火药武器工作时，零件受力极大，需要较高的结构强度，导致质量较大。

磁阻炮工作时各部件受力温和，理论上导管甚至不受力。磁阻炮的主要质量来自于线圈和储能装置。在出速一定时，随着磁阻炮口径变大，线圈质量呈平方倍加。动能相同时，效率越低，所需储能装置的质量越大。而通常加速路程越长，效率越高，线圈的质量也越大。只考虑线圈和储能装置的质量，两者存在一个最优分配，使总质量最轻。

储能装置有电容储能、电池直驱两大方案。使用电容储能，需要同时携带电池、升压电路和电容。电容的储能密度较低，多数情况下质量能量密度在 0.5 ~ 1.1J/g。这意味着 300J 的储能，对于电容储能方案，需要 0.3 ~ 0.6kg 质量的电容。通常电池和升压电路还需要约 0.3kg 质量。

电池直驱的磁阻炮则无需电容和升压电路。但是电池的功率密度远低于电容，为了达到足够的加速功率，所需的电池数量是电容储能方案的10倍以上，最终其质量并不一定比电容储能方案小，这些电池的功率勉强够用，而容量则过剩。

磁阻炮的续航首先应满足战术需要，一般需要100至数百发。如果采用能量密度较高的锂电池，对于300J储能，理论上只需要几百克锂电池就可满足续航要求。锂电池虽然储能密度高，但功率密度低。以动能100J、出速150m/s的磁阻炮为例，它会在几毫秒的时间内消耗几百焦耳的储能，对应的平均功率是几十千瓦，峰值功率会有一百多kW。若采用电池直驱，即便采用目前最“暴力”的电池，也至少需要3kg电池才能满足功率要求，此时续航已远远超过需要，存在严重浪费。电容储能方案对电池功率密度的要求大幅降低。在常规射速下，电池的大小刚好满足战术需要即可。

综合而言，如果对射速的要求较低，对动能和出速的要求高，升压方案比电池直驱可节省2/3的质量。随着出速的降低和射速的提高，升压方案的质量优势逐渐缩小。就目前的开关电源技术水平而言，仍以动能100J、出速150m/s的磁阻炮为例，则每分钟3000发以下的射速应使用升压方案。如果修改为动能20J、出速60m/s，则每分钟超过1000发的射速适合使用电池直驱方案。当然质量只是需要权衡的诸多指标中的一个。

3.1.6 效率和归一化效率

效率是指电能转化为弹丸动能的比例。在第2章，几乎所有讨论都是围绕效率展开的，效率是评价磁阻炮设计水平的主要指标之一。

对于电容储能的磁阻炮，效率通常指弹丸动能与加速弹丸所消耗的电容储能之比，而不是与消耗的电池电能之比。这是因为，一方面，效率主要影响电容的体积和质量，用受影响较大的部分计算，可以让这个参数更有意义；另一方面，电容充电电源的效率普遍在70% ~ 90%，无论是用电容还是电池进行计算，均有可比性，但电容储能的消耗更容易测量和计算，使用起来更方便。

在动能相同的情况下，效率越高，所需要的电能越少，储能电容的体积和质量都可以缩小。由于被浪费的电能少，发热较低，连续发射时的散热更易处理。提高效率会带来很多好处，但并不意味着应当一味追求效率，过分的局部优化必然带来其他指标的损失。

上述“效率”是“绝对效率”。影响效率的因素非常多，即便相同的磁阻炮，设定不同的出速时，效率也会有很大差异。对于不同工作条件的磁阻炮，如果仅从效率进行评价，不一定能反映设计水平。

此时可以采用归一化效率，即根据磁阻炮的工作条件，先计算出理论最优设计时的效率，然后用实际效率除以理论效率，得到比值。

理论效率可以使用2.2.4节给出的方法，通过出速、加速路程、线圈内外半径、弹丸直径和弹丸长度等参数计算。得到的结果是使用匀加速方式，在给定路程上加速相同弹丸到对应速度时的理论效率。

由于理论计算中忽略了电容的内阻，所以在使用归一化效率进行比较时，仍会受到电容内阻的影响。但是，用来对比不同的磁阻炮，可以在很大程度上降低加速度、弹丸直径和弹丸长度等参数的影响，更有效地判断诸如拓扑结构、线圈设计、控制策略和工艺等方面的优劣。

3.2 指标的取舍

磁阻炮的参数间存在一些矛盾。例如，磁场强度越大，加速度越大，效率越低。磁场强度减小又会导致加速路程变长。磁阻炮的效率、出速和加速路程（最终反映为炮的长度）三者难以兼得（图3.4）。

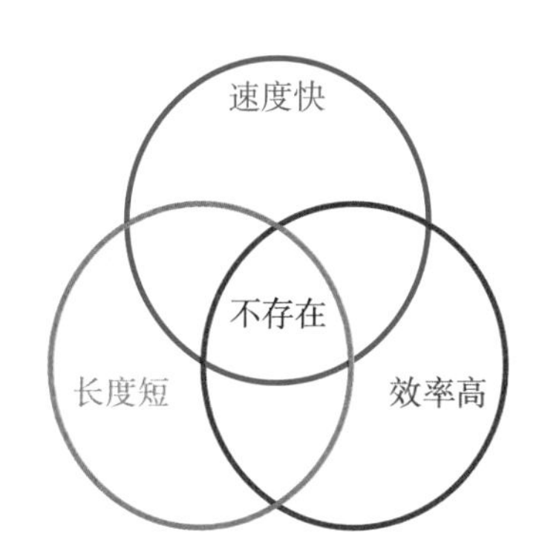

图3.4 磁阻炮的"不可能三角"

一般来说，发射效率在10%以上对手持装置来说是能够接受的。对于需要高速连发的磁阻炮（通常不会作为手持武器使用），效率就非常关键，否则发热太大，无法连续工作。

3.2.1 效率和复杂度的取舍

理想模型假设有一个运动的线圈产生恒定强度的磁场拖动弹丸做匀加速运动。实际的磁阻炮包含多级线圈，通过给不同位置的线圈通电来模拟一个加速运动的线圈。

第2章中计算过理想的线圈形状。为了模拟这个线圈运动时的磁场，采用的手段是在加速方向布置多个单独的、与理想线圈直径相同的线圈（图 3.5）。无数个这样的线圈布满整个加速段，只需要开通与理想线圈相同长度的线圈组，并让开通部分沿加速方向匀加速切换，就能产生相似的磁场效果。

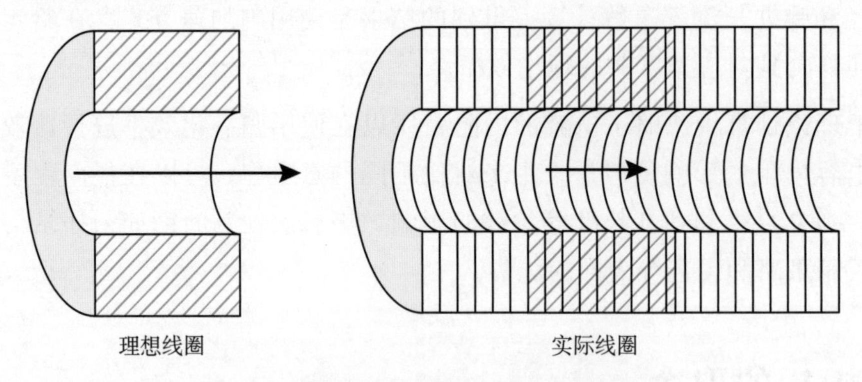

图 3.5 使用多个线圈模拟理想线圈的磁场

与单个线圈不同，这种方式需要不断给新线圈通电。新线圈原来没有磁场，建立磁场的过程需要消耗无功功率。磁阻炮线圈几乎就是电感，无功功率占比很大，不像电力系统那样只是次要的部分。无功功率本身不是损耗，但无功电流会在线圈电阻上产生损耗，这与理想情况不同。简便起见，将“提供无功功率的电流在电阻上的损耗”简称为无功损耗。无功损耗会导致总的电阻损耗大于理想情况。

当线圈分得很细，相邻线圈间的耦合比较紧密，就能直接利用相邻线圈的磁场，从而减小无功损耗。反之，无功损耗较大，效率降低。因此，线圈分得越细，就越接近理想情况。同理，相邻线圈之间的间距也是越小越好。

从加速度视角考虑也会得到同样的结果。每个线圈都在弹丸到达前一个线圈中心时开始放电，且刚好在弹丸到达自身中心时停止放电。如果两线圈中心距离较远，就会呈现明显的脉动加速，即局部高加速度（图 3.6）。第 2 章已经指出，加速度越大，效率越低，相比于平稳匀加速，脉动加速的损耗必然更高。

强度变化的磁场还会在弹丸上产生涡流，引起额外的“铁损”，同时产生反向电磁力。

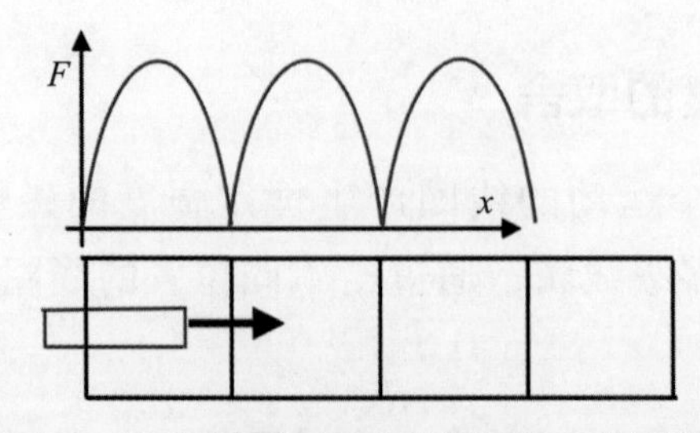

图 3.6 单个线圈加速时弹丸受力 – 位置关系

假设将线圈长度细分为两份，这样每时每刻都有两个线圈同时工作。每个线圈加速弹丸的路程不变，都在弹丸距离线圈中心两个线圈长度时开始放电，且刚好在弹丸到达自身中心时停止放电。如此改进之后，加速过程中弹丸的受力更均匀，波动较小，受力曲线下面积更大（图 3.7）。

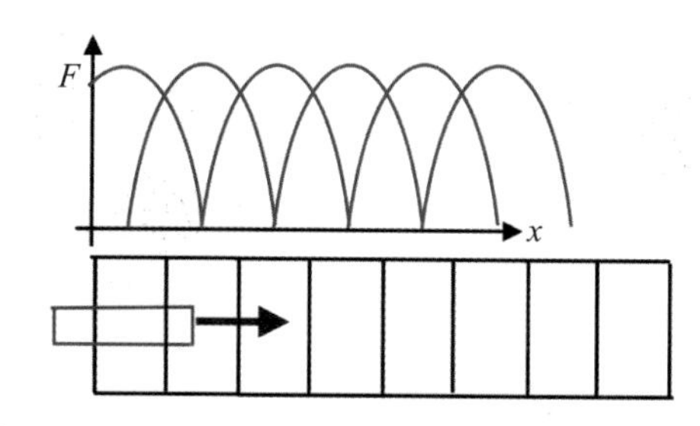

图 3.7 线圈细分后加速时弹丸受力 – 位置关系

当线圈无限细分时，弹丸的受力 – 位置关系将会变成一条直线，此时接近理想中的匀加速情况，也会接近理想效率。但在实际工程中，线圈分得越细，意味着需要更多的级数、元器件和更大的工程量。同时，进一步细分对效率的提升作用也会逐步递减。通常认为线圈长度为理想线圈长度的一半（也就是将理想线圈划分为两份）就能有较好的效果。

但上述规律并不是绝对的，如果弹丸很短，理想线圈也会很短。再按一半长度细分，成本不可接受，此时忍受效率的降低更为明智。在小口径电磁炮上，这种妥协尤为重要。

如前文提到的例子，“在 0.5m 路程上用内径 10mm 的线圈加速直径 9mm 的弹丸到 200m/s”。可以计算得到最优线圈长度和弹丸长度都是 11.2mm，效率为 38.8%。如果按一半分级，在 0.5m 路程上需要约 90 级线圈，工程难度太大。

此时，增加一个线圈长 25mm 的约束条件，可以求得线圈外径为 25.9mm，弹丸长度为 15.3mm，效率为 32%，弹丸动能也有提升。按一半划分，实际线圈长 12.5mm，0.5m 路程上只需要 40 级，相对能够接受。

这些酌定参数缺少客观标准，通常需要经过多轮权衡。为了提高设计时效，应编制计算程序辅助斟酌。

3.2.2 效率和质量的取舍

为了实现移动的磁场，线圈需要充满整个加速段。大量使用铜线会导致加速器很重。例如，内径 10mm、外径 20.8mm 的铜质实心线圈，做到 50cm 长，质量就会有 1165g。若发射的口径更大，线圈还会更重，甚至成为整个发射系统中最重的部分。为了减重，可以考虑牺牲一点效率，使用铝线或铜包铝线（图 3.8）。

图 3.8 将线圈后 3/4 的部分换成铝线

通过第 2 章推导效率与材料电阻率关系的方法，可以得到理想情况下使用铜线和使用铝线时效率的换算公式：

$$\eta_{铝}=\frac{1}{\dfrac{1.54}{\eta_{铜}}-0.54} \tag{3.4}$$

此外，在发射过程中，大部分电阻损耗都发生在前几级。这是因为线圈电阻损耗功率一定时，损耗的能量仅和通电时间有关。大部分通电时间都消耗在弹丸速度较低的前几级，所以大部分电阻损耗也在前几级。只要保证前几级的损耗较小，总体效率就不会太低。如果使用铜线制作前几级，使用铝线制作其他级，则既能保证大部分加速时间的损耗功率小，又可以实现大部分加速路程的线圈质量小。

同上一节提到的例子，使用铜线时效率为 38.8%，如果保持出速不变，把铜线全部换成铝线，效率会降低到 29.2%，但线圈质量会从 1165g 变成 352g。在匀加速过程中，有一半时间消耗在了前 1/4 路程上。如果保持线圈前 1/4 为铜线，只把后 3/4 换成铝线，根据下面的公式可以算出效率为 33.3%，而线圈质量仅为 556g。

$$\eta_{\frac{1}{4}铜+\frac{3}{4}铝}=\frac{2}{\dfrac{2.54}{\eta_{铜}}-0.54} \tag{3.5}$$

线圈电阻损耗直接关系到发热，低速时线圈电阻损耗更大，所以使用同种导线时前面几级会明显比后级热。部分改用铝线导致效率降低所引起的额外发热主要集中在本来不热的后级，对连射能力和单发动能几乎没有影响，因此这种效率降低是良性的，可以通过稍微增大电池以及储能电容来弥补。增大电池和储能电容的代价较小，增加的质量远小于节省的质量。

上述讨论均未考虑邻近效应。事实上，由于磁阻炮后面若干级的工作频率（10kHz 量级）相对线圈的规模而言已算是较高了，邻近效应会带来严重影响（导致损耗几乎翻倍），而邻近效应与导线电导率有关。相同绕法的铜线圈和铝线圈，在高频下的电阻差别比直流时小。对于高速磁阻炮，后级换用铝线的损失较上述理想情况下的讨论要小。

散热结构也会影响复杂度。允许适当降低效率，适当调整加速度分配，有利于避免发热集中于某一级，降低对散热的要求，从而降低复杂度。

3.3 磁阻炮的设计模式

3.3.1 整体设计

要谈设计，首先要有设计指标。指标是用户期望与现实可行性相互碰撞的结果。

设计伊始，应该首先确定口径、出速、加速路程等指标，即先斟酌作为“纲”的指标，再取舍作为“目”的指标，做到纲举目张。

根据弹丸直径和加速路程，考虑结构支撑手段，选择合适的导管，就能确定线圈内径。根据 2.2.4 节的理论，可以利用这些数据初步计算出理论效率。再根据 3.2.1 节的理论，结合成本等因素，酌定线圈的长度。

根据线圈长度，再次用 2.2.4 节的方法计算线圈和弹丸形状等参数，并验算理论效率。根据工程经验，实际效率通常为理论效率的 50% ~ 80%，这个值就是 3.1.6 节提到的归一化效率，可以据此估计实际发射效率。归一化效率受结构布置、工艺水平、回路电阻、拓扑结构、能量分配等很多参数影响，在估算实际效率时可以保守一些，待有较多设计经验后再进行修正。

有了实际效率的估算值，结合弹丸动能就可以计算单次发射消耗的储能，得到电容的总储能。计算总储能时需要考虑不同拓扑所消耗电容储能的比例不同。级数可以大致由加速路程除以线圈长度得到。将总储能按照级数平均分配，结合电容的耐压就能得到单级所需的电容量。

第一轮估算的结果往往不够满意，需要调整各参数进行反复估算，使结果逐渐可行。必要时，还需要反馈到需求端，重新厘定初始指标。

3.3.2 线圈的初步设计

在以前的讨论中，我们曾假设一个运动的线圈吸引弹丸加速的情况。此时，线圈磁场强度恒定，线圈电流也不会变化，让弹丸和线圈匀加速的力都来自于外部。显然，随着弹丸速度的提升，外力拖动弹丸加速所需的功率也在不断提高。

在实际工程中，线圈是固定不动的，越往后级，线圈需要传递给弹丸的功率需要相应地增加，这种增加只能依靠线圈自身来实现，无法依赖外力。假设采用每级电压相同的拓扑，则功率的增加需要靠增大电流来实现。

电压一定时，增大电流的办法是减少线圈的电感量，也就是减少线圈匝数。电感量减小后，放电电流的波形会变得陡峭，弹丸的受力情况也会不同。在减少电感量的时候，需要遵循一些原则。

图 3.9 是匝数为 n_1 和 n_2 的线圈加速相同弹丸的拉力 – 时间曲线。两条曲线和时间轴包围的面积相同。由动量定理可知，两种加速方式的出速相同。根据式（2.18），可以知道$F \propto nI$，线圈电阻损耗功率$P \propto (nI)^2$。虽然加速效果相同，但在非极端情况下，蓝色曲线的损耗更小，效率较高。在匀加速策略中，希望加速力尽可能均匀分布，一般在放电时间与弹丸经过线圈的时间相匹配的前提下，采用尽量多的匝数。在这种思路下，磁阻炮线圈匝数逐级减少，而线圈电流逐级增大。

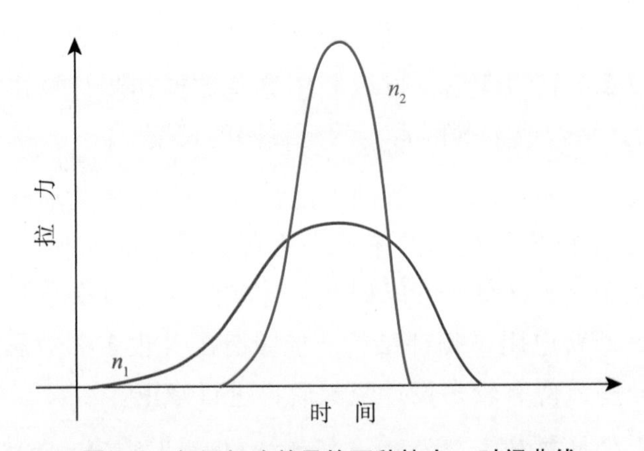

图 3.9 相同加速效果的两种拉力 – 时间曲线

在较为理想的情况下，假设每级使用相同容量的电容，并且线圈的外形都相同，整个加速过程可以近似看作匀加速。假设弹丸在 A 线圈处的速度为 B 线圈处的 n 倍，则经过加速线圈的时间之比为 $1/n$。

忽略回路中的电阻，磁阻炮的放电时间通常与 LC 放电时间有关，LC 振荡周期为

$$T = 2\pi\sqrt{LC} \tag{3.6}$$

由于通常会让每级电容量相同，所以 A 线圈处电感量为 B 线圈处电感量的 $1/n^2$。根据电感量经验公式（2.25）可知，相同形状的线圈，其电感量与匝数的

平方成正比。所以A线圈与B线圈的匝数之比为$1/n$，电流之比为n。即弹丸的速度v与加速线圈的电流I应成正比，与匝数N成反比。通过匀加速相关公式计算出线圈参数和位置的关系，可知电流I和位置S的1/2次方成正比，匝数N和位置S的1/2次方成反比。

$$I \propto v \propto \sqrt{S} \quad (3.7)$$

$$N \propto \frac{1}{\sqrt{S}} \quad (3.8)$$

因此在设计多级磁阻炮的线圈时，只需要计算出某几个位置的线圈参数，根据上述规律就能粗略推导出其他位置的线圈参数。通常每级线圈的长度是相同的，第x级的线圈匝数N_x可由式（3.9）确定：

$$N_x = N_k \sqrt{\frac{k}{x}} \quad (3.9)$$

其中，N_k是第k级的匝数。

可以根据式（3.9）估算出任意一级的匝数。这个结论适用于采用电容供电，每级电容独立且容量相近，同时每级电压变化不大的Boost拓扑。对于其他拓扑，结论会有所不同。

根据2.2.5节的结论，可以推断出将能量随位置均匀分配并不是匀加速。每级采用相同的电容进行加速，会导致加速度具有一定上升趋势。所以线圈的匝数并不完全符合式（3.9），应当是前几级匝数略大于计算值，后几级匝数略小于计算值。但略微改变匝数产生的影响并不大，所以式（3.9）可以用作粗略估算。

若每级采用匝数和形状都相同的线圈，则必须改变电容参数。按同样的方法进行推算，可以得到位置S和电容量C及电压U的关系：

$$C \propto \frac{1}{S} \quad (3.10)$$

$$U \propto \sqrt{S} \quad (3.11)$$

随着级数的增加，应该减小电容量，提高电容电压。改变每级电容的参数可以采用多个小电容串并联的方式，但实施起来有一定困难。

另外，在工程中需要注意线圈的绕向和接法，使每个线圈产生的磁场方向保持一致。如果各线圈产生的磁场方向不同，会在弹丸上产生磁滞损耗和涡流损耗，某些条件下线圈互感也会引起不希望的电流，对弹丸产生反向拉力。当线圈间距较小时，磁场方向不同造成的影响会更严重。方向一致的磁场也有利于在下级建立磁场时，利用上一级的磁场。

3.3.3 储能电源的选择

一般说到储能电源，是指直接为加速线圈提供电流的电源。对于电容储能的磁阻炮，电容是储能电源，给电容充电的电路将在第 5 章讨论。对于升压方案，电池没有太多特殊性，无须专门探讨。对于电池直驱的磁阻炮，如果想在手持规模达到较高的动能，电池就需要特殊设计了。

电容的参数主要是容量、耐压和内阻。容量和耐压决定了储能的上限，容量和电阻则决定了放电的速度，时间常数 $\tau = R \cdot C$。在满足放电速度要求时，内阻依然是越低越好。放电时间相同，低内阻的电容损耗的能量更少。

前面介绍匝数选择时，假设“当电压一定时”。“一定”到底等于多少，应在总体设计阶段综合考虑储能的要求和电容的供应情况作出决定。需要注意的是，磁阻炮发射后，电容电压往往不为零，泄放的储能不能按照电容的绝对储能来计算。

电池直接作为发射电源时，可以把电池视为恒压源，主要关注它的电压和安全输出功率。电池的电压需在总体设计阶段提出要求，有时电池的复杂度和供应情况是主要制约因素。手持设备电池通常只能进行非常有限的串联，电压做到 100V 以上已经过于复杂。更高的电压需要考虑双极电极内部串联技术等特殊手段，难度很大。新能源汽车上本来就有高压电池组，故车载设备可以更好地发挥电池直驱的优势。在手持设备上，可根据发射消耗的能量和加速时间计算所需的平均功率，再根据平均功率和电压计算平均放电电流。实际发射过程所需的功率是不断变化的，瞬时功率远大于平均功率。可以在电池输出端采用 LC 滤波电路来降低对电池的冲击。

3.3.4 功率电路的设计

磁阻炮之所以能迈向实用，功率电路的进步功不可没。磁阻炮的工作电流主要受开关器件的制约。我们可以根据线圈的估算参数求出安匝数和加速度之间的关系。

$$a = \frac{F}{m} = \frac{B_{\mathrm{S}} \dfrac{NI}{4l\left(R_2 - R_1\right)} K}{c\rho_{\mathrm{m}}} \tag{3.12}$$

$$NI = \frac{4a\rho_{\mathrm{m}} lc\left(R_2 - R_1\right)}{B_{\mathrm{S}} K} = \frac{2v^2 lc\rho_{\mathrm{m}}\left(R_2 - R_1\right)}{B_{\mathrm{S}} Ks} \tag{3.13}$$

例如，2.2.4 节中的例子“0.5m 路程上用内径 10mm 的线圈加速直径 9mm 的弹丸到 200m/s”，可以求得所需线圈电流约 43kAt（千安匝）。假设某级线圈的匝数为 100，则电流平均值为 430A，峰值电流会更大。这远远超过了大多数小型半导体器件的额定电流。好在通电时间比较短，相比通电时间来说，休息时间很长。在上面例子中，整个加速过程只有 5ms，最后几个线圈的开通时间只有一两百微秒。

但线圈的电流却是随着匝数减少而越来越大的，对器件依然是严峻考验。目前常见的解决方法有以下几种。

（1）降低磁阻炮的指标：降低出速，减小口径等。

（2）减少每级的能量：在总储能不变的情况下增加级数，同时减少每级能量，从而减少每级的峰值电流。

（3）充分利用开关管的功率容量：在开关管耐压足够高但耐电流不够的情况下，可以保持总储能不变，提高电压并减小电容量。这样就能用更小的电流，达到相同的加速效果。

（4）增加开关器件的耐流：使用更好的器件或者并联功率开关等。4.7.1 节提出了几种解决方法。

除了线圈本身，线路阻抗也需要尽可能降低。从成本考虑，除线圈之外的电路普遍使用 PCB 集成，但 PCB 的覆铜很难做得太厚，可以把铜板切割成适当形状，作为一种 SMT 器件焊接在 PCB 上。相关的手段在开关电源中已经广泛使用，可以利用现成的产业链，降低磁阻炮成本。

在发射过程中，线圈和电路会通过磁场储存能量。在功率电路的设计中必须考虑如何控制和回收这些能量，避免形成电压尖峰，并提高能量利用率。当功率电路的走线过长时，电压尖峰的控制会变得更困难。这部分内容会在第 4 章讨论。

磁阻炮的控制电路必须具有高度的实时性和稳定性。发射过程会在几毫秒内完成，后级线圈的开通和关断时间更是需要微秒级的准确配合。有关磁阻炮控制的话题将在第 7 章探讨。

3.4 工程中的参数设计

3.4.1 线圈参数的估算

按照磁阻炮的设计模式，现在到了详细设计阶段。然而，具体的匝数和线径受很多条件影响，并且弹丸的运动也会对放电过程产生影响，较难精确计算。为了简化设计，对于电容储能的谐振拓扑，可以根据 *RLC* 放电进行粗略计算，更普适的办法是使用模拟器或者有限元仿真软件，通过调参的方法逼近较优值。

在总体设计阶段，我们已经确定了线圈和弹丸的形状、加速级数、每一级使用的电容量和耐压等数据。在常见的磁阻炮中，每级采用容量和电压都相同的电容，并且工作时电容放出大部分能量，这种情况下计算相对简单。

对于设计指标中给出的在路程 S_0 上加速到 V_0，假设磁阻炮是匀加速过程，弹丸加速到位置 S 时的速度 V_S：

$$V_S = \sqrt{\frac{S}{2a}} = \sqrt{\frac{SV_0^2}{S_0}} \tag{3.14}$$

根据 3.2.1 节的线圈细分理论，如果将理想线圈按长度划分为 Y 个线圈，得到每个线圈的长度为 h。假设线圈间距可以忽略不计，则第 x 级线圈的位置 S 可以用实际线圈长 h 乘以级数 x 来表示。弹丸经过某个线圈的平均速度可以用单个线圈的加速路程除以加速时间 t 来计算。

理想情况下，运动的线圈拖着弹丸加速运动，两者之间保持相对静止。为便于讨论，这里将运动的线圈称为“理想线圈”。实际工程中，线圈是固定的，通过连续开通不同位置的线圈来模拟理想线圈的运动磁场。忽略实际线圈电流的上升时间，实际线圈通断的时刻应当等于理想线圈头尾通过实际线圈中点的时刻，弹丸在这个时间内运动了一个理想线圈的长度。所以对于细分后的线圈，其加速弹丸的路程也始终是理想线圈的长度，则弹丸速度 V_S 可以表示为下式：

$$V_S = \sqrt{\frac{xhV_0^2}{S_0}} = \frac{Yh}{t} \tag{3.15}$$

由此就能得到弹丸经过第 x 级线圈的时间：

$$t = \sqrt{\frac{Y^2hS_0}{xV_0^2}} \tag{3.16}$$

如果使用的电容量为 C，可根据放电时间得到所需的电感量 L，进而得到匝数和线径。为了方便计算，放电时间可以近似地用 LC 振荡的半个周期来计算，所需的电感量：

$$L=\frac{Y^2hS_0}{\pi^2CxV_0^2} \tag{3.17}$$

第 x 级线圈的匝数可以结合电感经验公式（2.25）得到如下表达式：

$$N_x=\sqrt{\frac{Y^2hS_0}{\pi^2CxV_0^2}\cdot\frac{13R_2-7R_1+9h}{7.875\left(R_1+R_2\right)^2}} \tag{3.18}$$

如果使用截面为圆形的导线绕制线圈，线圈填充率为 λ。线径可由下面的公式计算得出：

$$D_x=\sqrt{\frac{4\left(R_2-R_1\right)h\lambda}{\pi N_x}} \tag{3.19}$$

知道了线径和匝数就能绕制线圈了。实际上，相邻线圈挨得比较近时，线圈之间相互耦合，如果有多个线圈同时工作，会导致放电时间明显少于 LC 振荡周期的一半。所以通常情况下，线圈的实际匝数会大于计算的值。而具体大多少则由耦合的紧密程度决定。对于第一级和最后一级线圈，其耦合关系较为特殊，需要在计算结果的基础上略作调整。

3.4.2 有限元仿真

解析计算方法主要用于初步设计，它具有清晰的逻辑，编制成专用软件后，计算速度极快，能够立即看到结果，有利于尽早选定优秀的架构，使后续设计有的放矢。但是解析计算方法趋于理想化，所得结果与工程实际之间通常存在明显偏差。例如，难以准确预估邻近效应的影响，故通常将其忽略不计，导致解析计算得到的效率比实际略高。对于弹丸的非线性问题，也难以用解析方法准确处理。在基本理论的指导下，采用数值仿真来优化细节具有显著优势。

目前有限元剖分算法趋于完善，已有大量软件可以用来计算这类问题，如 ABAQUS Electromagnetic、ANSYS Maxwell、COMSOL Multiphysics 等。

常用 ANSYS Maxwell 对磁阻炮进行建模仿真。Maxwell 的功能较多，具体操作可以参考软件使用教程，本节只简略说明仿真流程。

新建工程后，需要选择求解器（图 3.10）和坐标系。磁阻炮的线圈和运动的模型可以看成回转体，建模时可以直接使用关于 Z 轴的旋转坐标系建立 2D 仿真模型。为了分析磁阻炮的动态性能，选择瞬态求解器计算发射过程。

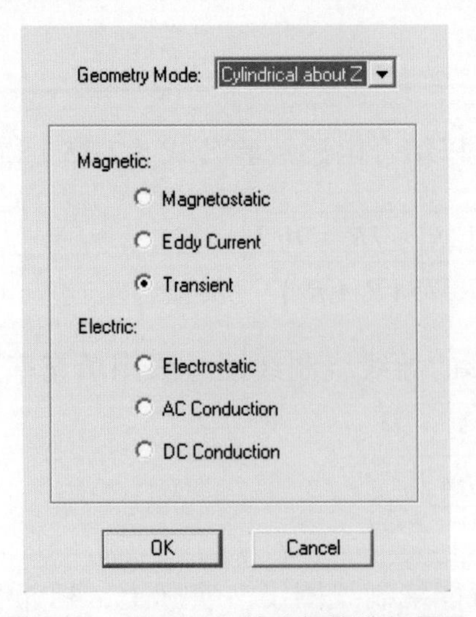

图 3.10 Maxwell 的求解器选择界面

在求解前，需要根据初步设计方案建立物理模型。首先建立求解场域的模型，即设定计算区域。之后在其中绘制弹丸和线圈的模型，并赋予对应的材料。接下来对整个模型进行网格划分（图 3.11），划分的网格尺寸越小，结果越精确，但计算耗时也越长。下一步设定边界条件和弹丸运动区域。设定运动区域时，需要指定弹丸的一些参数，如弹丸的质量、运动范围和初始速度等。

还需要进行线圈的参数设置，如线圈的匝数、绕向和激励源，线圈的激励源可由外部电路导入。可以在外部电路编辑器中绘制整个磁阻炮的驱动电路（图 3.12），需要注意的是，线圈和回路的电阻也需要在外部电路中添加。如果是带有关断的多级磁阻炮电路，还需要设置多级开关的触发条件等信息。

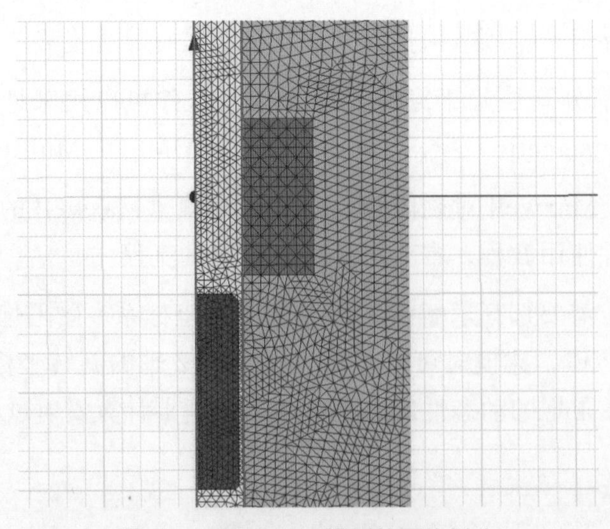

图 3.11 Maxwell 模型的网格划分

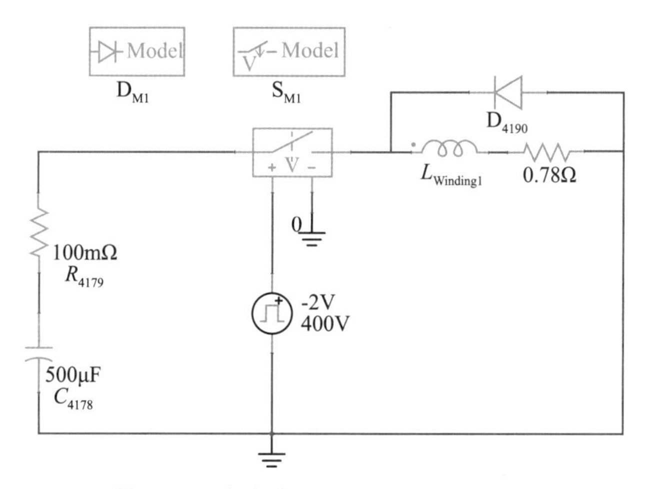

图 3.12 在电路编辑器中绘制驱动电路

驱动电路绘制好后，将电路的文件导入 Maxwell。接下来设置求解的结束时间和时间步长。时间步长越短，计算结果越准确，但计算时间会变长。通常磁阻炮整个加速时间在毫秒级，仿真步长可设置为几微秒。如果设置无误，就可以开始进行仿真了（图 3.13）。

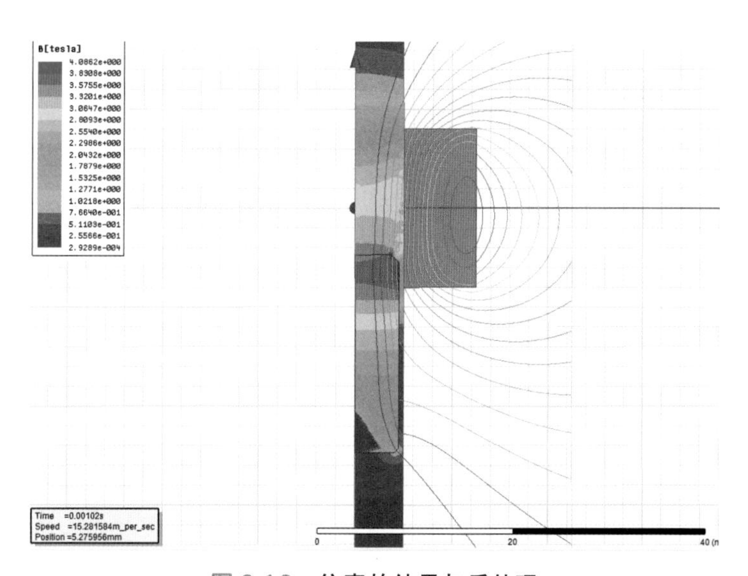

图 3.13 仿真的结果与后处理

通过仿真可以得到发射过程的各种信息。如回路的电流和电压，弹丸的速度和所受拉力，空间磁场和磁感线分布，以及各个时刻的发射状态等。这些信息有助于优化性能，更重要的是能得到可用的控制时序。目前已经可以实现整个磁阻炮的完整仿真，仿真结果与实验结果的偏差小到可以忽略不计，能够极大地减少试错成本，缩短开发周期。

第4章 磁阻炮的电路拓扑

4.1 拓扑的作用

电路拓扑指的是磁阻炮的功率电路结构，它决定了电路中元器件的特定连接关系。理想情况下，用恒流通电线圈匀加速拉动弹丸，是不需要考虑电路拓扑的。但工程中要用一系列随时间开通和关断的线圈来模拟运动磁场，就会遇到很多问题。

磁阻炮在工作时，电源通过开关对线圈放电。若弹丸离开线圈时电流没有下降到零，就会产生反向的拉力——简称“反拉”，它会大大降低发射效率。解决反拉问题是电路拓扑设计的重要工作。

当弹丸即将到达线圈中心时，可以关断电流使磁场快速撤除。但线圈是大电感，电流不能突变，关断电流会产生感应电压尖峰。为了解决这个问题，人们不断改进电路拓扑，通过调整功率器件和发射线圈在电路中的连接关系，为电感中的电流提供不同的续流途径。续流是感性元件释放磁能的基本形式之一，简言之，续流就是保持电感中的电流持续流动，而不是突然降为零，以防产生电压尖峰。

研究磁阻炮电路拓扑的另一个目的是提高能量利用率，特别是实现“能量回收”功能。线圈关断时，剩余的能量是可观的，而且能够提供很大的瞬时功率。优秀回收拓扑的本质，是将工作完毕的线圈内残留的磁能转移到即将开启的线圈中。如果线圈—线圈的能量转移不易实现，可退而求其次，使用线圈—电容—线圈的能量转移方式。

磁阻炮通常由多级线圈组成，拓扑还应当能利用较少的器件驱动多级线圈工作。考虑到成本和制作难度，设计的拓扑应当容易实现。

目前，在众多爱好者的努力下，已经有很多拓扑被发明和验证，一些新的拓扑也在不断地被提出。本章会对近年所见的拓扑进行归纳和总结，明确不同拓扑的优缺点及适用范围。

4.2 开关器件

对于典型的手持磁阻炮，通常储能有几百焦耳到一两千焦耳，加速时间在10ms 内，单次发射的平均功率在数十到数百千瓦，最后几级的峰值功率往往是平均功率的几倍。当线圈级数减少、间距增大时，要达到同等的加速效果，峰值功率还会更高。

在磁阻炮中，通常会使用几百伏的高压电容来储存能量，开关器件需要耐受数百伏电压和几百到几千安的电流。对于手持规模的磁阻炮，开关器件的体积和质量也是制约因素。磁阻炮中常用的开关器件有可控硅、IGBT、MOSFET，表 4.1 列出了三种开关器件的特点对比。

表4.1 三种开关器件的特点对比图

器件名称	导通特性	常见开关频率	耐 压	电流承载能力
可控硅	半控	<500Hz	>1kV	大
IGBT	全控	<100kHz	600V ~ 1.6kV	中
MOSFET	全控	>1MHz	0 ~ 1kV	小

4.2.1 可控硅

可控硅简称 SCR（silicon controlled rectifier，也叫晶闸管），是电磁炮中常用的开关器件。可控硅体积小、耐压高、耐浪涌电流大、控制方式简单。磁阻炮中常用的可控硅封装和电路符号如图 4.1 所示

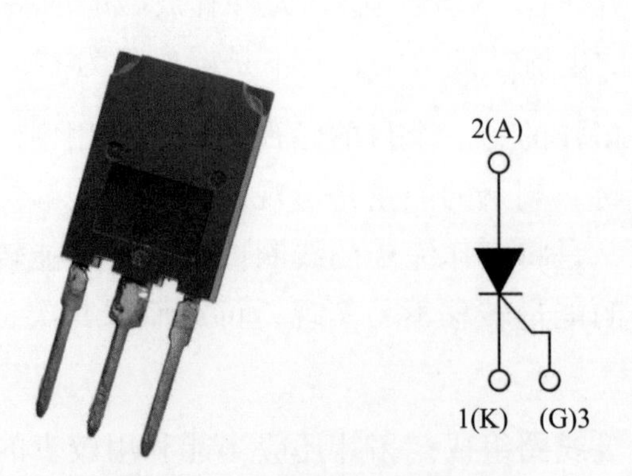

图 4.1 可控硅封装和电路符号

可控硅内部是 PNPN 的 4 层结构，可以理解为两个三极管组成的复合管。可控硅不仅具有二极管的单向导电性，还能够控制导通。在阳极 A 和阴极 K 上加一个电压，并给门极 G 提供一个足够大的触发电流，两个三极管就会导通，并互相

放大对方的信号，形成正反馈，使可控硅进入完全导通状态。如果阳极和阴极之间的电流足够大，即使去掉门极电流，可控硅也会保持导通。直到电流小于维持电流时，可控硅才会关断。

也有一些可控硅是“可关断”的，但性能尚不如意。

在磁阻炮的应用场合，主要关注可控硅的以下几个参数。

1. 通态浪涌电流

通态浪涌电流（I_{TSM}）是过载状态下的最大“允许”电流，过载会导致结温急剧升高，因此只“允许”发生极短时间。通常数据手册给出的指标是按照50Hz正弦半波电流脉冲设想的，同时假定可控硅的初始结温为最高环境温度。这里“允许”加上引号，是因为过载本身可以视为异常状态，在常规电路中是要尽量避免的。但手持磁阻炮中，如果按照常规指标选型，规模就会大到不现实的程度。此时如何安全地“过载”，就成为设计电路和选用器件时的重要问题了。另外，同一型号的可控硅往往有很多厂商生产，它们的过载能力各不相同，且经常与数据手册大相径庭。必要时，应通过实验加以验证。

2. 电流上升率

可控硅刚触发导通时，便会有很大的电流集中在门极附近的小区域，容易造成局部过热而损坏。图4.2给出了70PT16型可控硅的峰值耐流与脉冲时间的关系。可见随着脉冲时间的缩短，耐流在150μs附近达到最大值约8kA，然后开始受电流上升率（di/dt）的限制而迅速下降。150μs相当于出速67m/s的弹丸飞过1cm路程所需的时间。也就是说，出速稍高且能量稍大的电磁炮，就可能遇到电流上升率的问题。

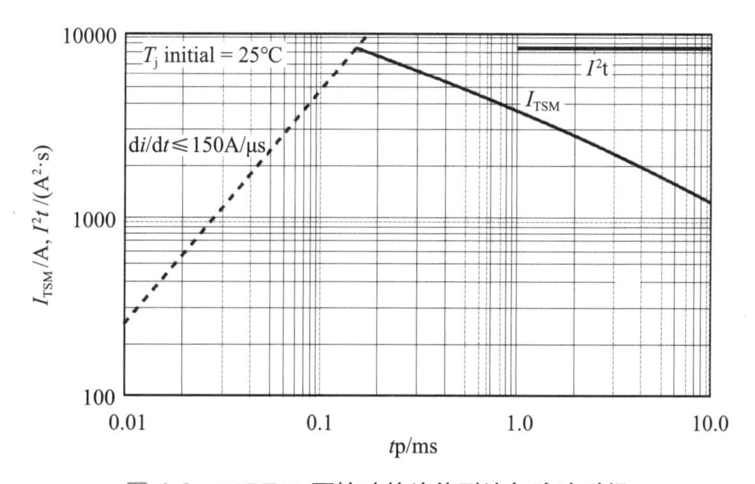

图4.2 70PT16可控硅的峰值耐流与脉冲时间

对于无关断的磁阻炮，di/dt 的问题还会导致不能把线圈靠得太近。这是因为，前一级线圈的电流下降时，后一级线圈上会产生感应电流。后一级导通时，开关上的电流会瞬间上升到感应电流的大小，这个过程的电流上升率会显著超过 SCR 的承受能力。图 4.3 是一个典型的二级磁阻炮的电路仿真结果。其中，用耦合电感 T_1 来模拟两个靠得很近的线圈，两个线圈的自感均为 1000μH，耦合系数为 0.5。第二级在第一级导通 750μs 后导通。

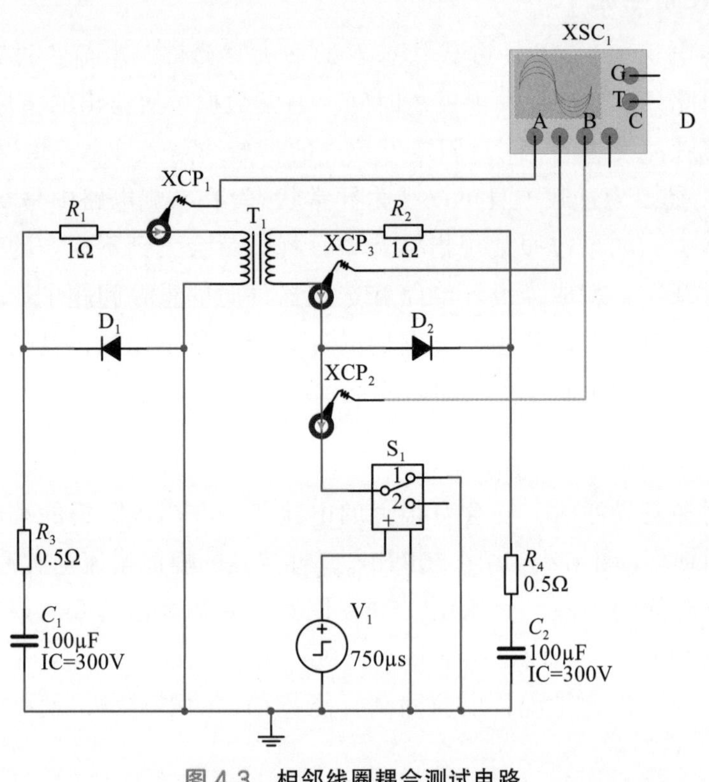

图 4.3 相邻线圈耦合测试电路

图 4.4 给出了可控硅的峰值耐流与脉冲时间的关系。可以看到，第二级开关导通时，电流瞬间跳变到感应电流水平。跳变在一个仿真步长里就完成了，可以说是一条竖线。这样的电流上升率对于 SCR 是致命的。

一个解决办法是在 SCR 引出线上套一些磁环。这种磁环一般是用来削弱电磁干扰（EMI）的，在很多数据线上都可以看到。用于电磁炮时，能够基于铁磁材料的磁饱和特性推迟电流上升，这种用法被称为“磁开关”。

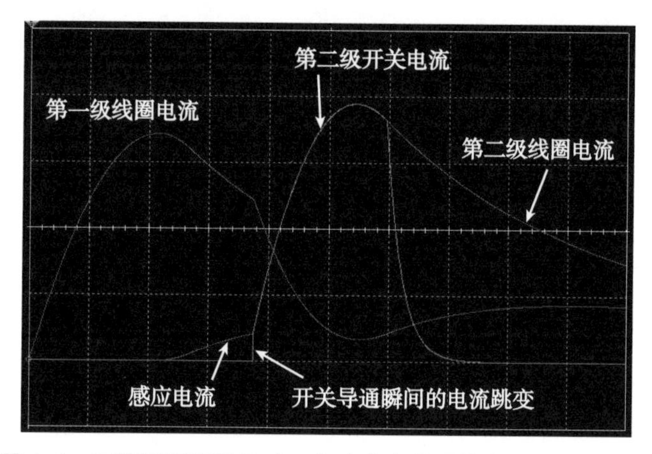

图 4.4 两线圈距离很近时，电路中各位置的电流 - 时间曲线

导通后，因为磁环带来的电感，电流会缓慢上升，磁芯中的磁感应强度不断增加，达到某个值之后，磁芯进入磁饱和状态，电感量突然降到近乎为零。失去电感限制后，电流又会重新开始跳变。给 SCR 串联磁开关之后，电流的跳变会被推迟一段时间。在此期间，SCR 有足够的时间使导通区扩散到更大的面积上，可以避免损坏。给第二级开关串联一个磁开关之后，电流波形变为图 4.5，可以看到磁开关在本来应该跳变的地方引入了一个斜坡。

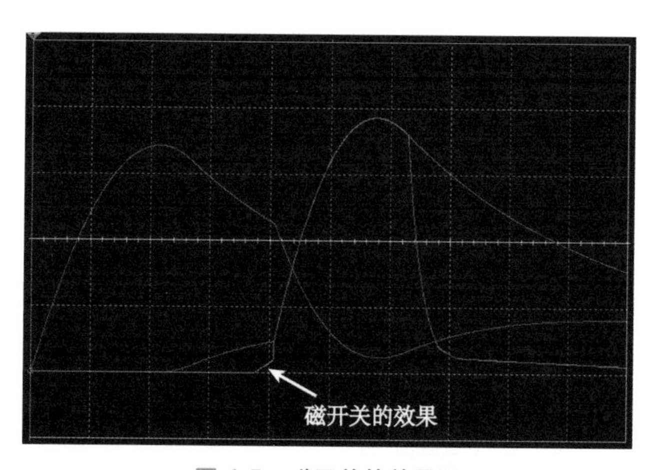

图 4.5 磁开关的效果图

关于需要套多大尺寸的磁环，可以参考下面的公式：

$$S=\frac{Ut}{B_S N}$$

式中，S为磁环所需的截面积；U为磁开关两端电压，设计时取储能电容电压；t为期望的磁开关延迟时间；B_S为磁环的饱和磁感应强度，铁氧体为0.4～0.5T，非晶磁芯可以达到1.5T；N为匝数，如果只是从磁环中穿过，则N取1。这个公式仅在磁环内外径相近的时候严格成立，对于一般的情况精度较差，估算时可留一点裕量。

近年来一些可控硅采用了新的结构或新的驱动方式，di/dt 承受能力有所提升，但造价较高。

3. 关断时间

可控硅电流过零关断需要时间。从电流过零之时，到可以重新施加正向电压，且不会在没有控制脉冲的情况下导通，这一段时间即为关断时间（t_q）。

一些新型补能谐振拓扑会把可控硅开关接在母线上。当一级发射结束后母线电压变成负，电流过零，可控硅开始关断。但在下一级导通时，经过补能之后母线电压又会迅速上升，如果可控硅的关断时间过长，重新承受电压时就会意外导通。这种误触发是我们不希望看到的。

4.2.2 绝缘栅双极型晶体管

绝缘栅双极型晶体管（insulated gate bipolar transistor，IGBT）是由金属－氧化物－半导体场效应晶体管（metal-oxide-semiconductor field effect transistor，MOSFET）和晶体管结合而成的复合型器件。IGBT 是带关断的磁阻炮中常用的开关管。它功率较大而且完全可控，但是同规模下其过流能力差于可控硅。IGBT 的结构如图 4.6 所示。

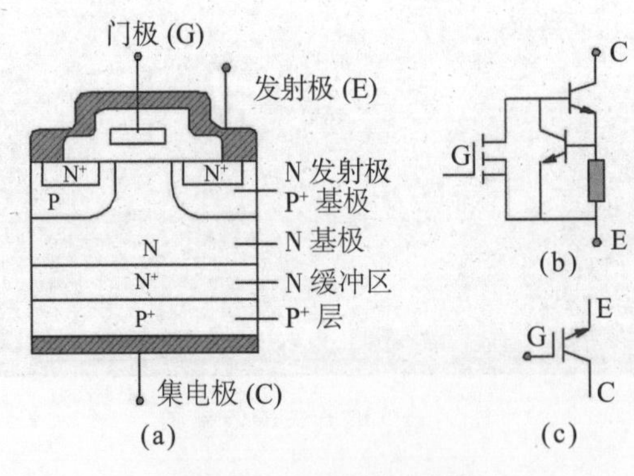

图 4.6 IGBT 的结构图

IGBT 的导通与关断是由门极电压来控制的。门极施加正电压时，MOSFET 内形成沟道，并为 PNP 型晶体管提供基极电流，IGBT 导通。门极施加负电压时，MOSFET 内的沟道消失，PNP 型晶体管的基极电流被切断，IGBT 关断。如果在器件导通之后，将门极电压突然减少到 0，沟道消失，通过沟道的电子电流为 0，使漏极电流发生突降。但由于 N 区中注入了大量的电子－空穴对，因而漏极电流不会马上为0，而会存在一个拖尾时间。

IGBT有三个电极：栅极，也叫门极，用Gate或G表示；发射极，用Emitter或E表示；集电极，用Collector或C表示。与普通NPN三极管类似，在栅极和发射极之间加正电压，IGBT就会导通，反之则会关断。不同之处在于，IGBT是电压驱动型器件，无须给栅极提供维持电流（但由于栅极电容的存在，需要一定驱动电流）。另外，IGBT只有类似NPN三极管的产品，而没有类似PNP三极管的产品。IGBT只能从集电极到发射极单向导通，不过一般会在内部集成一个反向二极管，使其反向随时处于导通状态。

IGBT的压降基本是固定的，所以在高压方案下其损耗的能量相对更少，作为磁阻炮的开关器件具有一定优势。在磁阻炮的应用场合，电流过于极限，但是持续时间非常短，并且开关间隔时间很长。对于预选定的器件，可以计算单次脉冲后的管芯温度，确保不超过最高允许温度。通常来说脉冲时间越短，器件能耐受的峰值电流越高。对于集中储能电容的拓扑，需要注意关断时的电流大小，避免触发闩锁，进而导致过热损坏。

IGBT的门极驱动条件与它的静态特性和动态特性密切相关。提高驱动电压，可以降低导通压降，减小管芯发热功率，相当于提升了耐流。但是到一定程度后，继续提高栅极电压会对负载短路能力和可靠性有不利影响。数据手册通常给出20V栅极持续电压和30V瞬间电压时的特性。磁阻炮的开通时间很短，所以可以使用高于20V的栅极驱动电压（比如25V），以减少发射开关的导通损耗。

4.2.3 金属－氧化物－半导体场效应晶体管

金属－氧化物－半导体场效应晶体管（MOSFET）是电压控制型器件。它有一个栅极，被绝缘层隔离开，所以又叫绝缘栅场效应管。依照沟道极性的不同，可分为电子占多数的N沟道型（NMOS）与空穴占多数的P沟道型（PMOS）。使用NMOS管时，在栅源极间加上足够高的电压（栅极为正），就可以使它导通；不加电压或栅极为负时，它就会关断。PMOS管则相反，栅极为负时导通，为正或为零时关断。

IGBT和SCR导通时压降几乎固定，而MOSFET的漏源级间呈电阻特性，所以更适合低电压和小电流应用，比如小型磁阻炮，特别是电池直驱方案。

MOSFET的导通速度特别快，在高速开关的场合具有优势。在小型磁阻炮中，可以利用MOSFET的高速性能，通过脉冲宽度调制（pulse width modulation，PWM）控制线圈电流。

4.3 可控硅无关断拓扑

目前最常见、最简单的磁阻炮是采用可控硅做开关，二极管续流，依靠线圈电阻自然关断的电路结构。这也是大多数教学场合采用的电路结构。

4.3.1 可控硅无关断拓扑的工作原理

单级磁阻炮工作时，首先对储能电容组充电，然后触发可控硅，储能电容组通过可控硅对线圈放电激发磁场，磁场对弹丸产生吸引力，弹丸开始向线圈中心移动。当弹丸中心到达线圈中心时，电流峰值已经过去，回路电流已经很低，对弹丸的反向吸引力不足以阻止弹丸前行，弹丸依靠惯性继续向前移动。

图4.7所示为可控硅无关断拓扑电路，在这个电路中，电容、电感、可控硅串联在回路中。储能电容为线圈提供脉冲电流，通常会采用高压铝电解电容。电解电容不允许反向充电，在线圈上反向并联二极管可以起到保护作用。将这个二极管并联在电容两端也能起到相同的作用，但并联在线圈两端可以减少可控硅上经过的电流。

除非控制电路采用悬浮设计，可控硅和线圈位置不能调换，阴极必须接到电容负端。虽然看起来电路是串联关系，调换后的放电回路并没有改变，并且控制电路一样能触发可控硅，但是在可控硅导通之后，阴极电压会上升到储能电压，如果控制电路没有进行隔离，就会导致门极击穿，进而导致控制电路损坏（图4.8）。

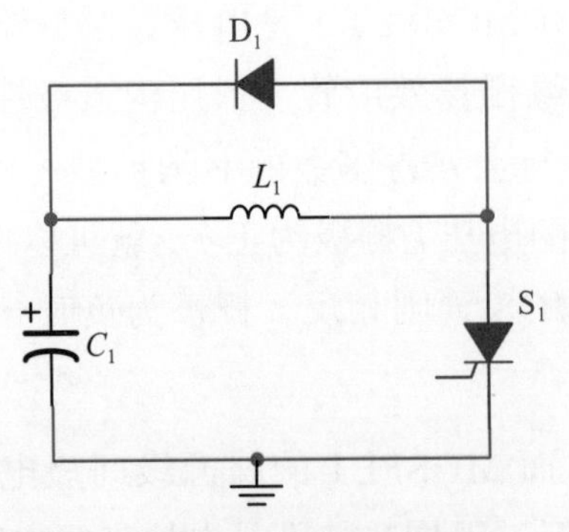

图4.7 可控硅无关断拓扑电路

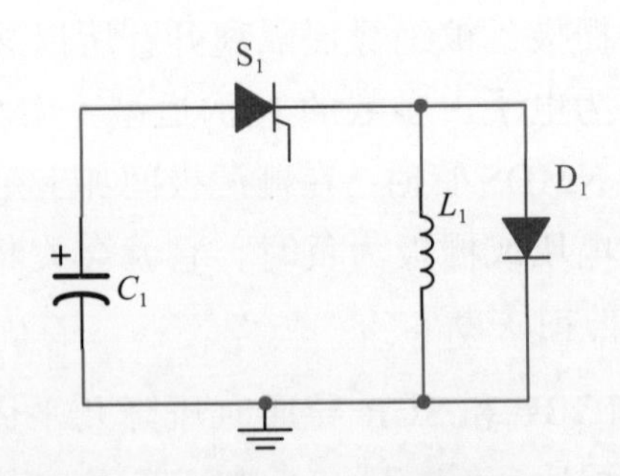

图4.8 拓扑的一种不合理接法

图4.9所示为可控硅开关的自然关断拓扑电路。工作过程可看成 *RLC* 电路加上 *LR* 电路的放电过程。开始是 *RLC* 放电，电容电压下降，回路电流先上升后下降。当电容放电后，电压下降到0，而线圈电流却没有完全消失，有对电容反向充电

的趋势。此时线圈两端反向并联的二极管会发挥续流作用。续流过程相当于电感自身 *LR* 放电。

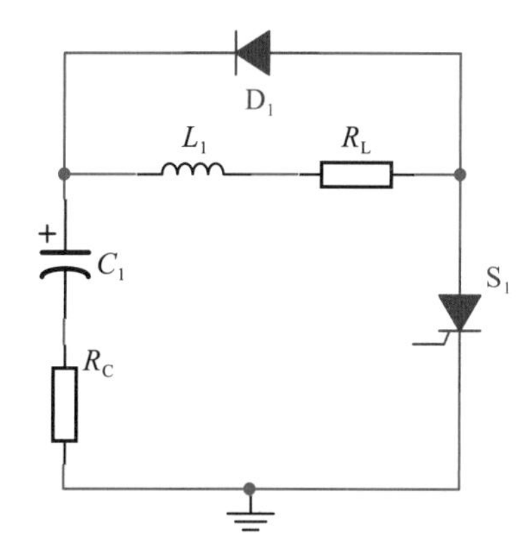

图 4.9 可控硅开关的自然关断拓扑电路

电路的放电过程决定了弹丸加速的时间。磁阻炮放电电路可以等效为上面的 *RLC* 放电回路，其中的电阻是放电回路中电阻之和。假设电容的初始电压为 u_c，则该电路可以用下述二阶齐次微分方程描述：

$$\frac{\mathrm{d}^2u_c}{\mathrm{d}t^2}+\frac{R}{L}\frac{\mathrm{d}u_c}{\mathrm{d}t}+\frac{1}{LC}u_c=0 \tag{4.1}$$

特征方程：

$$s^2+\frac{R}{L}\cdot s+\frac{1}{LC}=0 \tag{4.2}$$

特征根：

$$s_{1,2}=-\frac{R}{2L}\pm\sqrt{\left(\frac{R}{2L}\right)^2-\frac{1}{LC}} \tag{4.3}$$

电路以电容电压为响应的两个初始值：

$$\begin{cases}u_c\big|_{t=0^+}=U_0\\ \dfrac{\mathrm{d}u_c}{\mathrm{d}t}\Big|_{t=0^+}=\dfrac{i_L(0)}{C}=0\end{cases} \tag{4.4}$$

该电路中线路电阻较小，电路处于欠阻尼状态，即$R<2\sqrt{\dfrac{L}{C}}$。

$$s_{1,2}=-\frac{R}{2L}\pm\mathrm{j}\sqrt{\frac{1}{LC}-\left(\frac{R}{2L}\right)^2} \tag{4.5}$$

令 $\omega_0=\sqrt{\dfrac{1}{LC}}$，$a=\dfrac{R}{2L}$，衰减谐振角频率 $\omega_d=\sqrt{{\omega_0}^2-a^2}$，则回路微分方程可表示为

$$\frac{\mathrm{d}^2u_c}{\mathrm{d}t^2}+2a\frac{\mathrm{d}u_c}{\mathrm{d}t}+{\omega_0}^2u_c=0 \tag{4.6}$$

即

$$u_c(t)=e^{-at}(K_1e^{\mathrm{j}\omega_d t}+K_2e^{-\mathrm{j}\omega_d t}) \tag{4.7}$$

应用欧拉公式求得电容电压：

$$u_{\mathrm{c}}(t)=e^{-at}(U_0\cos\omega_{\mathrm{d}}t+\frac{aU_0}{\omega_{\mathrm{d}}}\sin\omega_{\mathrm{d}}t)$$
$$=\frac{\omega_0}{\omega_{\mathrm{d}}}U_0e^{-at}\cos(\omega_{\mathrm{d}}t-\arccos\frac{\omega_{\mathrm{d}}}{\omega_0}) \tag{4.8}$$

回路电流为

$$i(t)=C\frac{\mathrm{d}u_{\mathrm{c}}}{\mathrm{d}t}=\frac{\omega_0{}^2CU_0}{\omega_{\mathrm{d}}}e^{-at}\sin\omega_{\mathrm{d}}t \tag{4.9}$$

电压下降为 0 的时间：

$$t_{U=0}=\frac{\frac{\pi}{2}+\arccos\frac{\omega_{\mathrm{d}}}{\omega_0}}{\omega_{\mathrm{d}}} \tag{4.10}$$

电压下降为 0 后为 LR 放电过程，其时间常数为 τ，3τ 对应电流下降到 5% 的时间，所以整个发射过程放电时间约为

$$t=\frac{\frac{\pi}{2}+\arccos\frac{\omega_{\mathrm{d}}}{\omega_0}}{\omega_{\mathrm{d}}}+\frac{3L}{R} \tag{4.11}$$

典型的电压和电流随时间变化曲线如图 4.10 所示（蓝色线为电流，红色线为电压）。

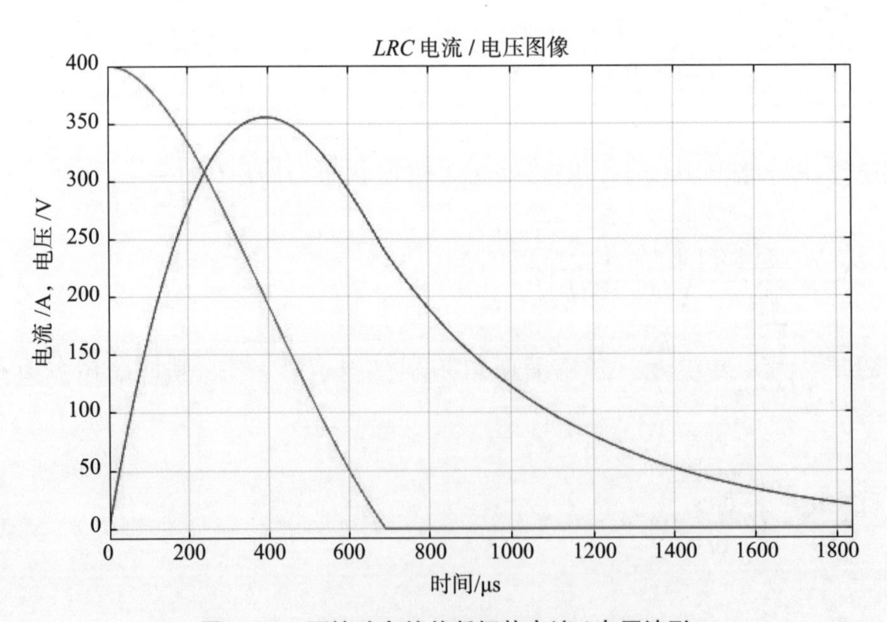

图 4.10　可控硅自然关断拓扑电流 / 电压波形

前面的计算过程忽略了弹丸的影响。在加入弹丸后，电感值增大，导致放电时间略有增加。我们希望弹丸到达线圈中心时放电基本结束，从而不会受到反向

拉力。因此，需要设计好线圈电感量、储能电容量以及触发位置。

但是，即便电容电压放到 0V，由于线圈电流的滞后和 *LR* 放电，线圈电流还会持续很长时间，给弹丸施加反向拉力。*LR* 放电过程的时间常数与线圈外形有关而与匝数几乎无关。因此，当线圈外形确定后，改变匝数只会影响电容电压放到 0V 的时间，不会影响 0V 之后的续流过程。为了减少反拉，通常会采用提前触发可控硅位置、增加线圈长度、减少线圈厚度等方法进行优化。但这些方法都会对发射效率产生不利影响。在采取这些方法时，只能互相妥协，无法避免反拉。

图 4.11 是有限元仿真得到的单级发射时各参数随时间的变化曲线。

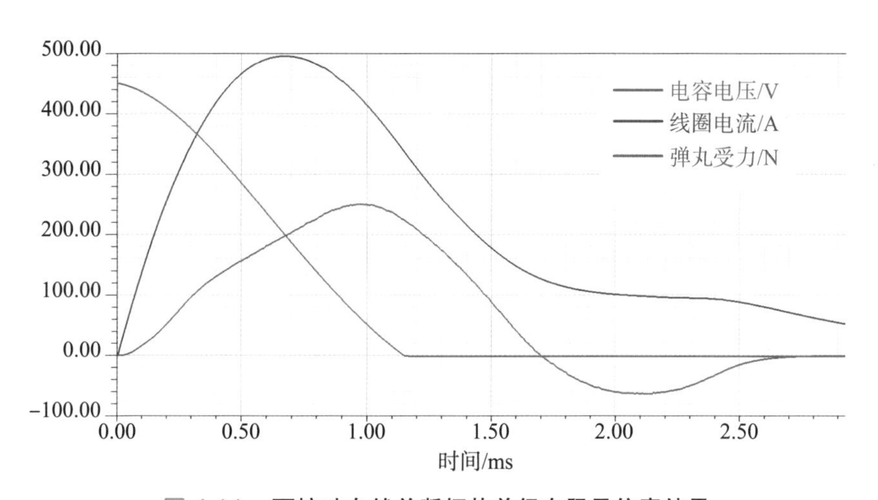

图 4.11 **可控硅自然关断拓扑单级有限元仿真结果**

可以发现在线圈中有弹丸时，电流的衰减速度比图 4.10 更慢。这是因为弹丸到达线圈中心时回路中仍有较大电流，弹丸从线圈中心继续向前移动，线圈的电感值会降低。根据能量守恒定律，电感值减小，线圈的电流会增大，这就导致电流不能及时衰减。通俗地讲，弹丸经过线圈中心以后，弹丸和线圈构成发电机，回路电流增大，反拉更加严重，使得效率进一步降低。

对于该拓扑，前文推导的最优线圈形状并不适用，强行使用最优线圈形状会使线圈时间常数大大增加，导致电流下降更加缓慢。

由于放电时间长，弹丸速度越快反拉问题越严重。在制作多级磁阻炮时，随着弹丸的加速，后级线圈必须越来越薄并适当加长。

从能量的角度来看，多余的磁场能量完全被线圈电阻消耗，所以效率很低，通常不超过 5%。但这种拓扑结构简单、原理直观，至今仍被各类实验套件广泛使用。

4.3.2 可控硅无关断拓扑的仿真实验

使用有限元仿真可以直观展示拓扑对加速效果的影响。这里以三级加速模型为例，案例经过仔细设计。

三级加速模型匝数分别是 253、160 和 120，线径分别是 0.64mm、0.71mm 和 0.77mm。线圈内径 8.6mm，长度随级数由短到长，外径随级数由粗到细。每级采用 450V、500μF 的电容储能，发射质量为 7.8g 的直径 8mm、长 20mm 的弹丸。仿真结果如图 4.12 所示。

触发位置经过一些优化，得到三级线圈的电流 – 时间曲线，如图 4.13 所示。

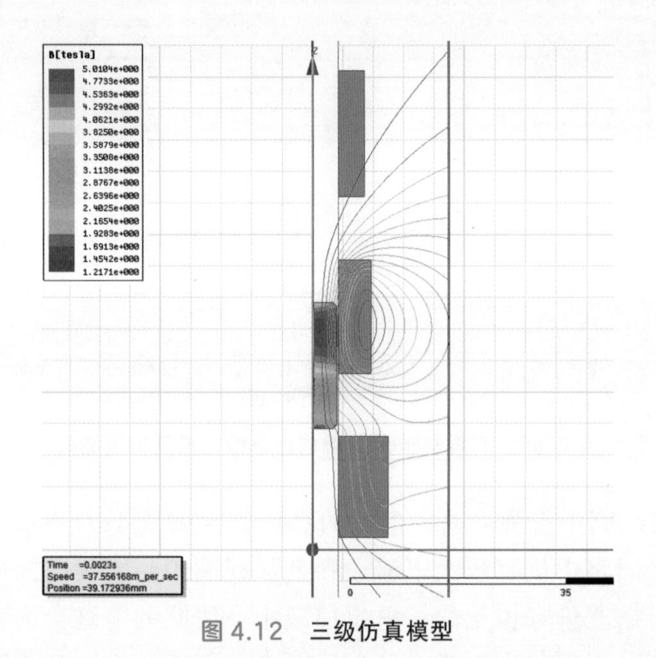

图 4.12　三级仿真模型

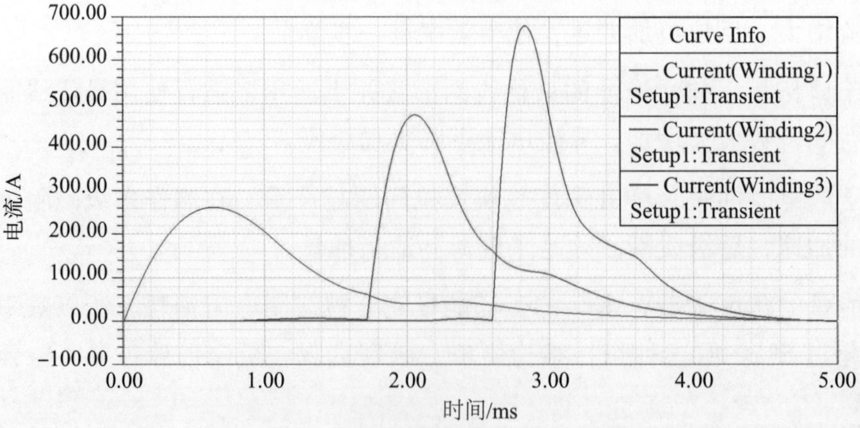

图 4.13　三级线圈的电流 – 时间曲线

可见随着级数增加，由于匝数减少，线圈的放电时间逐渐缩短，线圈电流逐渐增大。但是每个线圈的电流都存在拖尾，因而存在严重反拉。

图 4.14 所示为弹丸受到的拉力 – 时间曲线，最终的速度 – 时间曲线如图 4.15 所示。从曲线可以看到，反向拉力造成弹丸减速。峰值速度达到 49m/s，但是最终速度为 44.8m/s，消耗能量 151.9J。最终动能 7.8J，发射效率为 5.1%。

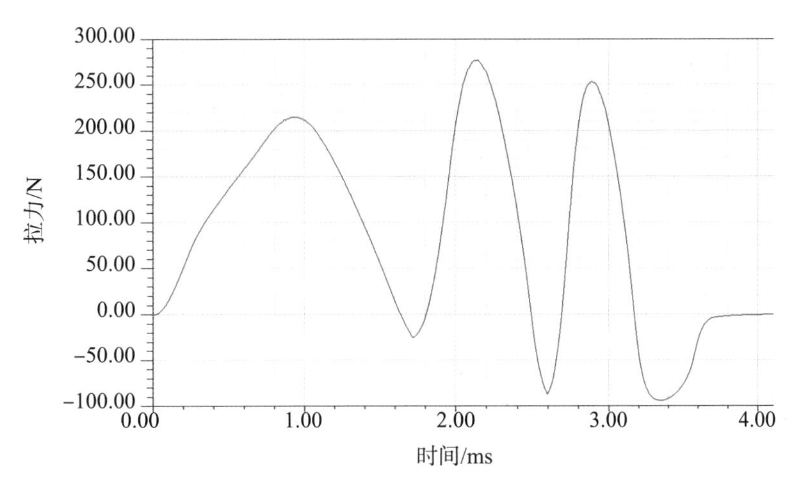

图 4.14 弹丸受到的拉力 – 时间曲线

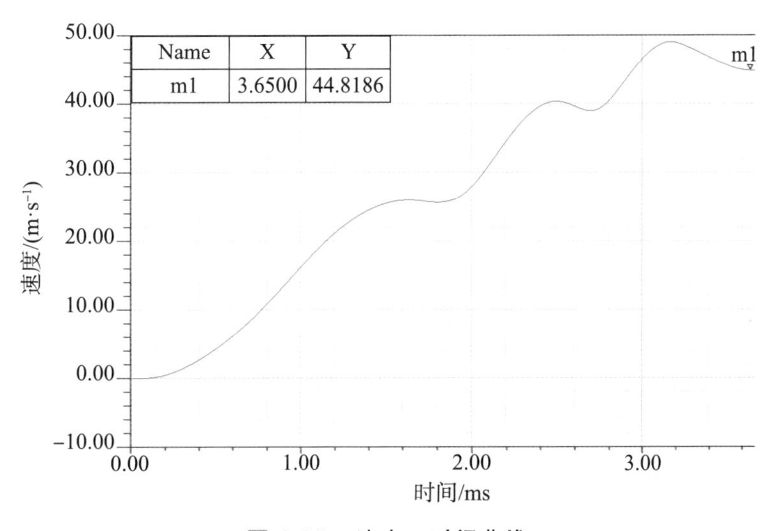

图 4.15 速度 – 时间曲线

4.4 带关断无回收拓扑

在无关断拓扑基础上，很容易想到的改进是使用全控器件代替可控硅。

4.4.1 带关断无回收拓扑的工作原理

1. 关断＋二极管续流

IGBT关断＋二极管续流的电路如图4.16所示。用IGBT替换可控硅后，放电过程基本与4.3.1节一样。第一个阶段是*RLC*串联电路放电，IGBT关断后，变为*LR*放电。

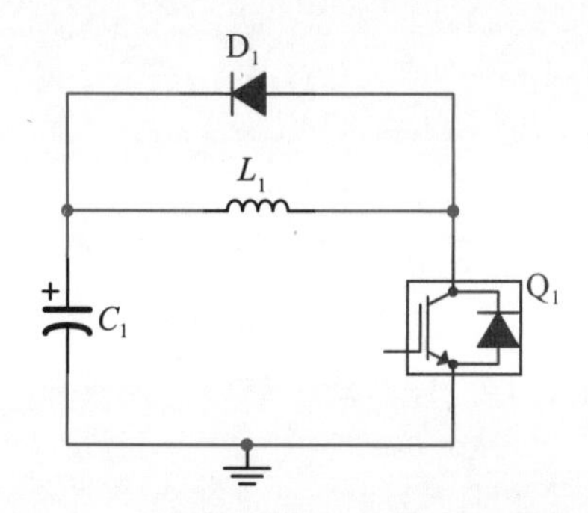

图4.16 IGBT关断＋二极管续流电路

为了避免电流切断时出现电压尖峰，通常采用二极管续流。通过主动关断，虽然可以较为准确地切断电容输出，节省电能，但无法避免续流过程带来的反拉。

2. 关断＋电阻消耗

由*LR*放电的时间常数公式$\tau = L/R$可知，增大回路电阻可以减少放电时间。可以在回路中串联一个电阻，主动减少*LR*的放电时间（图4.17），让IGBT关断后电流下降的速度更快。

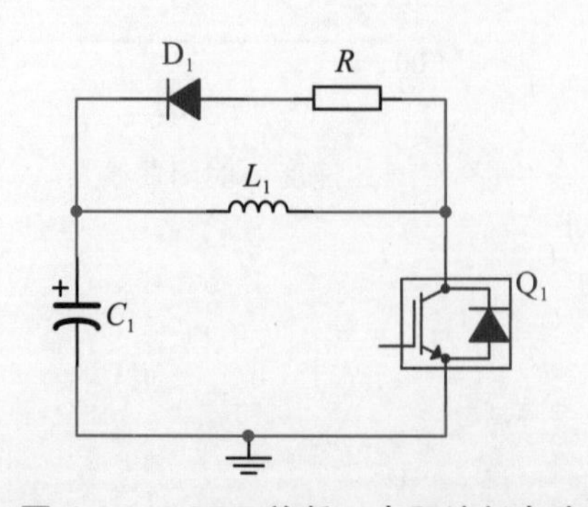

图4.17 IGBT关断＋电阻消耗电路

电阻串联在二极管的续流支路上，只在 IGBT 关断后发挥作用。IGBT 关断 + 电阻消耗电路的电流和电容电压图像如图 4.18 所示。

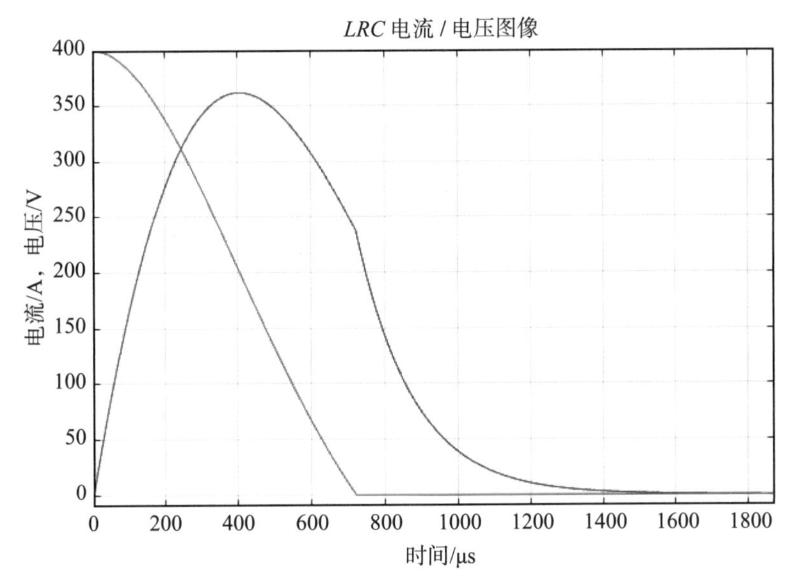

图 4.18 IGBT 关断 + 电阻消耗的电流和电容电压图像

电阻的阻值需要合理选取。阻值太小，起不到让电流迅速下降的作用；阻值太大，虽然电流下降迅速，但关断时的感应电动势会超过 IGBT 的耐压。电阻取值与关断时的电流和电容电压有关，根据下式可以计算电阻的最大允许值：

$$R = \frac{U_{\mathrm{CES}} - U_{\mathrm{off}}}{2I_{\mathrm{off}}} \tag{4.12}$$

式中，U_{CES}是IGBT集电极和发射极间的耐压；U_{off}是关断时的电容电压；I_{off}是关断时回路中的电流。可见，提高IGBT耐压对提高效率有益。

3. 关断 + 压敏电阻消耗

使用电阻续流，电流的下降速度并不够快，更好的改进方法是采用具有电压钳位作用的压敏电阻（图 4.19）。

图 4.19 压敏电阻

压敏电阻的阻值会随外部电压的变化而改变，因此它的电流 – 电压特性曲线具有显著的非线性。电压较低时，压敏电阻具有很高的阻抗，可以极大地提升吸收的速度；电压较高时，其阻抗变低，能够保护开关器件不被损坏，这种特性非常适用于续流。

但压敏电阻放电寿命很短，且寿命一致性较差。用于高速连发磁阻炮时，寿命会很快被用尽。在磁阻炮上应当按照预估放电电流的数倍耐流能力来选型，且并联多支以备损耗。

还可以在压敏电阻两端并联电容和电阻以辅助吸收（图 4.20）。电容能够吸收关断瞬间的部分尖峰电压，而额外的电阻能减轻压敏电阻的压力。

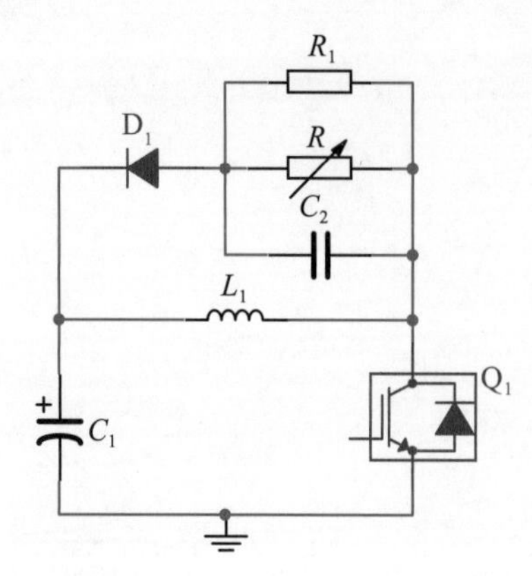

图 4.20 改进的 IGBT 关断 + 压敏电阻消耗电路

由于压敏电阻的最大钳位电压通常小于两倍的额定电压，因此选型时压敏电阻的额定电压可以按下面的公式取值：

$$U_{\mathrm{R}}=\frac{U_{\mathrm{CES}}-U_{\mathrm{off}}}{2} \tag{4.13}$$

例如，使用的 IGBT 额定耐压为 600V，假设在关断时电容中还剩余 100V 电压，则可选取耐压 250V 左右的压敏电阻。这样能够保证 IGBT 不会被关断时产生的电压尖峰所击穿。

4.4.2 带关断无回收拓扑的仿真

以带关断 + 定值电阻消耗的拓扑为例进行仿真。使用的线圈和电容参数与 4.3.2 节完全一致，加入的定值电阻阻值经过计算，分别为 1Ω、0.8Ω、0.6Ω。其单级仿真电路如图 4.21 所示。

开关的触发时机与前面的仿真相同，设定每级的导通时间分别为 1350μs、650μs 和 450μs，仿真得到的电流 - 时间曲线如图 4.22 所示。

可以看到电流在关断后下降速度更快，相比图 4.13，拖尾明显缩短，表明关断拓扑能减轻反拉的影响。如果采用压敏电阻，由于其非线性的电阻特性，能在小电流时更快地消耗磁场能量，电流的拖尾将得到更好的改善。

将得到的结果与可控硅无关断拓扑进行对比（图 4.23），其中，蓝色线为 IGBT 关断 + 电阻消耗的拓扑，红色线为可控硅无关断的拓扑。

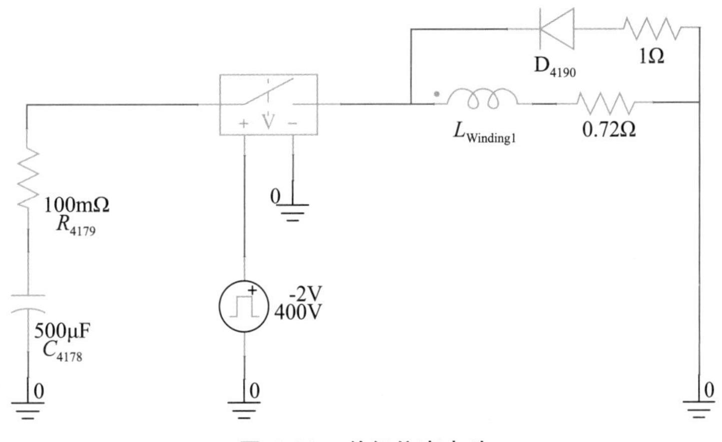

图 4.21 单级仿真电路

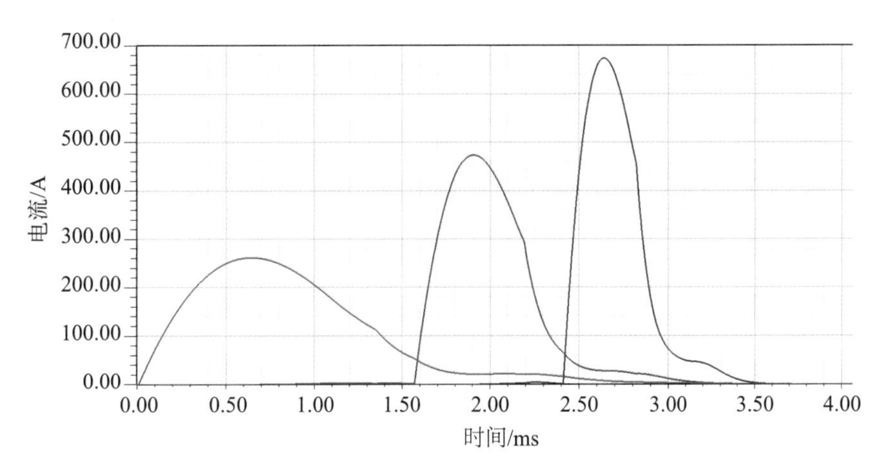

图 4.22 带关断无回收拓扑电流－时间曲线

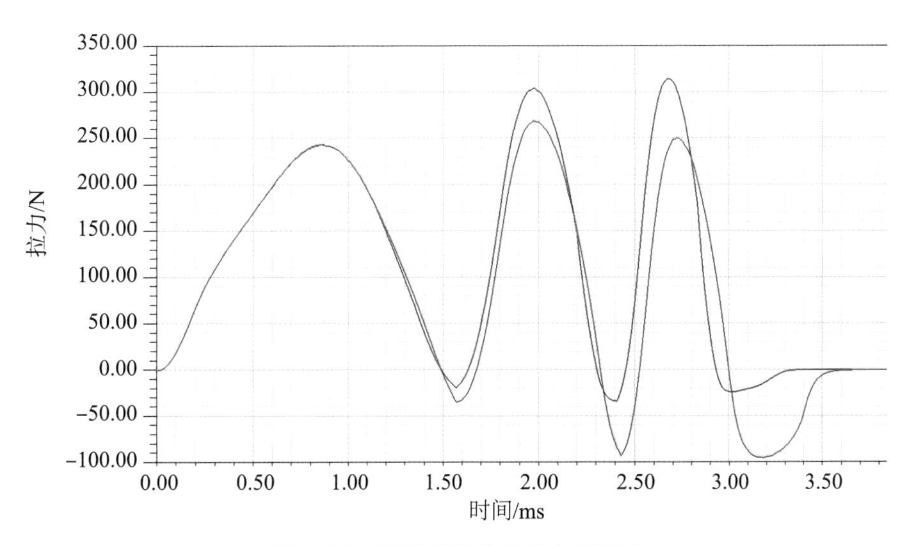

图 4.23 两种拓扑的拉力曲线对比

从受力曲线就能看出，带关断的拓扑受到的反拉更小，且峰值拉力更大。

速度曲线的差别更为直观（图 4.24），从第二级开始，带关断拓扑的弹丸速度更快，最终速度为 52.8m/s，效率提升至 7.2%。相比无关断拓扑，带关断拓扑的动能提升了 38%，具有明显的优势。

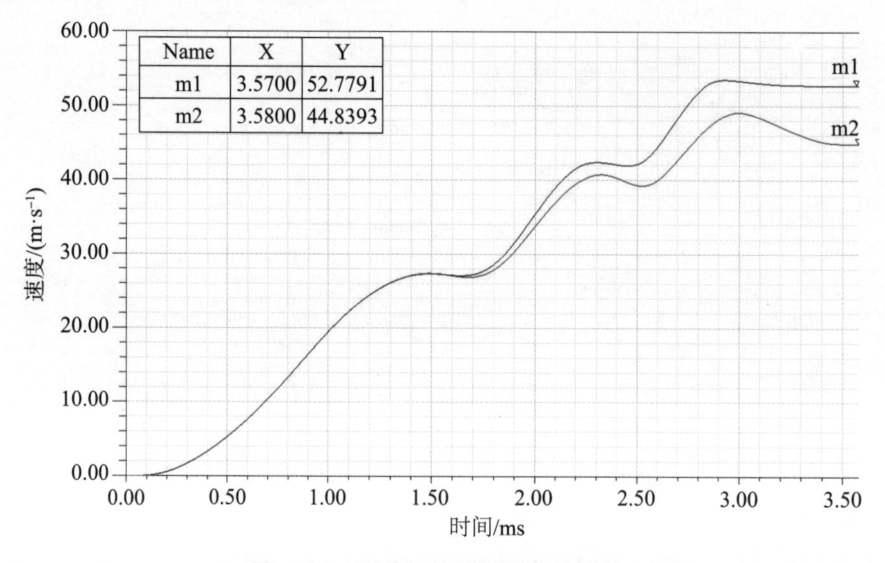

图 4.24 两种拓扑的速度曲线对比

4.5 强迫回收拓扑

在无回收拓扑中，多余的磁能通过电阻转化成热能，存在巨大浪费。带能量回收的拓扑结构，可以把发射线圈中剩余的磁能重新变成电能，进一步提高效率。为与后面的“谐振回收”区分，将关断后主动进行回收的拓扑归类为强迫回收拓扑。

4.5.1 Boost 拓扑

在前面的例子中，通过关断恰当地终止了放电，节省了电能，但磁场能量仍然白白消耗在续流支路的电阻上。将电阻直接替换为电容，能量就会存储在电容中，这就形成了最简单的能量回收电路（图 4.25）。

虽然实现了能量回收，但是回收的能量却无法被利用。多次发射后，电容 C_2 的电压会越来越高，最终超过耐压。需要找到一种合适的手段将 C_2 中的储能利用起来。一个简单的解决办法是把 C_2 的一端接地，使它成为下一级的储能电容（图 4.26）。改进后，回收的能量就能为下一级所用。

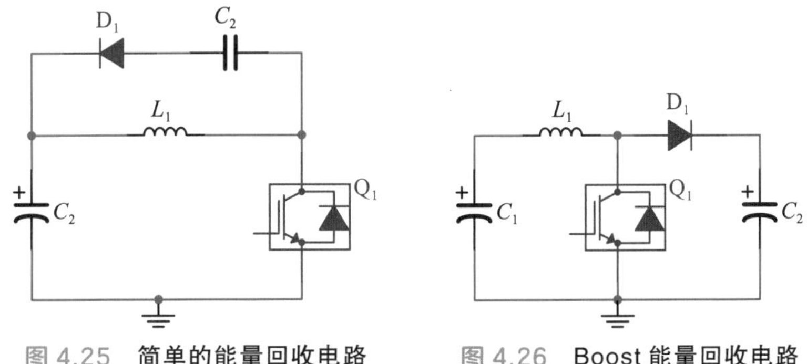

图 4.25 简单的能量回收电路　　图 4.26 Boost 能量回收电路

这个电路与开关电源的 Boost 电路一致，故命名为 Boost 拓扑。开关导通时电容 C_1 对电感充电，关断时电感放电，通过二极管流到下一级电容 C_2，从而回收能量。为了避免电容 C_1 被反向充电，可以并联二极管，在保护电解电容的同时，把电能“驱赶”到下一级电容中。

多级电路图可以看作多个 Boost 电路的串联（图 4.27）。这个拓扑的优点是使用的器件很少。

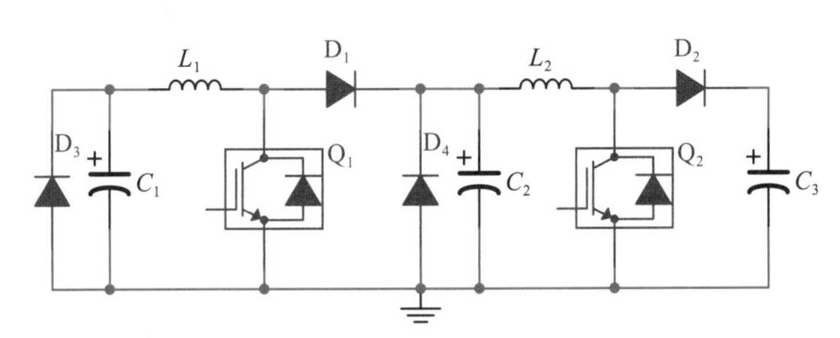

图 4.27 用于多级磁阻炮的 Boost 串联电路

1. 工作原理

工作前先为每个电容充电。充电后，C_1、C_2、C_3 有同样高的电压。Q_1 先导通，C_1 对线圈 L_1 放电，L_1 产生磁场吸引弹丸加速。弹丸快到达中心位置时，Q_1 关断，L_1 中的电流通过 D_1 向后级续流。

C_2 原本已经充电，L_1 产生的感应电动势迅速上升至 C_2 电压，被 C_2 钳位，故关断后 L_1 上的感应电压为 $U_{C2}-U_{C1}$。由于 C_1 放电后电压降低，U_{C1} 很小，故 L_1 两端的电压很高，有利于电流下降。感应电压越高，电流下降越快。

从电路很容易看出，D_1 之后的所有电容都可以被回收的磁能充电。每开通一级线圈，在它后面的所有电容电压都会升高一点。随着级数增加，关断后线圈两端的电压差增大，能量回收速度会变快。因此，高速的后面几级也不容易出现反拉。

这种向后回收的方式提高了后级的放电电压，与磁阻炮的发射过程完美契合，能量分配更接近 2.2.5 节提到的最优加速度方案。

2. 过压的防范

由于电压逐级升高，必须注意器件的耐压，尤其是后面几级电容，发射后的电压可能远高于初始电压。

如果级数很多，有可能难以找到合适的器件。此时可以对可能超出耐压的电容提前放电（图 4.28）。例如，每个电容通过二极管引出到一个线圈上，在可能出现超压之前提前放电。由于所有电容都通过二极管并联，会优先对电压最高的电容放电。

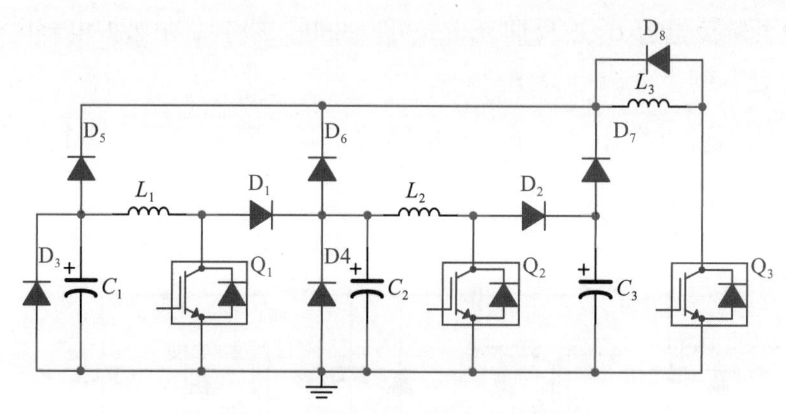

图 4.28 为防止超压而提前放电的电路

假设 C_1、C_2、C_3 是某个 Boost 拓扑后面几级的电容，通过 D_5、D_6、D_7 接到 L_3 上。电路图只表示了 L_3 的电气接线，它的实际安装位置并不一定在最后。先导通 Q_3，让这些电容对 L_3 放电，待电压下降一些后关断 Q_3，就能防止电压超出器件耐压。

Boost 拓扑相邻两级之间不够“独立”。当线圈很短并且挨得很近时，有时需要同时开通连续两级，直接使用 Boost 拓扑无法实现。这个问题是每个现代拓扑都需要考虑的，会在 4.7.2 节讨论。

对于 Boost 拓扑，一种解决办法是采用两个或多个独立的拓扑交错排列，另一种方式是将不同级之间的连接方式由“串联”改为“并联”（图 4.29）。

这种方法要求公共回收电容 C_2 的耐压高于其他储能电容，并且在工作前要充电到与其他电容相同的电压。每级在回收时都会对 C_2 充电。同样地，这个电路的回收速度会随着 C_2 电压的升高而加快。当 C_2 电压过高时需要采取放电措施，如让它驱动某级加速线圈。

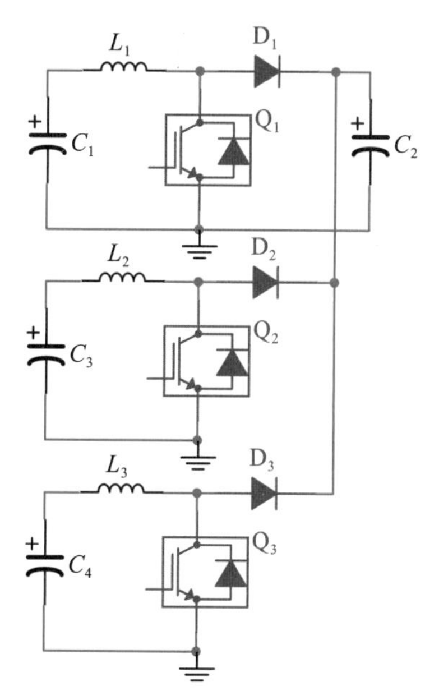

图 4.29 可以多级同时工作的 Boost 并联电路

3. 末级余电用于加速的方法

基本的 Boost 拓扑存在最后一级电容的电能无处可用的问题。简单的解决办法是用开关管接通电阻把它放电到初始电压。为了提高能量的利用率，也可以利用其他不存在此问题的拓扑单独做成一级。但这些办法都不够优雅。

理想的办法是用它为前级充电。但是直接将电容接在一起可能产生巨大的电流，此时可以使用 Buck 电路来减小电流，如图 4.30 所示。Buck 电感可以做成一级线圈，用来加速弹丸。

前面的电容放电后，C_3 保持很高的电压，此时导通 Q_3，C_3 通过 L_3 对 C_2 充电。由于电感的存在，L_3 的电流逐渐上升，用其磁场加速弹丸。当 C_3 电压下降到合适的范围时，关断 Q_3。此时电流通过 D_5 续流，L_3 中剩余的磁能回收到 C_2 中。合理设计 L_3，让它在还未产生回拉时就把 C_3 放电至合适范围。

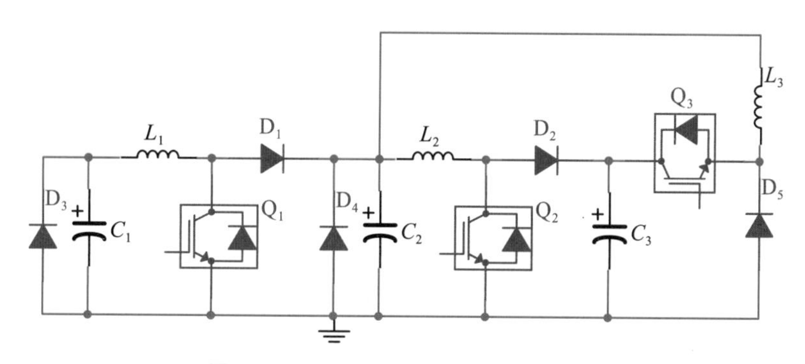

图 4.30 采用 Buck 回收的电路结构

4. Boost 拓扑的仿真

使用的线圈数据与前面相同。设定每级的开通时间分别为 1380μs、620μs 和 440μs。得到如下仿真结果，首先是电流 – 时间曲线（图 4.31）。

可以看到电流拖尾的问题有明显改善。线圈电流在 IGBT 关断后迅速下降，远快于已经介绍过的其他拓扑。

Boost 拓扑的各级电容电压 – 时间曲线如图 4.32 所示，后级电容电压在前级关断时上升，上升后的电压高于更后面的电容电压。电流又会经过线圈和二极管向后流动，使后面所有电容的电压接近一致。

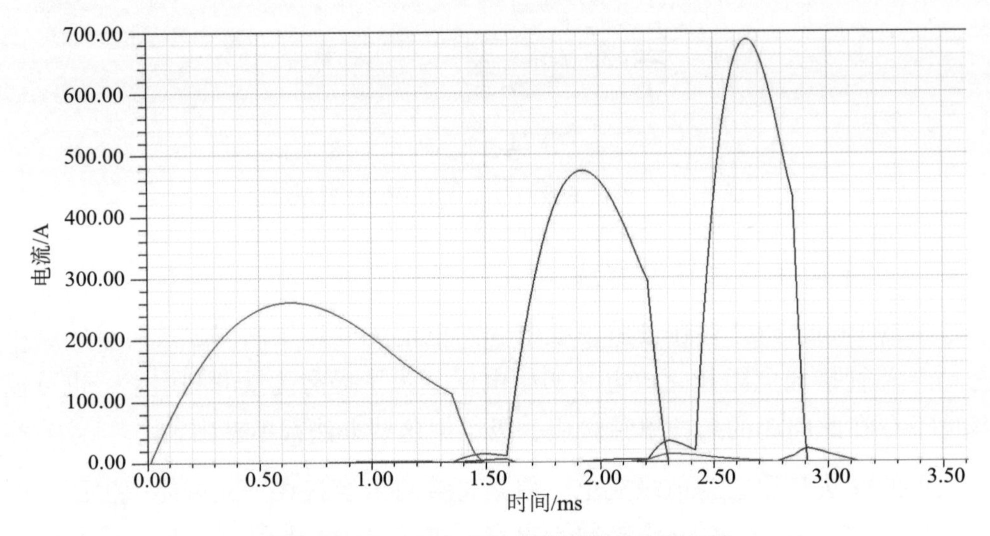

图 4.31 Boost 拓扑的各级电流 – 时间曲线

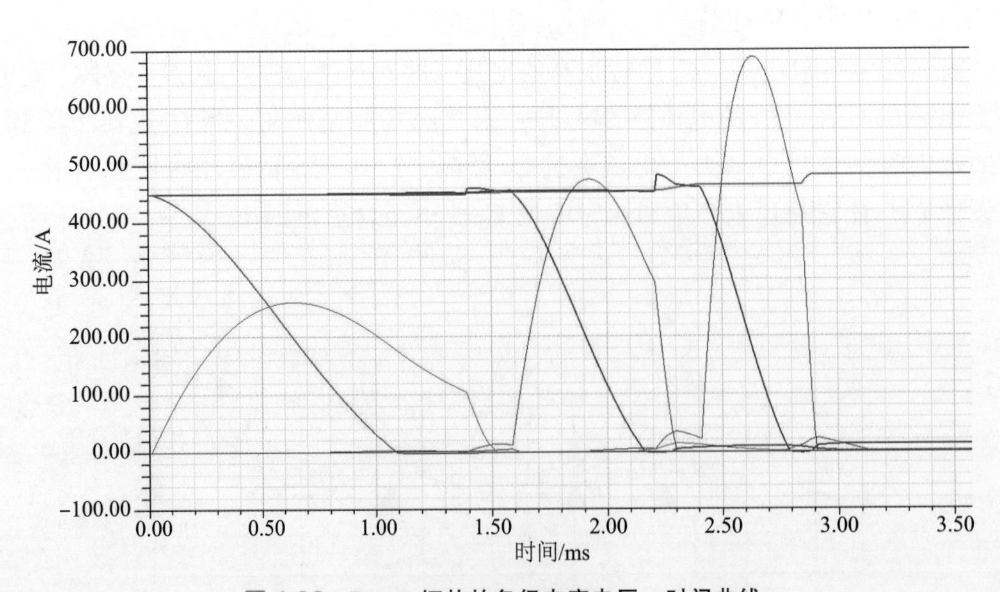

图 4.32 Boost 拓扑的各级电容电压 – 时间曲线

仿真结果与另外两种拓扑的对比如图 4.33 所示，绿色线为 Boost 拓扑，蓝色线为 IGBT 关断 + 电阻消耗拓扑，红色线为可控硅无关断拓扑。

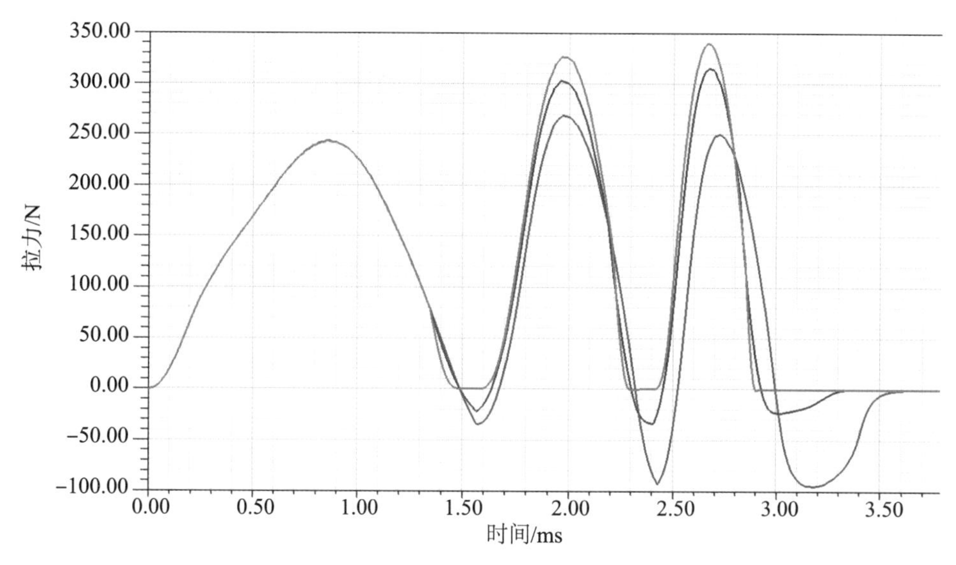

图 4.33 几种拓扑的拉力 – 时间曲线对比

可见，在开关时间控制较好的情况下，Boost 拓扑能做到几乎没有反拉。并且由于下一级工作电压更高，对弹丸产生了更大的峰值拉力。反映到速度上结果也显而易见（图 4.34）。

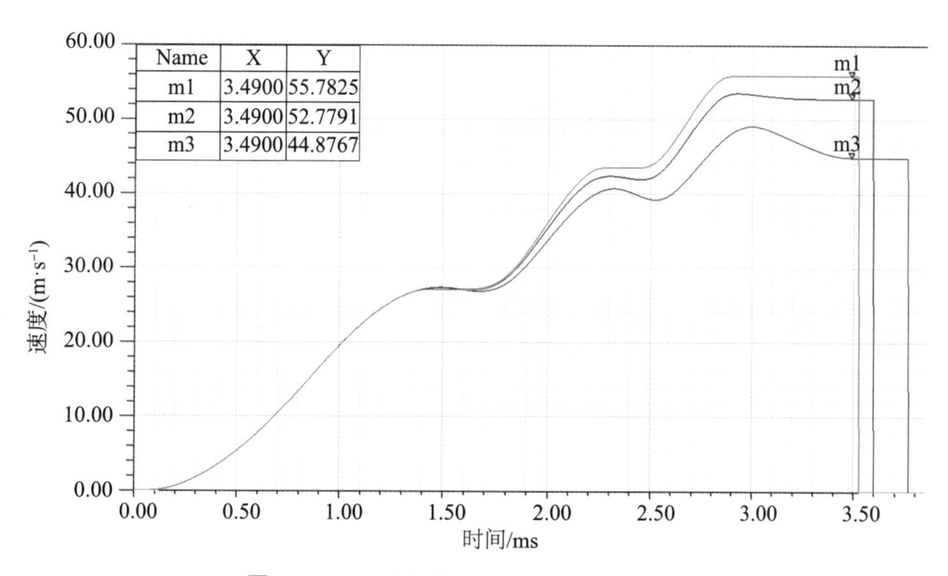

图 4.34 几种拓扑的速度 – 时间曲线对比

三种拓扑的发射效果对比见表 4.2。仿真结果表明，Boost 能量回收拓扑在发射效率最佳的同时消耗能量最少。为便于对比，上述三个仿真采用了相同的线圈、电容和弹丸。如果采用更适合相应拓扑的线圈和电容，性能还能进一步提升。对于可以精确控制通电时间的拓扑，使用更短的线圈以及更粗的线径较为有利。

表4.2 三种拓扑的发射效果对比

拓扑类别	速度/（m/s）	动能/J	消耗能量/J	效率
可控硅无关断	44.9	7.86	151.9	5.2%
IGBT关断+电阻	52.8	10.87	151.7	7.2%
Boost能量回收	56.0	12.23	144.5	8.5%

4.5.2 Buck-Boost 拓扑

将Boost拓扑的电感和开关互换位置，不改变工作流程，同样能实现能量回收，这种结构叫作 Buck-Boost 拓扑（图 4.35）。

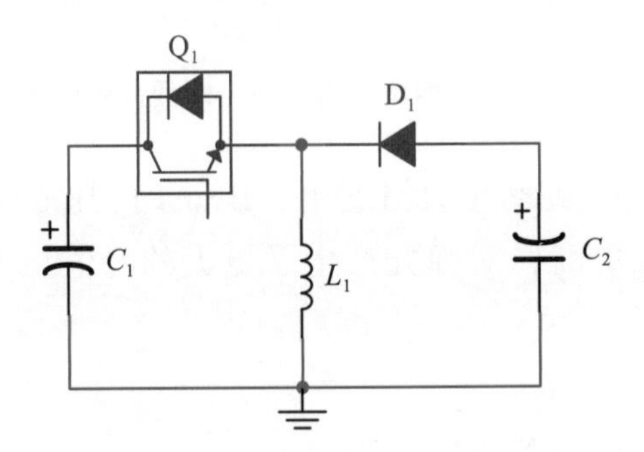

图 4.35 Buck-Boost 拓扑电路

Buck-Boost拓扑的工作原理与Boost拓扑相似，开关管导通时，电流经过线圈，关断时，通过二极管回收磁场能量，并对另一个电容充电。

由于 C_2 的极性是颠倒的，所以不能像 Boost 拓扑那样直接串联。但该电路可以并联，如图 4.36 所示，回收的能量存储于额外的电容 C_2 中。

Buck-Boost拓扑的好处在于各级之间更独立，不同级能够同时开通。与图 4.29 不同的是，工作前不用为公共回收电容 C_2 预充电，所以对耐压和容量的要求较低。随着每级不断回收能量，C_2 两端电压会逐级提高，能量回收的速度也会随之提高。为防止超出耐压，C_2 的参数需要根据各级回收的能量进行计算。同样地，每次发射后也需要为 C_2 放电。

Buck-Boost 拓扑的控制成本偏高。这是因为每个开关管的发射极都接在线圈一端而非接地，所以栅极驱动需要对地隔离。

按照图 4.36 进行仿真，Buck-Boost 拓扑结构与 Boost 拓扑相似，发射效率也较为接近。但由于回收电容电压的变化趋势不同，导致回收速度不一样。对于Boost拓扑，线圈两端的电压差始终较高，在前级就能获得较快的回收速度。在Buck-Boost拓扑中，线圈两端的电压就是公共回收电容 C_2 的电压，所以电流下降速度是逐渐加快的（图4.37）。当然，也可以为 C_2 预充一些电，以提高前级的回收速度。

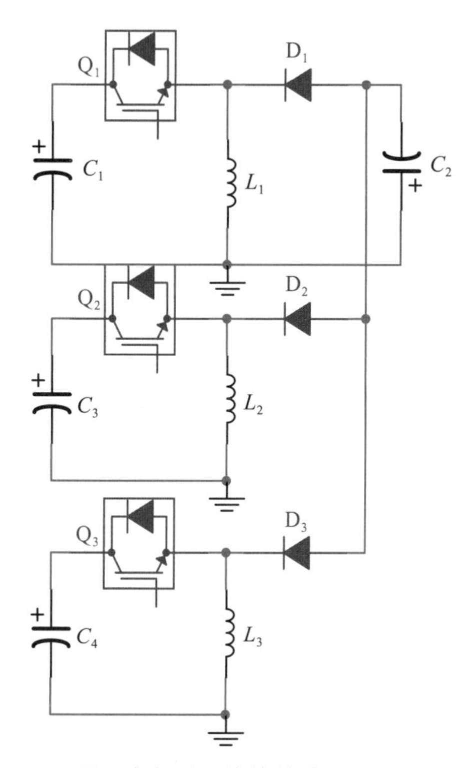

图 4.36 用于多级磁阻炮的并联 Buck-Boost 电路

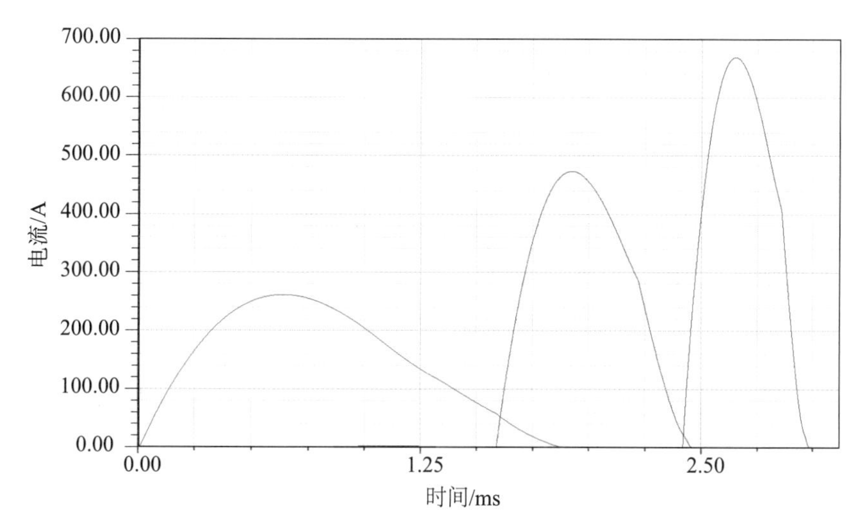

图 4.37 Buck-Boost 电路的各级线圈电流

4.5.3 半桥拓扑

半桥拓扑[1]使用两个开关和二极管，一个桥臂的开关在高侧，另一个在低侧。其功率电路和工作模式如图 4.38 所示。

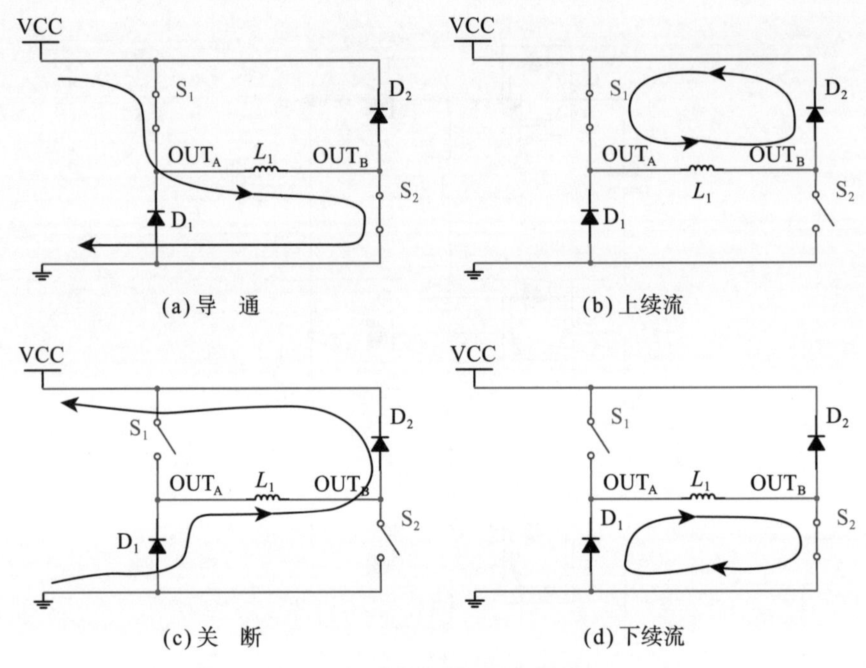

图 4.38 半桥电路的工作模式

开关管可以采用IGBT或者MOSFET。当两侧的开关管同时导通时，电感通电，称为“导通”阶段。

当一个开关管导通，另一个关断时，电感上的电流将流经导通的开关和其对面的二极管，短时间内电流几乎不变，称为“续流”阶段。根据导通的开关不同，可以将续流分为“上续流”和“下续流”两种情形。该过程为 *LR* 放电，放电时间与线圈时间常数有关。

当两侧的开关都处于关断状态时，如果电感上仍有电流，则电感电流将通过二极管流回电源，为电容充电，同时电流快速下降，称为“关断”阶段，或称能量回收阶段。

使用两个独立控制的开关，可以实现对能量的精准控制。但控制电路的复杂度有所上升。上桥臂的控制通常需要用到自举电路，在发射前先开通下桥臂，对

---

① 此处的“半桥”与开关电源领域的“半桥”不同。早在许多年前，电磁炮研究群体就已经使用“半桥”来称呼这种拓扑。该名称已经形成共识，本书继续沿用。

自举电容充电，也可以使用隔离电源作为上桥臂的驱动电源。这些因素导致半桥拓扑应用在多级磁阻炮上时成本较高。

半桥拓扑的优势是，假设每级使用一个独立电容，且将磁能回收给本级的电容，则各级相对独立，容易设计并且可以多级同时工作。不过，由于放电后剩余电压很低，所以能量回收的速度比较慢。如果升高剩余电压，则说明有很多储能没有被有效利用，换句话说，电容的质量超过了需要。

如果像 Boost 拓扑那样，将能量回收给下一级，则可以在关断时断开电容回路（上桥臂），增大绕组两端的电压差，提高能量回收的速度（图 4.39）。

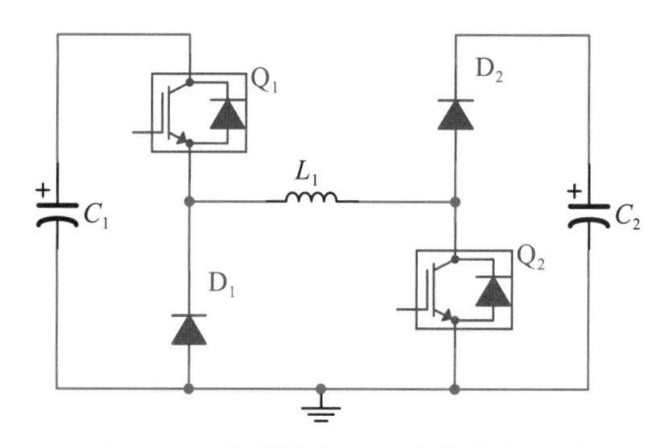

图 4.39 向其他电容回收的半桥电路

不论是回收给自己，还是回收给下一级，如果各级分散配置电容，都存在电容内阻大、损耗大的问题。

半桥拓扑带来的革命性变化是所有级可以共用一个大电容，也包括由很多小电容并联形成的大电容组，此时就只能回收给自己。

然而，电容经过多级放电后，电压会逐渐降低。由于后级的导通时间短，为了输出相近的能量，本来就要减少匝数，增大电流，再叠加上电压的降低，电流就需要加得更大。如果要维持电容电压，就需要提额配置容量，这会浪费储能，增加质量和体积。

电池直驱方案没有这些问题，使用半桥拓扑是一种合适的选择。

4.5.4 多级半桥

经典的半桥回收拓扑需要两个开关管才能控制一级，并且高侧的开关需要悬浮驱动，对多级电磁炮来说成本较高。

如果不存在两级同时导通的情况，则可以让不同级都使用同一个高侧桥臂，使用 n+1 个开关管来控制 n 级（图 4.40）。这就大幅节省了高侧悬浮驱动的花费。

导通时，上桥臂开关管 Q_1 需要和对应级的下桥臂同时打开。当线圈中有电流而只开通一个桥臂时，电路处于续流状态。当开关都关断时，电感中的能量会被回收到电容。

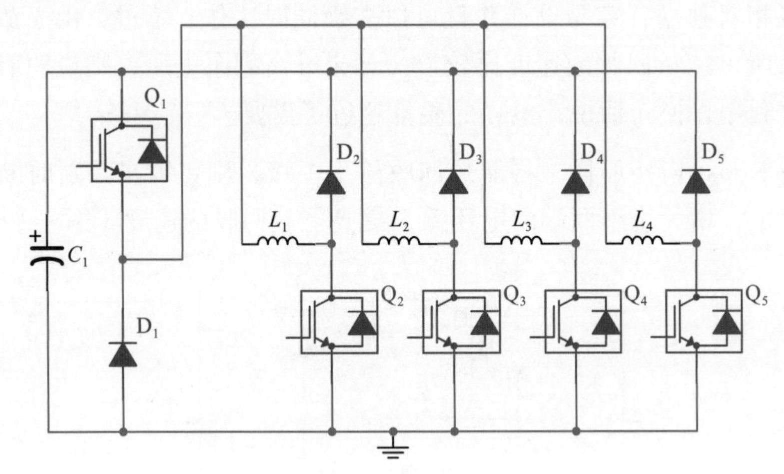

图 4.40 公用上桥臂的多级半桥电路

由于 Q_1 导通得更频繁，应该使用更大规格的器件。

4.5.5 矩阵拓扑

矩阵开关也是由半桥拓扑衍生而来。在多级半桥中，不同级共用一个上桥臂，能够做到用 $n+1$ 个开关管控制 n 级。如果将桥臂按照矩阵方式排布，就能做到使用 $2n$ 个桥臂控制 n^2 级，能极大地减少开关管的数量，降低器件成本。

把"半桥"拓扑的两个桥臂拆分开，如图 4.41 所示。

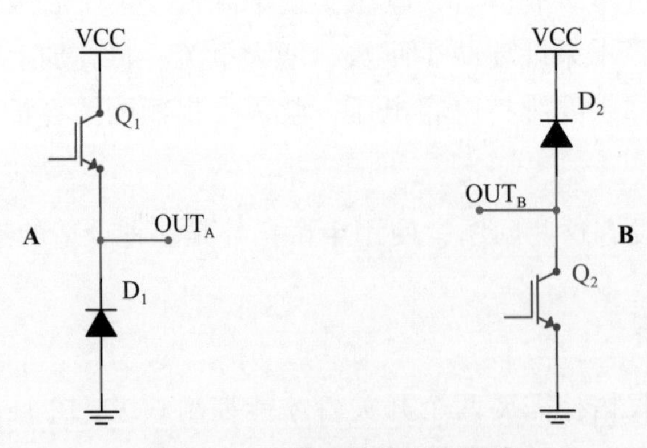

图 4.41 矩阵开关的上下桥臂

称图 4.41 中左侧为 A 部分，右侧为 B 部分。把数个 A 部分，数个 B 部分，以及各级线圈如图 4.42 所示进行连接，即为矩阵拓扑。

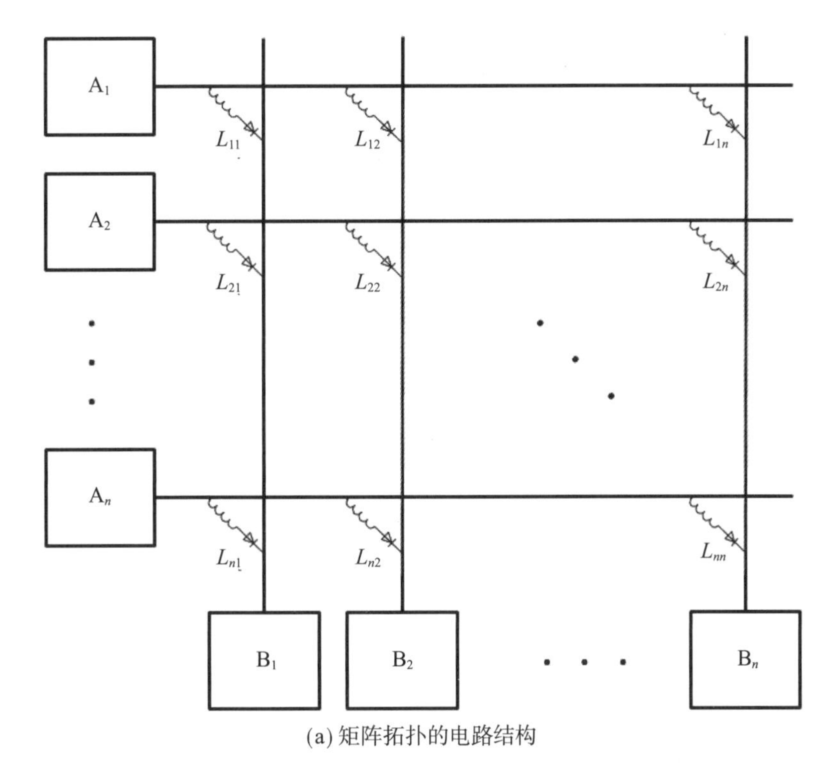

(a) 矩阵拓扑的电路结构

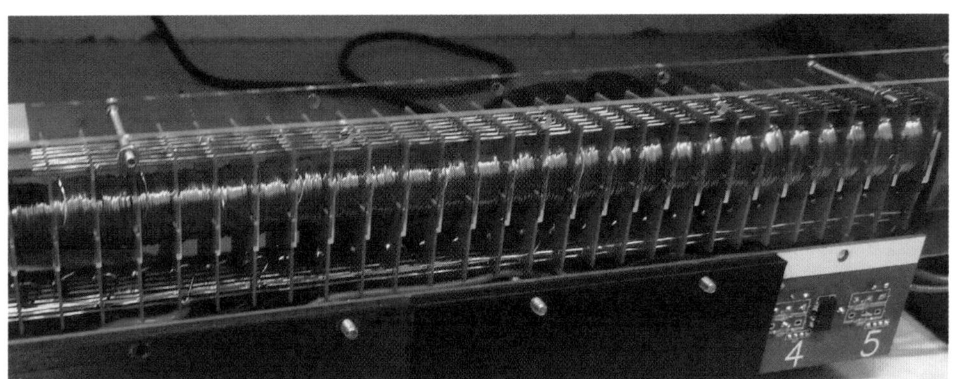

(b) 矩阵拓扑的实现，通过上下两层架空线编织矩阵网络，实测效率达 32%（瞿雨山）

图 4.42 矩阵拓扑

一个 10×10 矩阵，只需要 20 个开关就能控制 100 级。矩阵拓扑能单独控制任意一个线圈，但是不能同时控制两个或以上的线圈。应在每个线圈上串联二极管，以保证在驱动某线圈时，其他线圈不会有电流经过。

矩阵拓扑存在与多级半桥相同的问题，当开关关断进入回收周期时，如果开通同一行或者同一列的另一个线圈，就会导致前级由回收变为续流状态。为了避免出现这种情况，应避免相邻级出现在同一行或同一列。对于最小 3×3 的矩阵，可以按照图 4.43 的顺序安排每个阵元的导通。对于更大规模的矩阵，不难找到一个满足要求的导通顺序。

$$\begin{pmatrix} 6 & 1 & 4 \\ 3 & 9 & 7 \\ 8 & 5 & 2 \end{pmatrix}$$

图 4.43 3×3 矩阵开关的导通顺序

这种顺序也有利于让开关管的负荷在时间上分散均匀。

在实际工程中，矩阵拓扑的接线极为复杂 [图 4.42（b）]，在小规模应用中不占优势。此外，由于每个线圈都需要串联二极管，损耗也会略有增加。

4.6 谐振回收拓扑

谐振回收拓扑是一类不需要主动关断就能做到能量回收的拓扑结构。这类拓扑利用了 *RLC* 放电的特点，将线圈中的磁能回收到电容。由于不需要关断，可以采用可控硅开关。谐振回收很好地利用了可控硅器件自动关断的特性，很好地避免了强迫回收拓扑在电流较大时关断产生电压尖峰的问题。

谐振拓扑依靠线圈和无极电容产生谐振，而谐振过程又能让线圈获得较高的驱动电压，因此能够获得较大的瞬时功率。此外，通常情况下相同封装的可控硅器件的功率容量大于 IGBT，所以谐振拓扑具有功率密度上的优势。

在经典谐振拓扑中，电压因放电而振荡下行，一个电容存储的能量只够两三级使用。为了避免这些问题，我国电磁炮爱好者发明了几种在发射过程中为薄膜电容补充能量的拓扑，简称补能谐振拓扑。

发明过程颇具浪漫主义色彩。它的设想最初是由潘永生提出的，但没有引起关注。几年后该思路被再次提起，一位叫杨忠霖的高一学生创作出一个不尽完善的电路，引起了开关电源专家杨勤浩的极大兴趣，在家里把它完善为全桥补能谐振。同一时期，李俊萱将补能谐振的思想贯穿到其他拓扑结构中，发明了 Buck 补能谐振拓扑并试制成功。

补能谐振拓扑的发明是高性能磁阻炮领域的重要进展，有获得广泛应用的趋势。

4.6.1 经典谐振拓扑

对于可控硅开关的无关断拓扑，为了保护电解电容不被反向充电，线圈上反向并联了二极管。经典谐振拓扑在可控硅无关断拓扑的基础上，改用无极电容，不用担心电压反向，反向充电正好用于能量回收。当能量回收完成，线圈电流降得很低时，可控硅关断。整个过程的放电时间由电容量和电感量来控制。

由于电压反向，只需要将可控硅反接就能进行下一次放电，因此可以得到

图 4.44 所示的电路，其工作过程如下。

（1）某一级导通时，电容对线圈放电，线圈电流逐渐增大，线圈电流到达峰值之后开始下降，而电容电压逐渐降低。

（2）当电容电压降到零时，由于线圈电流不能突变，电流仍然保持原来的方向继续流动，使得电容开始被反向充电。

（3）电容的反向电压开始升高，线圈电流也在减小，能量被回收到电容中。电容电压上升速度逐渐变慢，而线圈电流减小的速度逐渐加快。

（4）电容的电压到达峰值，此时电流为零。由于电流小于可控硅维持电流，可控硅自然关断。由于可控硅的单向导电性，它不会再次导通。下一级的工作重复这一过程，只不过电压极性相反，电流方向相反。

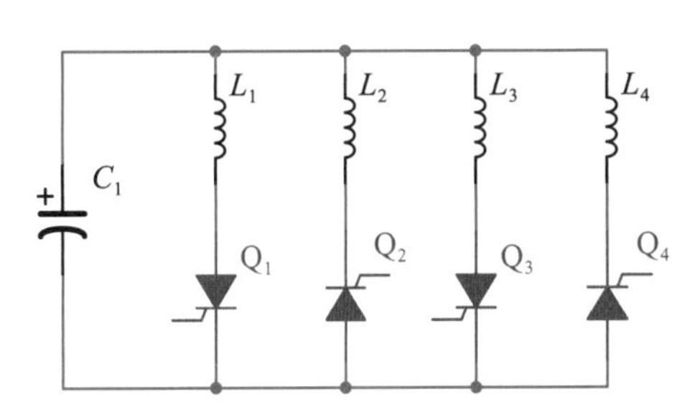

图 4.44 经典谐振关断拓扑的电路结构

图 4.45 所示为 *RLC* 的电压电流图像。

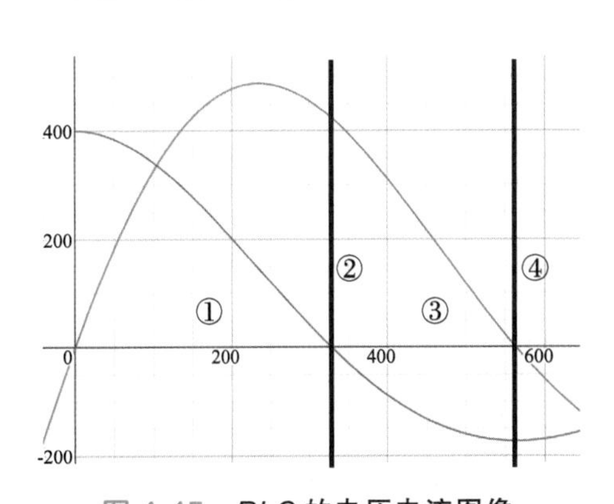

图 4.45 *RLC* 的电压电流图像

经典谐振拓扑电路需要使用无极性电容，其储能密度低于电解电容，但是通常拥有更高的耐压和更低的内阻。开关器件几乎只能用可控硅而不能用 MOSFET 或 IGBT，这是因为它们通常都集成有二极管，会导致电容电压无法反向。

经典谐振拓扑存在一些显著的问题，例如，随着能量消耗，电容电压逐渐降低，导致后级加速效果差。

4.6.2 自由补能谐振拓扑

1. 工作原理

图4.46是经过改进的谐振拓扑，本书称其为自由补能谐振拓扑。

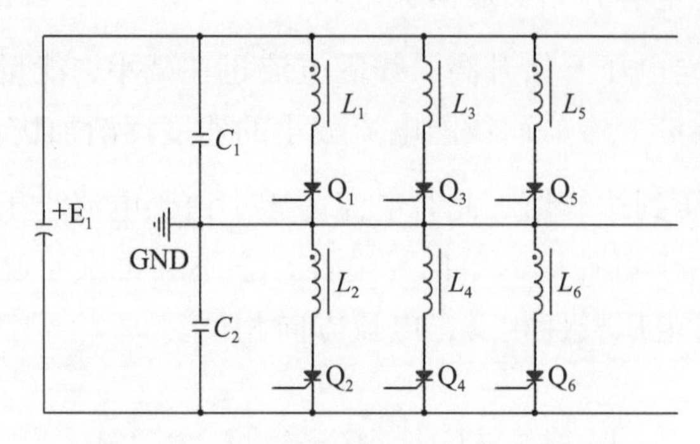

图4.46 自由补能谐振拓扑的电路结构

这种结构的工作过程稍复杂，参考图4.47。各级按图中编号顺序先后导通，其中两个谐振电容 C_1 和 C_2 会同时参与谐振。

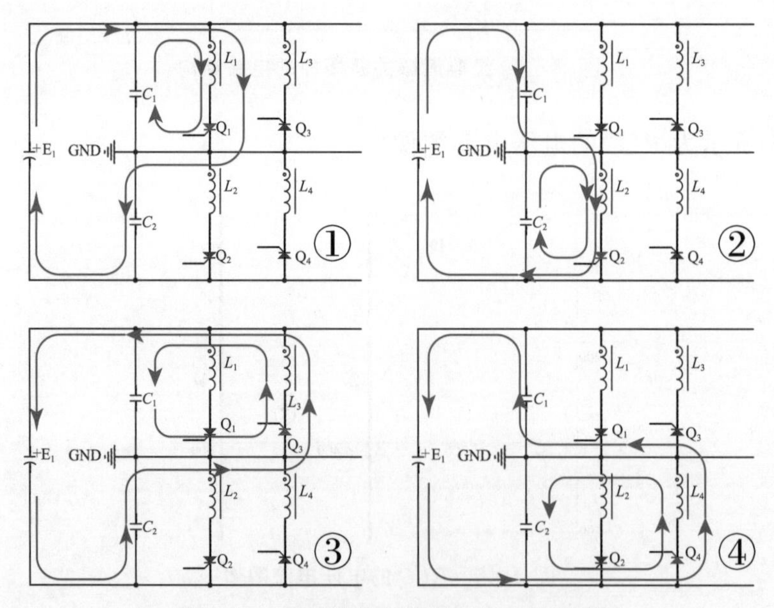

图4.47 自由补能谐振拓扑的工作过程

初始条件下，C_1、C_2 中的电压为 E_1 的一半，且 E_1 的容量远大于 C_1 和 C_2。过程①中与 C_1 并联的开关 Q_1 导通。此时 E_1 通过 L_1 和 C_1 对 C_2 充电，C_2 的电压上升。这个过程中，C_1 的电压一直下降直到负值。当 Q_2 导通时，C_2 电压下降，C_1 电压上升。在交错导通中，C_1、C_2 的电压之和始终为 E_1 的电压。

如果谐振电压过高，可以将某几级反向连接，参考图 4.47 中③和④的接法。这样可以将谐振电容中的能量返还一部分给电源，使谐振电压维持在合适的水平。

2. 自由补能谐振拓扑的理论分析

由于不能出现多个线圈同时工作的情况，这里使用 L_1 代表奇数线圈组，L_2 代表偶数线圈组。S_1 闭合时，代表某一奇数线圈支路上的可控硅导通。

观察两个电容上的电压可以看到，主储能电源 E_1 在每次发射过程中为两个谐振电容补充能量。电容的电压是振荡的，并且会在一段时间内越来越高。自由补能谐振拓扑的仿真电路如图 4.48 所示。

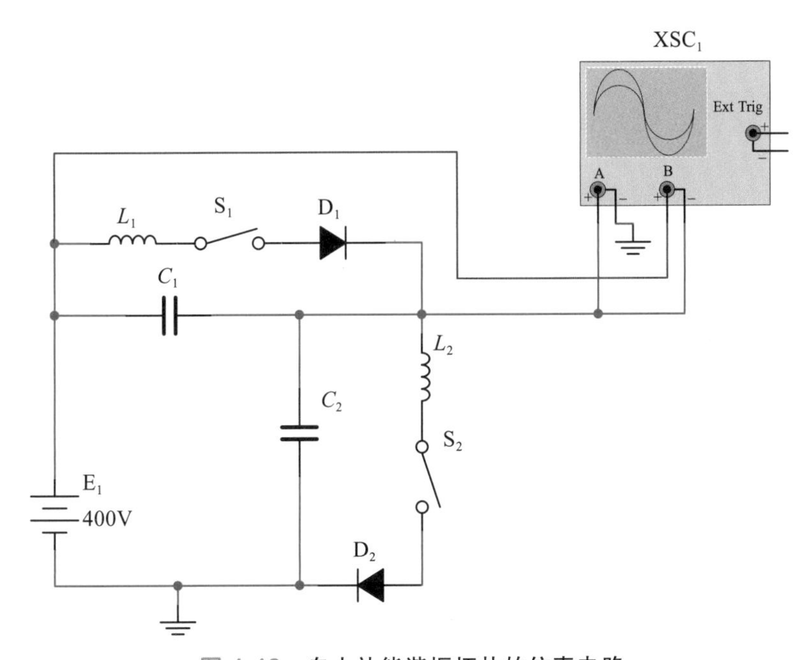

图 4.48 自由补能谐振拓扑的仿真电路

自由补能谐振拓扑工作时的电容电压如图 4.49 所示。当导通与谐振电容 C_1 并联的线圈支路中的开关 S_1 时，电源 E_1 会通过支路给电容 C_2 补能，使 C_2 电压上升。而谐振过程会使这个支路上并联的谐振电容 C_1 电压反向。在下一阶段，S_1 关断，导通另一个支路的开关 S_2，C_1 上的电压与电源电压串联，相当于提高了工作电压。对于 C_1，电源补能使得 C_1 电压重新变为正，回收 L_2 中的能量后，C_1 电压进一步升高。对于 C_2，经过谐振后电压反向。经过多次线圈放电过程，两个谐振电容的电压振荡升高。最后随着能量消耗，电源电压下降，谐振电压趋于下降。

开关 S_1 闭合（过程①）时的电路可以简化成图 4.50。

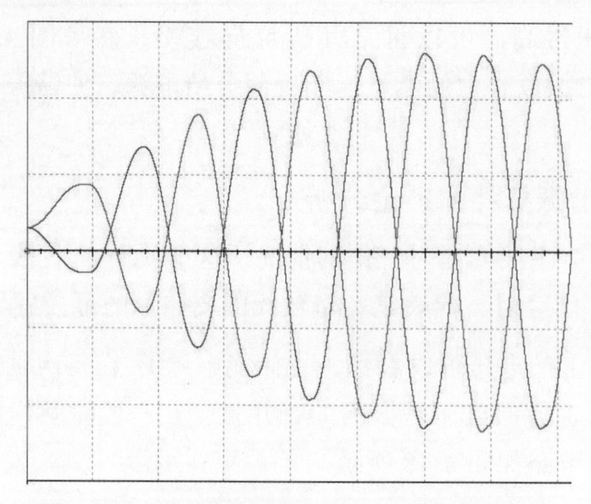

图 4.49 自由补能谐振拓扑工作时的电容电压

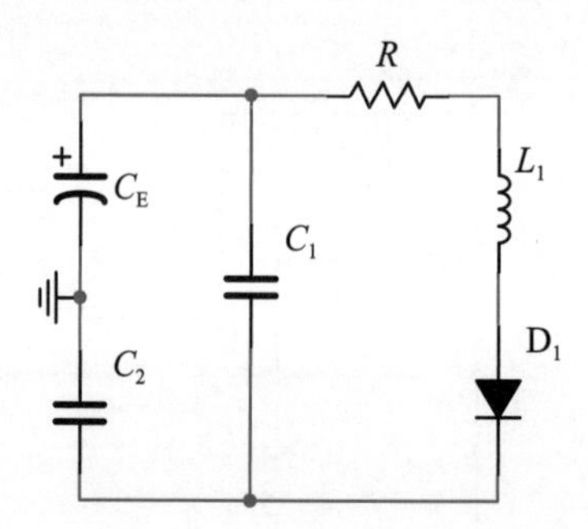

图 4.50 自由补能谐振拓扑过程①的等效电路

假设主储能电源的初始电压为 U_0，容量为 C_E。若$C_1=C_2=C_0$，则 C_1 和 C_2 的电压都为$U_0/2$。

三个电容串并联后等效的电容量为$C=\dfrac{C_0^{\ 2}+2C_0C_E}{C_0+C_E}$。

等效后的电路可以用下述二阶齐次微分方程描述：

$$\frac{\mathrm{d}^2u_c}{\mathrm{d}t^2}+\frac{R}{L}\frac{\mathrm{d}u_c}{\mathrm{d}t}+\frac{1}{LC}u_c=0 \tag{4.14}$$

求解过程与4.3.1节的计算过程相同，这里不再赘述。

最终可以求解得，过程①放电结束时，C 的电压为

$$u_c(i=0)=\frac{\omega_0}{\omega_d}\frac{U_0}{2}e^{-\frac{a\pi}{\omega_d}}\cos\left(\pi-\arccos\frac{\omega_d}{\omega_0}\right) \tag{4.15}$$

式中，$\omega_0=\sqrt{\dfrac{1}{LC}}$；$a=\dfrac{R}{2L}$；衰减谐振角频率$\omega_d=\sqrt{\omega_0^{\ 2}-a^2}$。

因为$\frac{\omega_d}{\omega_0}>0$，所以$\cos\left(\pi-\arccos\frac{\omega_d}{\omega_0}\right)<0$，即电容组 C 的电压一定小于 0，假设：

$$u_c(i=0)=\frac{\omega_0}{\omega_d}\frac{U_0}{2}e^{-\frac{a\pi}{\omega_d}}\cos(\pi-\arccos\frac{\omega_d}{\omega_0})=-U(U>0)$$

其中，C_1和C_E的电压变化与容量成反比，有$|\Delta u_2|=\frac{C_0}{C_E}|\Delta u_1|$。可以计算得到放电过程的电压变化。

$$U_{CE}=U_0-\frac{C_0}{C_0+C_E}\left(\frac{U_0}{2}+U\right)$$

$$U_{C2}=\frac{U_0}{2}+\frac{C_E}{C_0+C_E}\left(\frac{U_0}{2}+U\right)$$

可见由于电容容量不同，经过一次放电和补能的过程后，主储能电容 C_E 电压略有下降，而 C_2 的电压则上升较多。

在实际工程中，为了能驱动多级线圈，主储能电源的容量是非常大的。通常 $C_E >> C_0$，如果采用电池驱动，可以近似看作无穷大的电容。在这种情况下，第一个过程放电结束后，主储能电源的电压不变，而两个谐振电容的电压为

$$U_{C1}=-U$$

$$U_{C2}=U_0+U$$

所以当主储能电源电压为 U_0 时，第一级线圈受到的驱动电压为 $U_0/2$。第二级线圈工作时，由于$0<U<\frac{U_0}{2}$，所以受到的驱动电压为$U_0\sim\frac{3U_0}{2}$，放电过程与第一级过程类似，只是初始电压更高。

对于更多级的情况，经过主储能电源补能，各级线圈的驱动电压不断升高，忽略回路电阻时，可以计算出各级线圈承受的电压分别是$\frac{U_0}{2}$、$\frac{3U_0}{2}$、$\frac{5U_0}{2}$、$\frac{7U_0}{2}$ ……对于第n级线圈，其受到的驱动电压为$\frac{2n-1}{2}U_0$。

现实中，回路存在电阻和驱动弹丸的有功消耗，线圈的驱动电压虽然存在逐级升高的趋势，但是线圈放电消耗的能量也在增多。最终每次补充的能量与放电消耗的能量达到平衡，电压则不再升高。

3. 自由补能谐振拓扑的优点

这类拓扑具备经典谐振拓扑的特点，还具有其他优势。

（1）由于存在来自主储能电源的能量补充，可以做到用一个无极电容带动

很多线圈工作，而不像经典谐振拓扑那样只能带动两三个线圈。

（2）主储能电源不会被反向充电，可以使用电解电容或者电池，得到更高的能量密度。由于所有级共用一个主储能电源，该电源的容量可以做得较大，将内阻降到可以忽略的程度。

（3）谐振能够让发射线圈获得比电源电压更高的驱动电压，有利于减少线圈电流，以及充分利用开关器件的功率容量。或者，对于电池直驱方案，可以使用较低的储能电压，有利于降低电源难度。

该拓扑的控制较为简单。可控硅相比 IGBT 和 MOSFET 容易驱动，并且只需要控制导通的时刻。对于同一电容上并联的线圈支路，所有可控硅的阴极都接在一起，故可以共用驱动电源。

但自由补能谐振拓扑无法同时开通两级或多级。如果同时开通两级，相当于两个线圈直接串联在主储能电源上，可控硅无法关断，直至消耗完储能电源的所有能量。对于电池直驱方案，这种直通会造成严重后果。

4.6.3 Buck 补能谐振拓扑

1. Buck 补能谐振拓扑的工作原理

自由补能谐振拓扑的补能过程由线圈决定，无法控制。如果线圈或者电容的参数不合理，补能之后电压就可能超出器件耐压。

引入全控器件可以主动控制补能过程。从仿真的结果来看，只在一部分工作时间补能，对于电解电容储能的方案更为合适，可以有效管控无极性电容的电压。

设计一种只在半个工作过程进行补能的受控补能拓扑结构——称为 Buck 补能谐振拓扑，电路如图 4.51 所示。

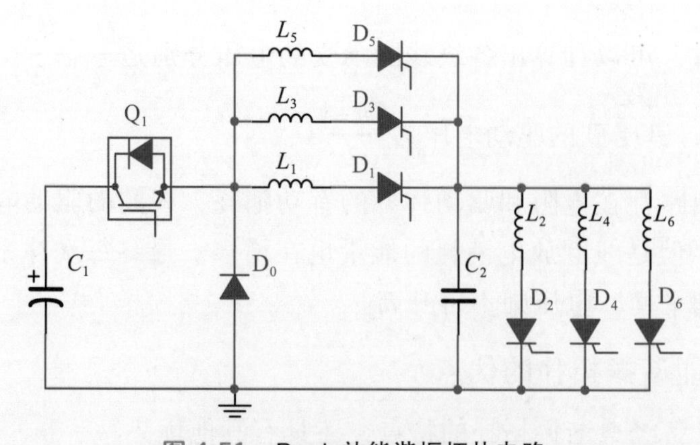

图 4.51 Buck 补能谐振拓扑电路

其中，C_1 是大容量的储能电容（或电池），C_2 是小容量的高压无极电容，Q_1 是控制能量输入的 IGBT 开关，D_0 是续流二极管，D_1 ~ D_n 是可控硅组，与之相连的 L_1 ~ L_n 是发射线圈。

可控硅组的导通顺序与电路图标号相同。主要工作过程分为奇数级工作和偶数级工作两种状态，设初始状态回路无电流，C_1 的初始电压为 U。

第一级工作时（图 4.52），Q_1、D_1 同时开始导通，C_1 通过 L_1 对 C_2 充电，同时在 L_1 上产生磁场加速弹丸。该回路可等效为 RLC 串联回路，由于其中存在可控硅，电流过零关断。该过程结束时 C_2 被补能，电压变为上正下负。在发射过程中，C_2 会回收 L_1 中的磁场能量。由于通常磁阻炮的 RLC 电路工作在欠阻尼状态，所以 C_2 电压会高于 C_1。

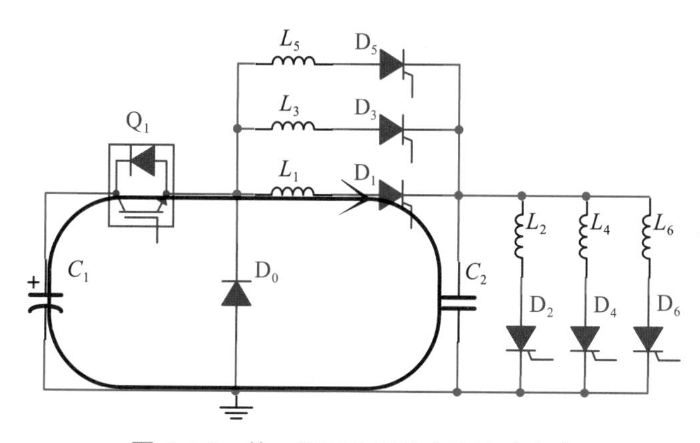

图 4.52 第一级工作时的电流流动方式

第一级续流时的电流流动方式如图 4.53 所示。Q_1 的作用是在奇数级工作过程中进行调功，如果在放电过程中 C_2 的电压超出希望的范围，可以在可控硅导通时提前关断 Q_1，以停止 C_1 对 C_2 的补能。而电流会通过 D_0 续流，这就做到了对补能过程的控制。

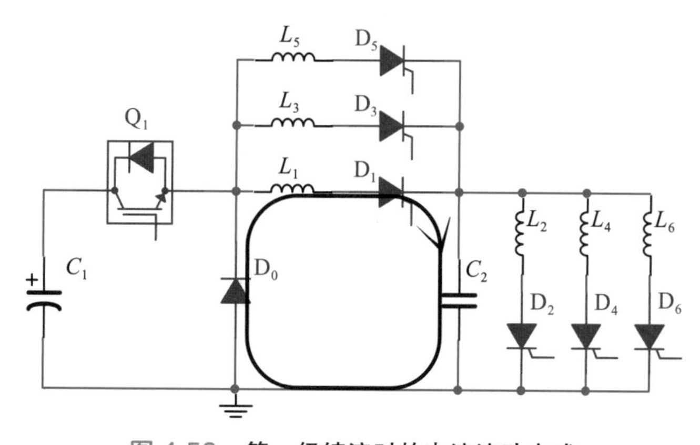

图 4.53 第一级续流时的电流流动方式

第二级工作时（图 4.54）D_2 导通，C_2 对 L_2 放电。电路同样为 RLC 串联回路，由于可控硅在电流过零时关断，根据 LC 谐振的特性，结束时 C_2 电压由上正下负变为上负下正，在下次奇数级工作时与 C_1 串联，提升了对线圈的驱动电压。

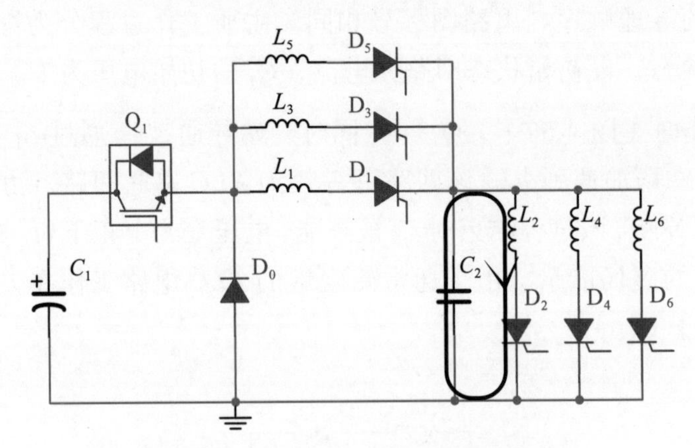

图 4.54　第二级工作时电流流动方式

之后奇数级工作原理与第一级类似，但由于偶数级工作后 C_2 电压上负下正，所以线圈两端电压更高。

整体上看，这个拓扑只在奇数级工作时为谐振电容补充能量，偶数级的放电过程起到翻转 C_2 电压的作用。两个放电过程都是利用谐振电路的特性回收线圈中剩余的磁能。

当然，除了在一半过程中进行补能，也可以在另一边加对称的电路，做到像自由补能谐振拓扑那样在每次工作时都补能（图 4.55）。

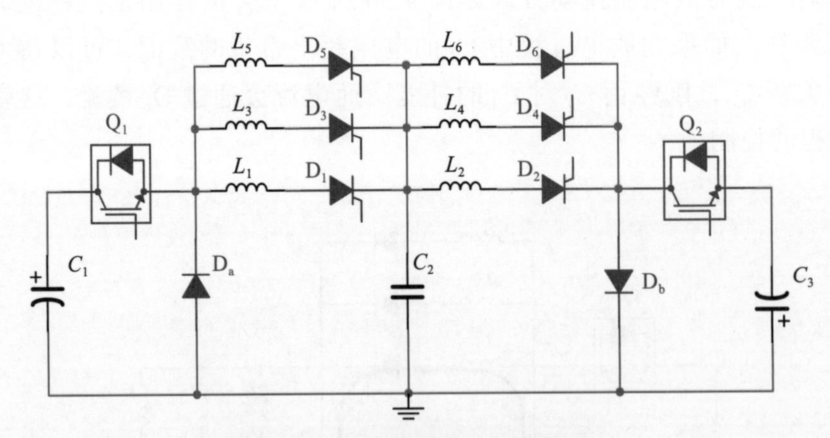

图 4.55　双向补能的 Buck 回收电路

Buck 补能谐振拓扑与自由补能谐振拓扑的区别在于，主储能电源由一个变成两个，而谐振电容由两个变成一个。如果 C_1 和 C_3 的电压是自由补能谐振拓扑主储能电源的一半，而谐振电容 C_2 的容量是自由补能谐振拓扑的两倍，那么这两个拓扑的效果几乎相同，其优点与自由补能谐振拓扑相同。

2. 补能过程的分析计算

当 C_2 容量确定的时候，我们主要关心 C_1 能为 C_2 补充多少能量，故首先对 C_2 的电压进行分析。

将图 4.55 奇数级开通时串联的 C_1 和 C_2 看成一个新的电容 C，回路的总电阻为 R，得到等效电路如图 4.56 所示。

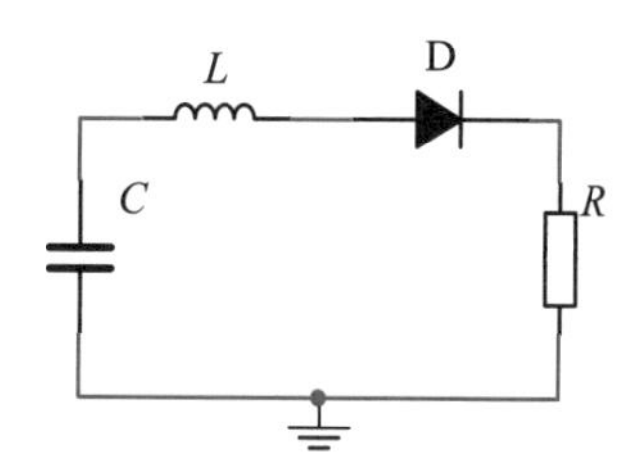

图 4.56　奇数级工作时的等效电路

求解过程与 4.3.1 节相同，假设 $\omega_0=\sqrt{\frac{1}{LC}}$，$a=\frac{R}{2L}$，衰减谐振角频率 $\omega_d=\sqrt{\omega_0{}^2-a^2}$。

回路的电流响应为

$$i(t)=C\frac{du_c}{dt}=-\frac{\omega_d{}^2CU_0}{\omega_d}e^{-at}\sin\omega_d t \tag{4.16}$$

电流为 0 时，即关断时刻：

$$t(i{=}0)=\frac{\pi}{\omega_d} \tag{4.17}$$

放电结束，电流为 0 时，电容 C 的电压为

$$u_c(i=0)=\frac{\omega_0}{\omega_d}U_0e^{-\frac{a\pi}{\omega_d}}\cos(\pi-\arccos\frac{\omega_d}{\omega_0}) \tag{4.18}$$

由于电容 C 是由 C_1、C_2 串联得到的，回路电流处处相等：

$$i(t)=C_1\frac{du_1}{dt}=C_2\frac{du_2}{dt} \tag{4.19}$$

C_1、C_2 的电压变化与容量成反比，有

$$|\Delta u_2|=\frac{C_0}{C_E}|\Delta u_1| \tag{4.20}$$

设 C_1、C_2 对地电压为 U_1、U_2，有

$$u_c(i=0)=U_{1末}-U_{2末}=\left(U_0-|\Delta u_1|\right)-\left(U_{2初}+|\Delta u_2|\right) \tag{4.21}$$

各电容电压变化量：

$$|\Delta u_1|=-\frac{C_2\cdot\left(u_c(i=0)-U_0+U_{2初}\right)}{C_1+C_2} \tag{4.22}$$

$$|\Delta u_2|=-\frac{C_1\cdot\left(u_c(i=0)-U_0+U_{2初}\right)}{C_1+C_2} \tag{4.23}$$

得到奇数级放电后电容 U_2 的电压：

$$U_{2末}=\frac{-C_1\cdot u_c(i=0)+C_1\cdot U_0+C_2\cdot U_{2初}}{C_1+C_2} \tag{4.24}$$

不难看出，奇数级放电后的电压与电容 C_1、C_2 的容量，放电结束时 C_1、C_2 的串联电压，C_1、C_2 的初始电压这几个参数有关。由于 $u_c(i=0)<0$，所以 $|u_c(i=0)|$ 和 C_1/C_2 越大、$U_{2初}$ 越小（电压可为负），补能后的电压就越高，在偶数级就能输出更多能量。

对于过零关断时 C_1、C_2 的串联电压 $u_c(i=0)$，与之相关的参数较多，不易直接确定哪些参数有影响。这里将这个 RLC 电路看成欠阻尼二阶系统，RLC 电路 C 两端电压是阻尼衰减的，系统阻尼比为

$$\xi=\frac{R}{2}\sqrt{\frac{C}{L}} \tag{4.25}$$

将电容上的电压变化曲线看成反向的阶跃响应，根据二阶系统特征参数公式可直接计算出超调量，也就是放电后反向的电压和初始电压的比值：

$$\sigma=e^{-\frac{\xi\pi}{\sqrt{1-\xi^2}}} \tag{4.26}$$

该系统阻尼比越小，回路电流过零关断时 C_1、C_2 的串联电压 $u_c(i=0)$ 越大，C_2 在补能后电压越高。

$$\xi=\frac{R}{2}\sqrt{\frac{C}{L}}=\frac{1}{2\left(\frac{1}{R}\sqrt{\frac{L}{C}}\right)}=\frac{1}{2Q} \tag{4.27}$$

为了尽可能提高能量回收效率，我们希望 Q 值尽可能大。Q 是 RLC 串联电路中的品质因数，在设计时可以从回路电阻以及线圈的工艺等方面优化。

假设回路中的 R 由线圈电阻和电容内阻构成，将相同的电容串并联，其电阻乘以容量通常为常数，即相同品质的电容，$R_C\propto 1/C$。前面计算过相同形状的线圈，

其线圈电阻$R_L \propto L$。如果保持回路的放电时间不变，那么$L \propto 1/C$。带入式（4.27），会发现系统的阻尼比ξ为定值。所以在相同放电时间下，过零关断时C_1、C_2的串联电压$u_c(i=0)$也是定值。此时根据式（4.24）可知，C_1/C_2越大，放电后谐振电容C_2两端的电压越高。若主储能电源的容量$C_1 >> C_2$，则放电后C_2的电压也是定值。这种情况下谐振电容容量的选取，取决于单极线圈放电所需的能量。

假设主储能电源的容量无限大，电压为U_0，谐振电容初始电压为0。在没有能量损失的情况下，各级线圈承受的电压分别是U_0、$2U_0$、$3U_0$、$4U_0$……对于第n级，其最高电压为nU_0。

实际上回路存在电阻，随着电压升高，电阻的消耗也在升高，最终每次补能与耗能达到平衡，线圈的驱动电压维持在一个较稳定的范围。如果储能电源容量有限，随着电压下降，线圈的驱动电压也会下降。由于Buck补能谐振拓扑只在半个周期对谐振电容补能，主储能电源每提供一次能量将驱动两级线圈，所以谐振电容电压不会增加太多，适用于主储能电压较高的方案。

3. 工程实例

Buck补能谐振拓扑实物如图4.57所示，使用铝电解电容组为薄膜电容补能。由于发射线圈紧密排列，会出现两个线圈同时工作的情况。但补能谐振类拓扑无法同时开通相邻的两级，因此采用两个独立的电路交替工作。从图4.57（b）可以看到上下分别布置的两个电路。

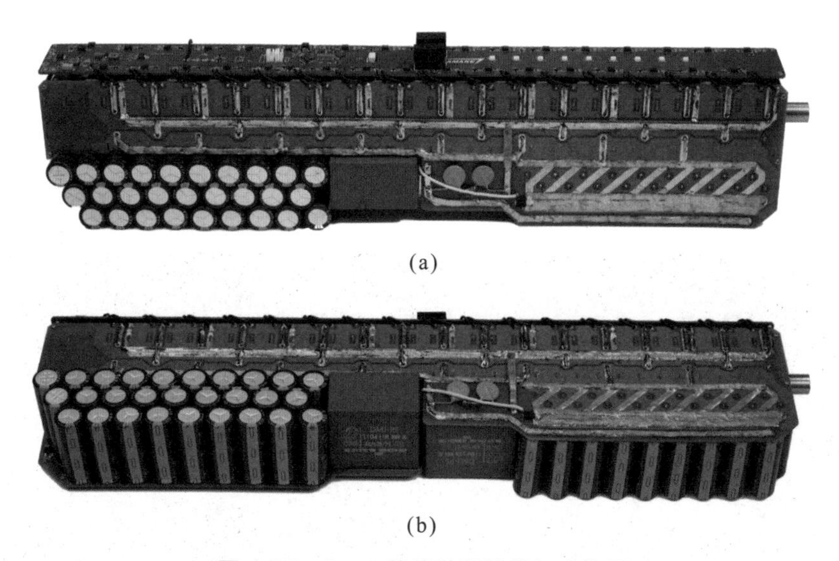

(a)

(b)

图4.57 Buck补能谐振的样机实物图

各线圈的参数经过仿真得到，匝数由多到少，线径由细到粗。但线圈的驱动电压受谐振过程影响，因此线圈的参数设计并不完全遵循前文的方法，尚需依赖经验和仿真。

期望加速路程不超过 0.5m，采用直径 12mm、长 16mm 的钢弹。实际线圈内径为 12.7mm，单级线圈长 12mm，间距 1mm，共 36 级，总长 468mm。前两级采用 Boost 拓扑以便提供弹丸初速，中间的 32 级采用 Buck 谐振拓扑，最后两级是在谐振电容上反接的线圈支路，作用是消耗谐振电容剩余能量。

初始电容电压 440V，电容总储能 1kJ。谐振用的薄膜电容耐压 900V，容量 110μF。经过仿真，预计单次发射消耗 655J，加速 13.8g 弹丸到 158m/s，动能 172J，效率 26.2%。

两个电路中的薄膜电容端电压如图 4.58 所示，可以看到由于补能，峰值电压超过了 800V。随着主储能电容电压下降，谐振电容的电压先上升后下降。

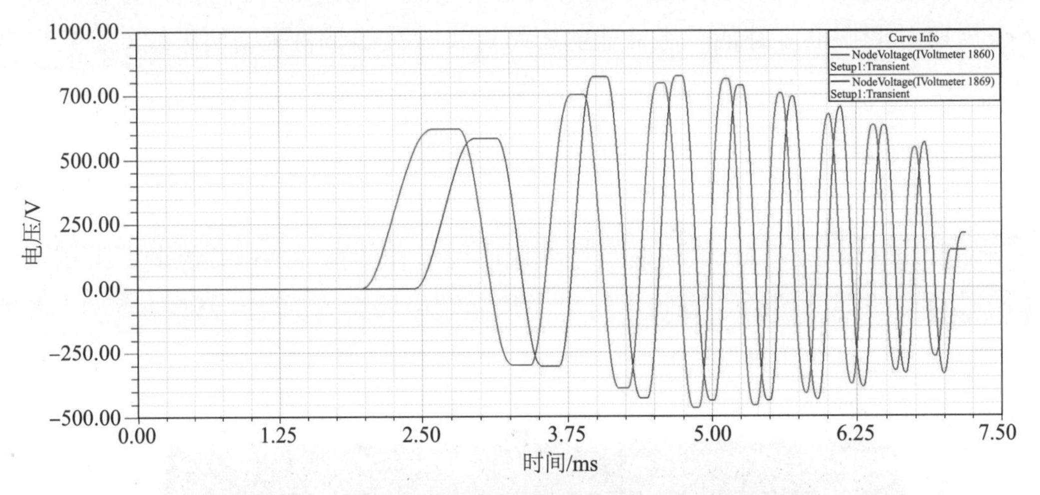

图 4.58 仿真的 Buck 补能谐振拓扑薄膜电容端电压图

使用样机进行实测，如图 4.59 所示，可以看到曲线与仿真有较好的吻合。

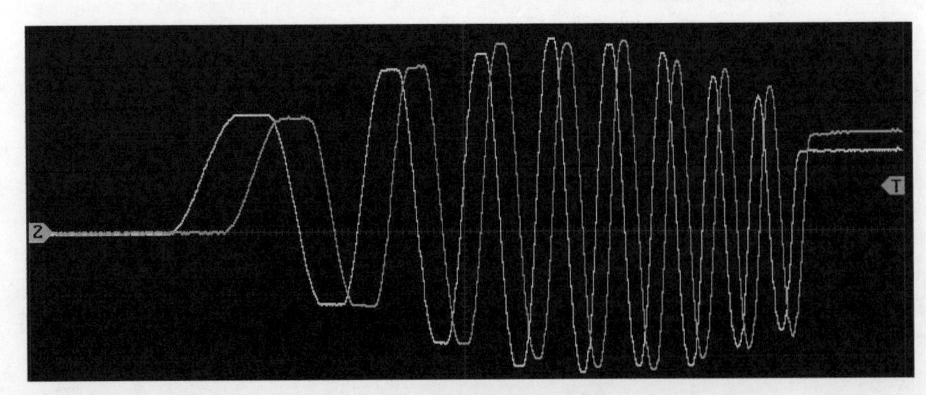

图 4.59 实测的 Buck 补能谐振拓扑薄膜电容端电压图

仿真得到的受力曲线（图 4.60）也呈现先上升后缓慢下降的趋势，与谐振过程的电压变化较为吻合。该炮经试射，出速与仿真结果非常接近。

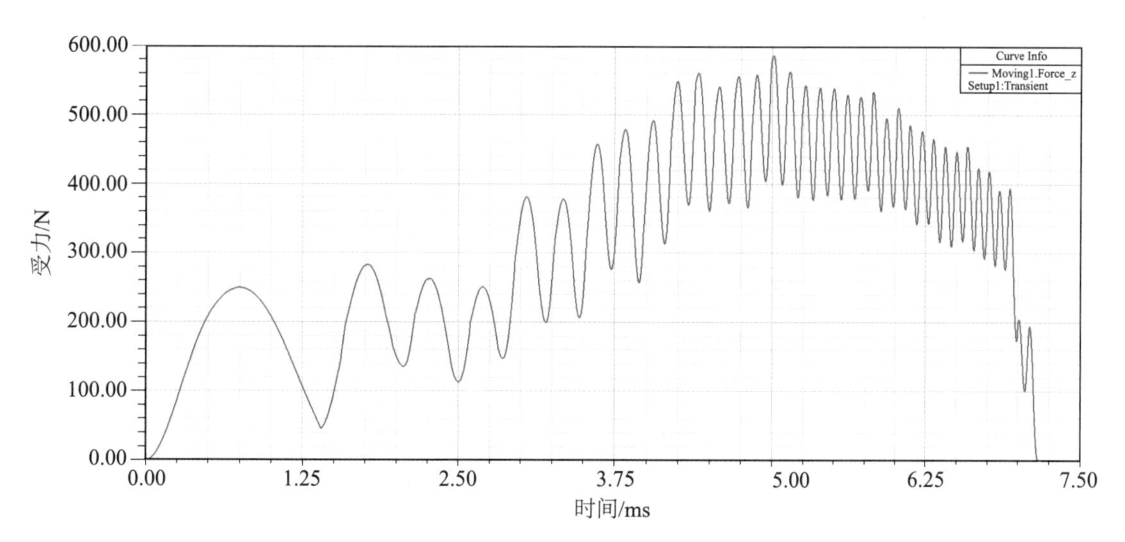

图 4.60 Buck 补能谐振拓扑的弹丸受力图

Buck 补能谐振拓扑更适用于级数较多、规模稍大的场景。当级数较少时，在体积和质量方面经济性并不高。

4.6.4 全桥补能谐振拓扑

1. 全桥补能谐振拓扑的工作原理

全桥补能谐振拓扑的电路结构如图 4.61 所示。

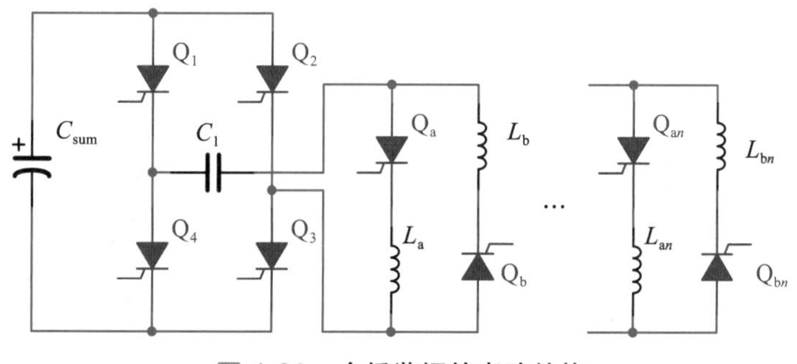

图 4.61 全桥谐振的电路结构

由一个大容量电容 C_{sum}，小容量的无极电容 C_1，以及可控硅 Q_1 ~ Q_4 组成全桥，Q_a、Q_b 是每一级的可控硅。L_{an}、Q_{an}，L_{bn}、Q_{bn} 表示相邻的两级线圈开关组，跨接在全桥中。

工作开始，Q_1、Q_3、Q_a 同时导通，全桥经电容 C_1 给第一组线圈 L_a 通电。

全桥补能谐振拓扑第一过程的工作电流流向如图4.62所示。电流在线圈L_a中产生磁场吸引弹丸向前移动，同时C_1被充电，电压升高。这个过程可以视为将C_{sum}中的电能充给C_1和L_a组成的谐振回路。由于电感的作用，即使C_1被充到与电源相同的电压，回路中仍有电流，此时线圈磁能转化为电能，将C_1充到超过C_{sum}的电压。当回路中的电流下降到零时，可控硅过零关断。至此，完成对第一组线圈L_a的供电与回收全过程。

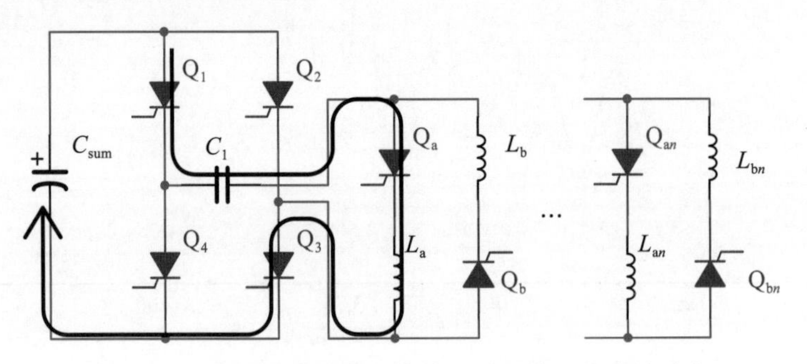

图4.62 全桥补能谐振拓扑第一过程的工作电流流向

在上一过程中，C_1累积了左正右负的高压。在第二个过程中（图4.63），全桥导通Q_2、Q_4，线圈开关组导通Q_b。此时相当于C_1和C_{sum}串联，电压叠加对线圈放电，会在线圈L_b中产生更大的电流。工作后期，电源对C_1补能，使其从左正右负变为左负右正。由于线圈的续流，电压会升到更高。

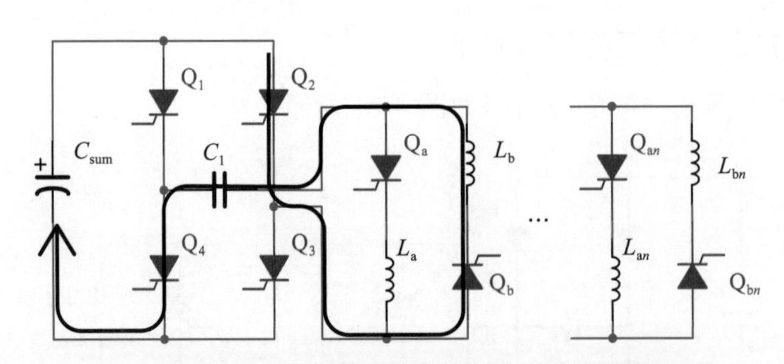

图4.63 全桥补能谐振拓扑第二过程的工作电流流向

后面的过程与上述两种情况相同，谐振电容电压振荡，线圈所受电压远高于电源电压。考虑到每次循环的输入能量不可控，也可以将Q_1 ~ Q_4替换为全控开关器件IGBT，使得在C_1电压过高时能够限制能量输入，保证C_1的峰值电压基本稳定。

全桥补能谐振拓扑工作时，需要同时导通三个可控硅。可控硅有导通压降和导通电阻，因此损耗比前两种补能谐振拓扑大。其中，为了保证让电容翻转串联在电路中，有两个开关管是一定需要的，而在线圈支路上串联的可控硅可以省略。

将线圈支路转移到桥臂上，其工作流程与基本拓扑一致。采用这种方式，每一级只需要导通两个可控硅（图 4.64）。

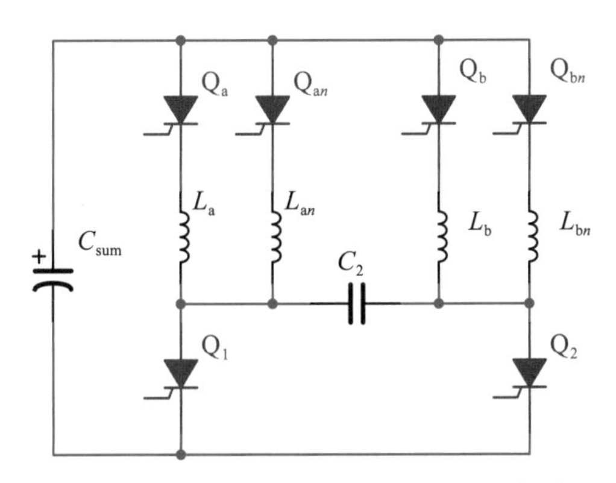

图 4.64 全桥谐振拓扑的一种简化电路

2. 全桥补能谐振拓扑的计算

与自由补能谐振拓扑类似，全桥补能谐振拓扑也在两个周期进行补能，所以两者的电压变化规律相同。但在使用相同电源的情况下，全桥补能谐振拓扑可以为线圈提供更高的电压，更适合电池直驱方案。只是全桥在工作时需要同时导通至少两个器件，控制起来有些麻烦。

全桥补能谐振动拓扑也可以简化为 RLC 放电电路（图 4.65）。

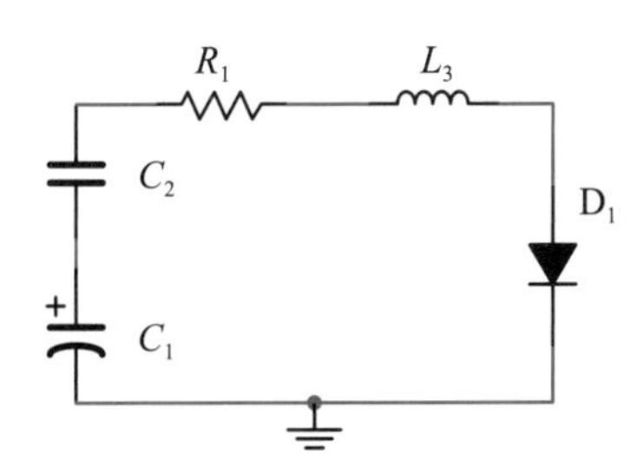

图 4.65 全桥补能谐振拓扑的等效电路

假设主储能电源 C_1 的初始电压为 U_0，容量为 C_{sum}。电容 C_2 容量为 C_2，电压为 0。电容串联后等效的电容量为 $C=\dfrac{C_2C_{\text{sum}}}{C_2+C_{\text{sum}}}$，当 $C_{\text{sum}}>>C_2$ 时，$C\approx C_2$。

回路谐振放电结束时，电容 C 的电压为

$$u_{\text{c}}(i=0)=\frac{\omega_0}{\omega_{\text{d}}}U_0e^{-\frac{a\pi}{\omega_{\text{d}}}}\cos(\pi-\arccos\frac{\omega_{\text{d}}}{\omega_0})$$

式中，$\omega_0=\sqrt{\dfrac{1}{LC}}$；$a=\dfrac{R}{2L}$；衰减谐振角频率 $\omega_{\text{d}}=\sqrt{{\omega_0}^2-a^2}$。

因为$\frac{\omega_d}{\omega_0}>0$，所以$\cos\left(\pi-\arccos\frac{\omega_d}{\omega_0}\right)<0$。

完成放电后，串联的等效电容 C 的电压小于 0。若总电压为 $-U$，则 C_2 的电压为$U_{C2}=-U_0-U$。

下一过程放电时，全桥开通了另一条对角线上的桥臂，相当于 C_2 翻转方向后串联在回路中。因此，串联后的电压变成$U_1=2U_0+U$。由于$0<U<U_0$，故第二级线圈受到的驱动电压是$2U_0\sim3U_0$。

假设主储能电容的容量无限大，且放电回路没有任何损耗和有功输出，那么各级线圈承受的电压将分别是U_0、$3U_0$、$5U_0$、$7U_0$……对于第 n 级，其最高电压为$(2n-1)U_0$。

对比三种补能谐振拓扑在理想情况下的线圈驱动电压，可以看出全桥补能谐振拓扑的电路虽然复杂，但是提供给线圈的电压最高。其工作电压以相差为 2 倍主储能电压的等差数列方式迅速提升，因此，更适合用在主储能电压较低的线圈炮上。

当然，由于回路必然存在电阻和有功输出，最终每次补充的能量与放电消耗的能量会达到平衡。如果后期主储能电容电压下降，那么线圈的驱动电压也会下降。

4.7 实际工程中的问题和解决方法

本章介绍的电路拓扑都经过理论和实验验证，原理上并不复杂，以实验室的技术水平都能实现。但在实际工程中，受限于加速器的结构和器件的水平，一些拓扑的应用仍存在困难，本节探讨解决办法。

4.7.1 开关电流过大的问题

磁阻炮在实际工程中的主要限制因素之一是开关管的功率容量。尽管开关管的耐压对常用的几百伏电压来说是足够的，但在手持规模下无法使用大规模器件，电流往往远超额定值，需在超限状态下工作。尽管开通时间短，休息时间长，仅从结温的角度考虑可以大幅度过载使用，但大电流造成的局部热点对半导体的应力冲击是不可避免的，势必折损开关管寿命。为了确保开关管的可靠性，很多设计不得不做出妥协。除了 3.3.4 节提到的几种减小电流的方法，还可以通过其他方法提高开关管的耐流。

一个普遍采用的方法是增加栅极电压，图 4.66 所示为不同栅极电压下某 IGBT 的输出特性曲线。可见，当饱和压降相同时，栅极电压越高，集电极电流越大。

通常数据手册给出的持续栅极电压不超过 20V，脉冲电压不超过 30V。由于磁阻炮开通时间短，可以以一个较高的电压驱动，以达到提高耐流的效果。实际的磁阻炮，通常将驱动电压设置为 25V 左右，甚至有接近 30V 的。

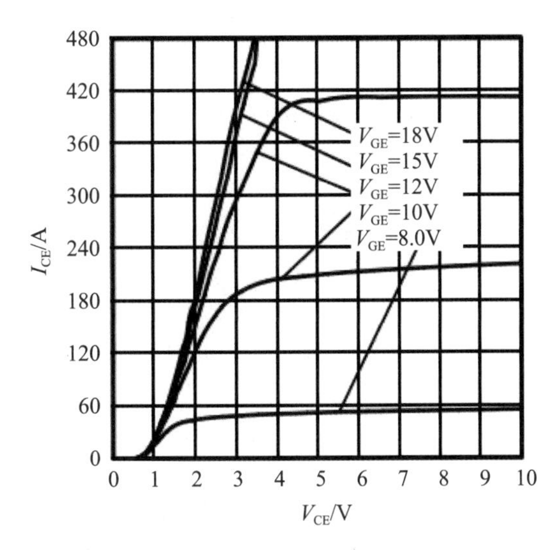

图 4.66 某 IGBT 的栅极电压和电流的关系

1. 并管均流

并管是最容易想到的解决方案，但由于器件一致性问题，电流会集中在某个开关管上，造成开关管损坏。虽然通常 IGBT 压降具有正温度系数，在并联时具有一定的自动均流效果，但这仅限于连续工作的情况。而磁阻炮的放电时间非常短，温度系数还来不及发挥作用，电流峰值就已经到来。传统的均流办法是每支开关管串联一个小电阻，但会增大损耗。由于脉冲工作相当于极高的频率，也可以采用高频电路的手段。

差模电感是一种对差模高频干扰具有很大感抗的器件，通常用于减少差模干扰。在两个 IGBT 的发射极加入一个体积和电感值都很小的差模电感，就能有效抑制不平衡脉冲电流。对于两个并联 IGBT 管，各 IGBT 管的集电极分别与差模电感的原边或副边连接后接地，如图 4.67 所示。

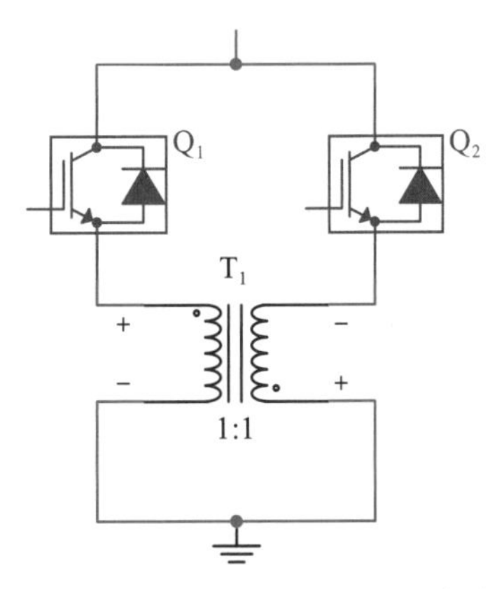

图 4.67 差模电感并管均流电路

当流过两个 IGBT 管的电流相同时，磁芯中两个不同方向的磁通相互抵消。总磁通为零，线圈电感值几乎为零，对外只表现为电阻。

当并联的两个 IGBT 管导通时间不同时，如 Q_1

先导通，则 Q_1 回路的电感将产生正的感应电压，使 Q_1 集电极－发射极电压 V_{CES} 降低，进而减小 Q_1 回路的电流；同时，Q_2 回路的电感将感应出负的感应电压，使 Q_2 的集电极－发射极电压 V_{CES} 上升，加快 Q_2 的导通，抑制并联器件的导通时间差异。

电流上升斜率不一致时，差模电感也能起到均流效果。假设 Q_1 回路上升斜率更大，由于差模电感的作用，电感产生的感应电压将使 Q_1 回路中的电流上升速率下降，同时使得 Q_2 回路中的电流上升速率上升。

对于下降过程，差模电感也能起到类似的均流效果。

2. 复用开关

另一个直观的解决方法是更换耐流更大的器件，但这往往意味着更大的体积和更高的成本。

同封装下，通常可控硅具有更大的脉冲功率容量，但无法主动关断。IGBT 能主动关断，但脉冲工作能力比不上可控硅，为了达到相同指标，就需要更大的体积、更高的成本。门极可关断晶闸管（gate turn-off thyristor，GTO）作为可控硅的衍生器件，虽具有容量大可关断的优点，但是控制起来比较复杂。在电流较大又需要关断的场合，可以考虑复用大的、贵的器件，让小的、便宜的器件来承担细节工作。

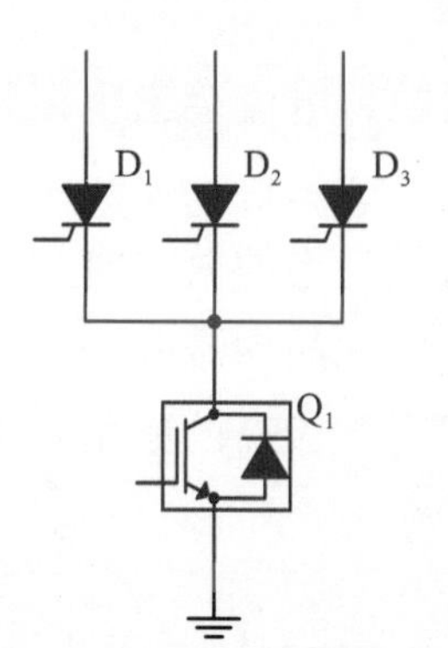

图 4.68 复用开关的电路示意图

复用开关的电路如图 4.68 所示。其中，Q_1 可以使用规模更大的IGBT或者利用差模电感并联多个。使用时先导通 Q_1，再导通对应级数的可控硅，从而将可关断器件重复利用。这种方法可以很好地用在具有多个开关的磁阻炮拓扑中。例如，使用复用开关的 Boost 拓扑如图 4.69 所示，多级半桥拓扑如图 4.70 所示。

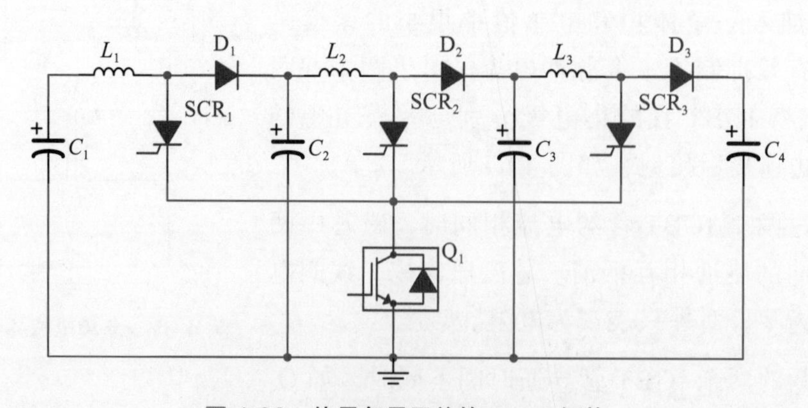

图 4.69 使用复用开关的 Boost 拓扑

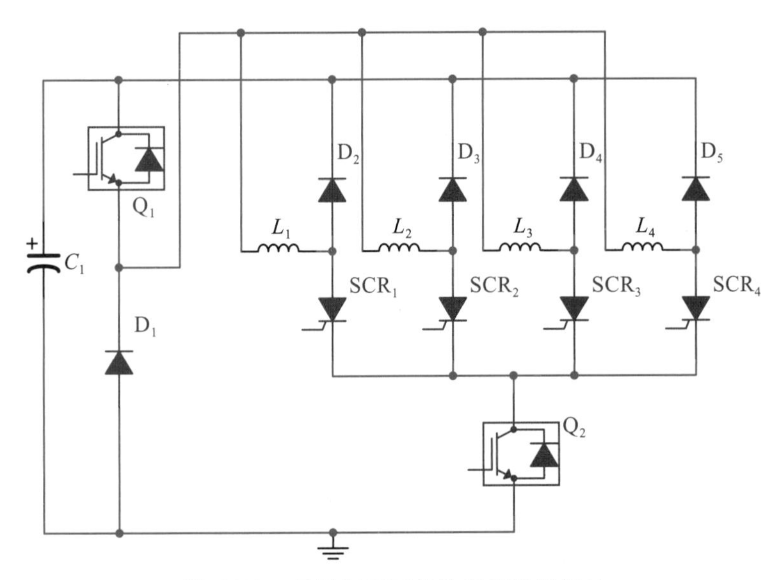

图 4.70 使用复用开关的多级半桥拓扑

可以看到，原本需要使用多个 IGBT 的拓扑，在使用了复用开关后，只使用一个 IGBT+ 多个可控硅，就能实现相同的控制效果。使用复用开关结合差模电感的 Boost 拓扑如图 4.71 所示。

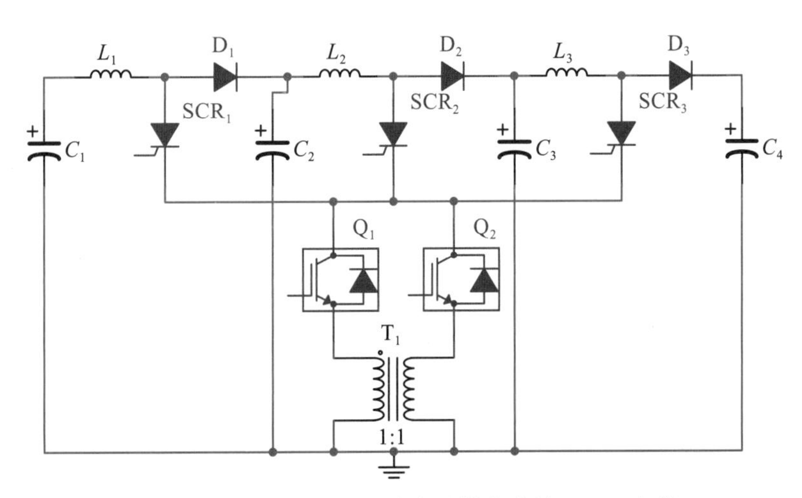

图 4.71 使用复用开关结合差模电感的 Boost 拓扑

4.7.2 连续开通多个线圈的问题

为了追求小尺寸、高效率，单级线圈往往很短，各级紧密排列。此时相邻的两级或多级线圈的开通时间就有重叠，而大部分带回收的拓扑都不具备同时开通多级线圈的能力。

例如，Boost 拓扑中不同级之间通过二极管相连，后级电感在续流时，前级也会产生一小部分电流，造成反拉。而在前级回收过程中开通下一级，也会导致回收速度减慢造成反拉。单路串联 Boost 工作时的线圈电流如图 4.72 所示。

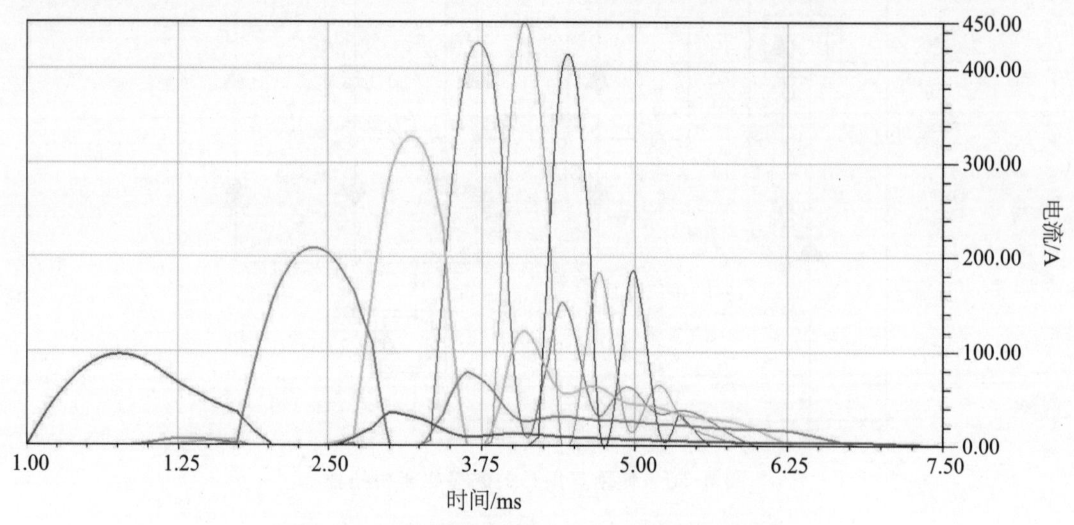

图 4.72 单路串联 Boost 工作时的线圈电流

表 4.3 总结了不同拓扑的同时开通能力。

表4.3 各种拓扑能否同时开通多级线圈的判断

拓扑类别	拓扑名称	能否同时开通多级线圈
无回收拓扑	可控硅续流	能
	关断续流	能
强迫回收拓扑	Boost	不能
	Buck-Boost	能
	经典半桥	能
	多级半桥	不能
	矩阵开关	不能
谐振回收拓扑	经典谐振	不能
	自由补能谐振	不能
	受控补能谐振	不能
	全桥补能谐振	不能

无回收拓扑的各级之间相对独立，可以同时开通多级。虽然在前面的案例中，串联 Boost 拓扑同时开通会导致性能下降，但如果是并联结构的 Boost 拓扑（图 4.29），也能同时开通多级。

经典半桥的各级之间互不干扰，同样可以多级同时工作。多级半桥拓扑的不同级之间共用上桥臂，因此不能同时工作。而且下一级工作也需要等待前一级完成回收，否则会改变前一级的工作状态，导致电流下降缓慢。矩阵开关拓扑，通过控制矩阵行列上的桥臂来达到控制某一级的效果，也不能多级同时工作。

谐振回收类的拓扑需要依靠谐振过程进行回收，因此都无法同时导通多级。并且谐振拓扑常用可控硅做开关，还需要注意可控硅关断恢复时间问题。

为了解决上述问题，可以采取以下措施。

（1）增大电路中同一拓扑相邻线圈的空间距离，但需要更长的加速路程。

（2）让电路中连续的两个线圈放电的时间间隔尽量长，以保证有足够的时间回收电流。增加时间间隔意味着弹丸只能以低速运行。

（3）两个或多个拓扑交替工作，相当于增大相邻线圈的空间距离或延长相邻线圈的开通时间间隔。

交替方式有明显优势，例如，使用两组 Boost 交替的方式，奇数级和偶数级各成一组，如图 4.73 所示。仿真得到的线圈电流如图 4.74 所示。

4.7.3 储能并联的问题

单个储能电容内阻较大，如果能在不改变整体电路拓扑结构的前提下，将全部或部分储能的电容并联起来，可以降低内阻、减少损耗。这里说的“用于储能的电容”，并不包括用于回收或者用于谐振的电容。

满足这样要求的拓扑，首先需要做到能够关断，大部分使用全控器件的拓扑都能满足这个条件。可控硅无关断拓扑和经典谐振拓扑不能并联储能，而 Boost 拓扑虽能并联储能，但相当于退化为“关断 + 二极管续流”的拓扑，就不是 Boost 拓扑了。

并联储能也存在一些问题。由于所有电容并联，电容的电压始终在下降，为了能在后面的发射过程中提供同样的加速效果，线圈电流需要增大。随着弹丸速度加快，每级加速时间减少，放电的电流也需要增加。两者叠加，导致后面级所需的电流会非常大。

这就需要综合权衡并联储能的利弊。如果有必要并联的话，一个办法是把储能分成若干组，并将后级所在组的储能裕量留足一些，优先减轻后级电压降低的趋势。

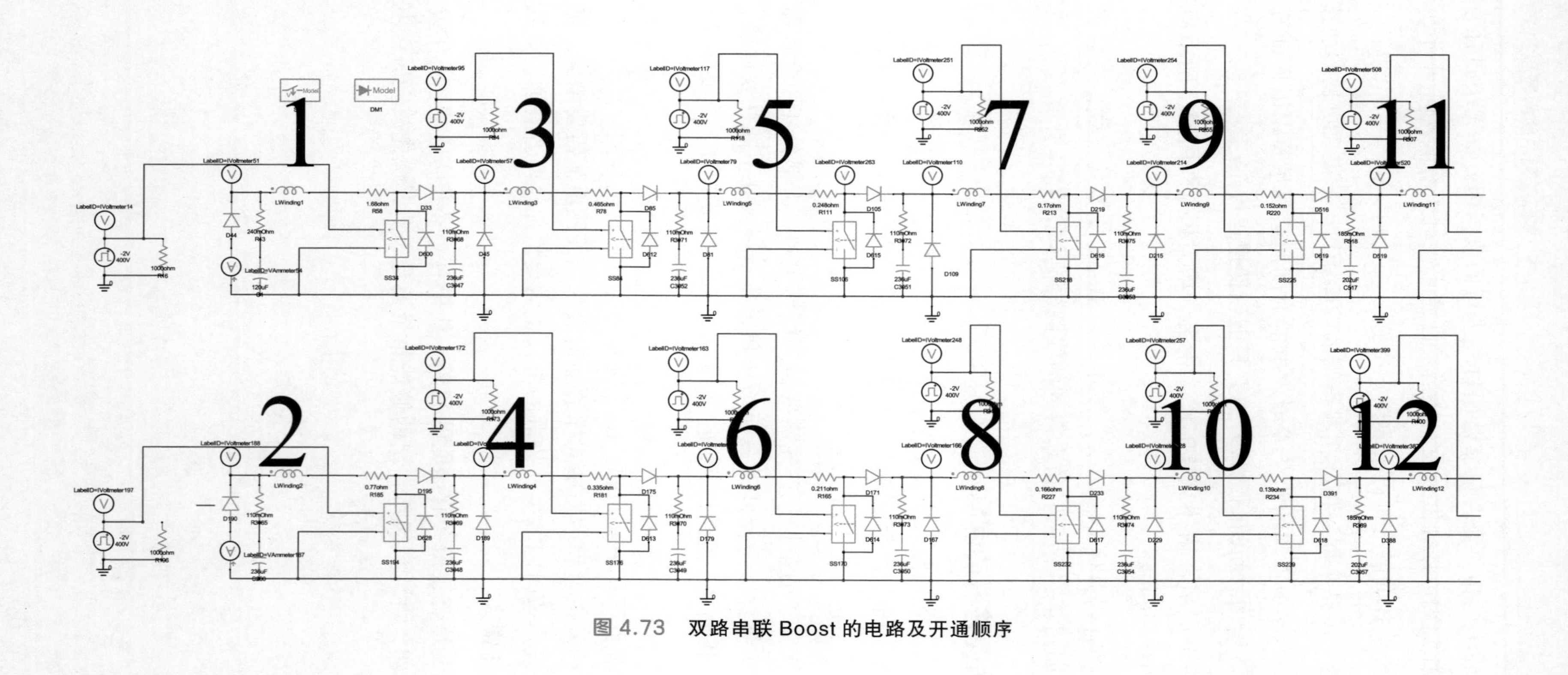

图 4.73　双路串联 Boost 的电路及开通顺序

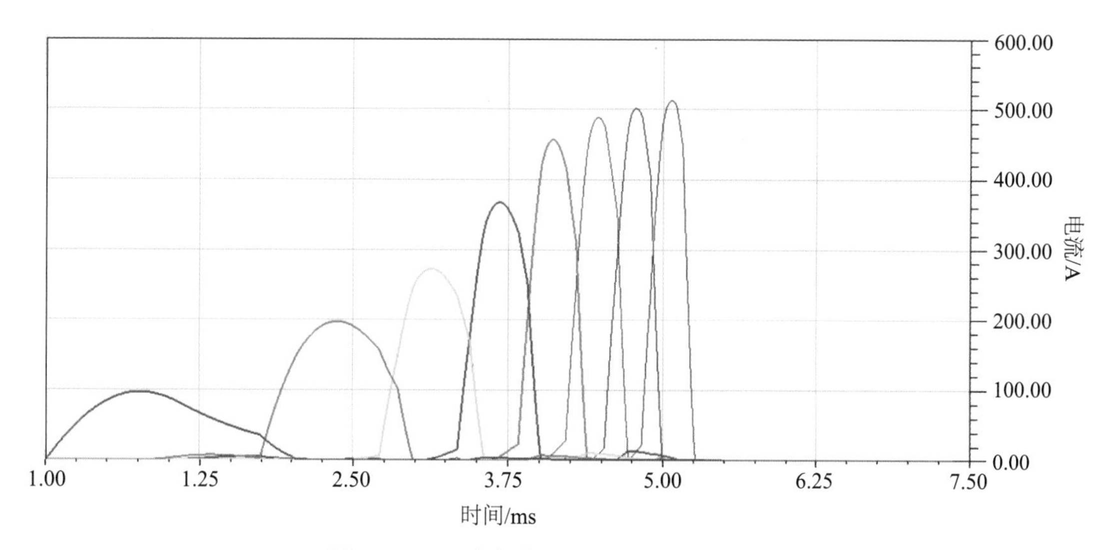

图 4.74 双路串联 Boost 的各级线圈电流

第5章 功率电源系统

磁阻炮有两种基本的供电方式，一种是电池直接向功率电路供电；另一种是由储能电容向功率电路供电，此时电池仅向储能电容充电。对于前一种方式，只有电池属于本章所讲的电源系统；对于后一种方式，电池和把电池的能量搬移到储能电容的电路都属于电源系统。

图5.1展示了两种供电方式的供电流程。不论何种方式，最终的负载都是线圈。尽管无功可以被一定程度地回收，但在线圈开通时，它也是真实的负荷。线圈能够带来多大的负荷呢？假设直径8mm的弹丸以100m/s的速度通过某级线圈，一个优选的工况是在220μs时间内向该线圈充入18J能量，开通期间的平均功率大约82kW，峰值还会更高。

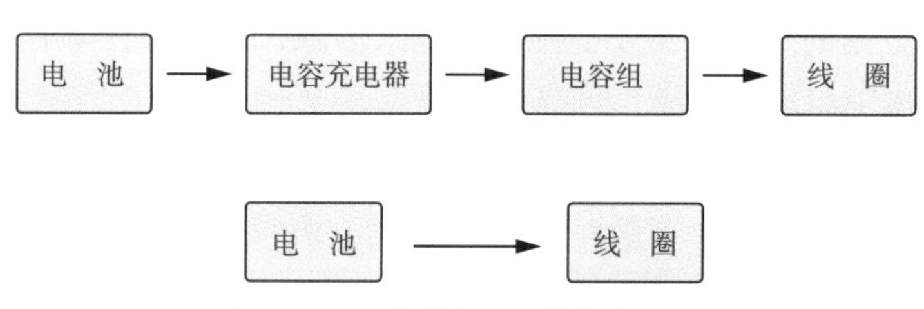

图5.1 两种供电方式的供电流程

问题转换为用什么手段提供至少82kW功率。

航模上常用的高倍率锂聚合物电池，是常规电池中功率密度最大的种类。这种电池的持续放电倍率可达150C，换句话说，可以在24s内放完全部电能。假设将6片容量为1400mA·h的电芯串联，电压为22.2V，典型质量仅240g。这块不到半斤重的电池组，持续放电功率达到了惊人的4.7kW。然而，想要达到82kW，需要18组这种电池，质量已超过4kg。显然不可能在手持设备上安装如此笨重的电池。

目前电动汽车电池的峰值输出功率可达数百千瓦，可以满足82kW的功率需求。因此，在电动汽车底盘上可以使用电池直供。但对于车载平台，8mm口径，100m/s就显得过于羸弱。倘若采用更大规模的磁阻炮，电动汽车电池也不一定能满足直接供电的需求。

通过上面的例子不难知晓，在追求动能的磁阻炮上，必须采用功率密度更高的二次储能手段作为过渡。即便不追求动能，为了降低对电池的要求，尽量使用更安全的电池，也有必要采用二次储能。

常见的储能元件是铝电解电容。规模较小时，其峰值功率密度可达10kW/g，但体积储能密度只有0.7 ~ 2.0J/cm^3，质量储能密度也只有0.5 ~ 1.1J/g。相比之下，锂电池的体积储能密度为900 ~ 3000J/cm^3，质量储能密度为500 ~ 1500J/g，但持续功率密度最高只有约20W/g。电解电容的功率密度是锂电池的数百倍，但储能密度只有锂电池的千分之一。为了弥补电解电容储能密度的不足，通常持续从电池向电容充电，并让两次发射间隔比较长的时间。这就相当于将电池缓慢放出的能量在时间上压缩到发射的一瞬间来释放，既发挥了电池能量密度高的优势，又发挥了电容功率密度高的优势。

电池直驱方案也有用武之地，比如要求极高射速的时候。但它的情况较为简单，除了根据所需功率计算需要准备多少电池，主要考虑的问题是如何达到所需电压，即如何在尽量小的体积和质量下大量串联电池并做好管理。有时也需要考虑如何避免脉冲充放电对电池的损伤。在满足功率需求的情况下，电池的储能通常已经严重过剩。

电池直驱方案的可靠性主要受制于电池组本身，看起来比电容储能方案的环节少，但由于电池组较为复杂，可靠性并不显著优于电容储能方案。

直驱电池组的研发工作通常只能仰仗供应商，作为磁阻炮设计者无从下手，因此本章主要介绍二次储能方案所需的电源，包括电池和电容充电电源（CCPS）两个主要组成部分。尽管包括电池，但要求比直驱电池低得多。

5.1 电　池

5.1.1 电池的选择

二次储能降低了对电池功率容量的要求，但依然极为苛刻。对性能的要求可以认为与无人机接近，但允许的尺寸更小，储存的周期更长，对风险的容忍度更低，综合而言，比对无人机电池的要求更高。

在总体设计阶段，应当根据动能和射速要求计算所需的电池功率，再结合续航要求以及电池本身的特点综合考量电池方案。

目前常用的锂电池有锂聚合物电池、三元锂电池和磷酸铁锂电池。它们的适应性和可靠性依次提高，但功率密度依次降低，三种锂电池和镍氢电池的典型性能见表 5.1。

表5.1 三种锂电池的典型性能

电池种类	锂聚合物	三元锂	磷酸铁锂	镍氢电池（对比）
单体电压范围/V	3.6 ~ 4.2	2.5 ~ 4.2	2.0 ~ 3.6	0.9 ~ 1.4
典型储能密度/（J/g）	500	700	360	280
典型功率密度/（W/g）	20	8	5	1
温度范围/℃	0 ~ 60	0 ~ 60	−20 ~ 75	−20 ~ 55
维护难度	高	中	低	低
对BMS的依赖程度	高	高	中	低
燃烧爆炸风险	高	中	低	很低
储能价格	高	中	低	高
功率价格	中	低	中	高
供应情况	充足	较少	较少	较少
封装形式	主要为软包装	软包装/圆柱形/方形	软包装/圆柱形/方形	主要为圆柱形

表 5.1 有两个前提，一是针对磁阻炮的应用场景，例如，需要较大的放电倍率、较小的体积，此时三元锂电池和磷酸铁锂电池的可选范围就很窄。在这两种电池中，端面引出（全极耳）可以支持 20C 以上的放电倍率，且采用小体积封装者，目前只有少量产品能够选用，因此供应情况才是“较少”。二是仅针对常规货架产品。虽然通过特殊定制，可以提升一部分指标，但成本、可靠性和供应链鲁棒性都会劣化。

不同电池封装形式的特点见表 5.2。

表5.2 不同电池封装形式的特点

封装形式	软包装	圆柱形	方形
特　点	薄，形状较灵活，空间利用率高	货架产品多，一致性好，可靠性高	空间利用率高
外壳材质	铝塑复合材料	铝壳或钢壳	铝壳或钢壳
机械性能	较差	最好	较好

锂聚合物电池大多为铝塑复合材料软包装，少量采用圆柱形。这种电池需要严格的维护，例如，较长时间不用时，应充满电后放电至容量的 30% ~ 50%，并且每 3 个月左右重新充放。维护、使用不当，内部会产生气体，使电池鼓包，且有较高概率出现可以刺破隔膜的晶枝，导致内部短路，引发着火爆燃。锂聚合物电池是最危险的电池种类。

三元锂电池长期存储时也需要维持略低于一半容量的电量，不过长期存储的自放电较小，发生内部短路等危险的概率较低，通常可以一年左右维护一次。三元锂电池以圆柱形和方形封装为主，也有软包装产品。它的风险比锂聚合物电池小，比磷酸铁锂电池大，一旦发生内部短路，也会喷射状燃烧。

磷酸铁锂电池的维护难度进一步降低，在充满电后可以储存较长时间。这种电池发生自燃的概率极低，燃烧的速度也比其他两种电池温和得多。在目前市场化供应的锂电池中，磷酸铁锂电池是最安全的种类。它的问题主要在于通常针对大规模应用，小规模应用的供应链配套不足，给设计带来较大麻烦。

纸上谈兵的话，固态电解质电池当然是更好的选择，但其供应链尚待发育，目前看来属于远水解不了近渴的范畴。

接下来从储能密度、功率密度的角度，讨论磁阻炮电池的选择。讨论中假设弹丸出口动能为 E_k、加速效率为 η、射速为 r（此处为每秒发射次数），忽略 CCPS 质量。

一般来说，加速时间比充电时间短得多，故磁阻炮的射速主要受限于电容充电时间 t_o:

$$r \leqslant \frac{1}{t_o} \tag{5.1}$$

即在给定射速 r 时，电容充电时间 t_o 需满足：

$$t_o \leqslant \frac{1}{r} \tag{5.2}$$

在给定弹丸动能 E_k，并能根据本书第 2 章的内容初步估算加速效率 η 时，电容的最低储能为

$$E_c \geqslant \frac{E_k}{\eta}$$

可得所需的CCPS平均功率：

$$P_o = \frac{E_c}{t_o} \geqslant \frac{rE_k}{\eta} \tag{5.3}$$

CCPS 有损耗，效率只有 η_{cc}，需电池提供的功率 P_{bat} 为

$$P_{bat} = \frac{P_o}{\eta_{cc}} \tag{5.4}$$

根据电池功率密度 P_{bm}，可得所需电池质量：

$$m_{bat} = \frac{P_{bat}}{p_{bm}} = \frac{P_o}{\eta_{cc} p_{bm}} \geqslant \frac{rE_k}{\eta_{cc} \eta p_{bm}} \tag{5.5}$$

加速线圈的能量由储能电容直接提供，为了保证弹丸动能 E_k，电容质量 m_c 必然大于某一值。由于电容同时受储能密度和功率密度制约，故电容的质量取下

面两式中的大者：

$$m_c \geqslant \frac{E_k}{\eta e_{cm}} \tag{5.6}$$

$$m_c \geqslant \frac{P_{pk}}{p_{cm}} \tag{5.7}$$

式中，P_{pk}是发射时送入线圈的峰值功率。一般情况下，电容的质量主要受限于电容储能密度e_{cm}，故只需要满足式（5.6）即可。若指标极端，以至于需要讨论电容功率密度p_{cm}，则需要知道P_{pk}。该值通常在电气仿真后才能估测，初步设计阶段可以按加速时放电平均功率的两倍考虑。

电池质量 m_{bat} 和电容质量 m_c 的和即为储能元件总质量。通常储能元件最多占到磁阻炮总质量的 60%，故在给定磁阻炮总质量时，可以预估储能元件的最大允许质量，并将它在电池和电容间分配。相反，也可以根据两者的允许质量和弹丸动能，计算所需的电池功率密度和电容储能密度，并选择适当的电池和电容。在满足功率密度要求的情况下，尽量选用磷酸铁锂电池。如果差得太多，才选择更高功率密度的电池。

最后还需要校核续航能力。续航能力固然包括待机时间，但待机所需的电池容量很容易根据待机功耗来计算，在设计中主要考察发射次数。已知电池的储能为$E_{bat}=m_{bat}e_m$，故

$$n=\frac{\eta_{cc}E_{bat}}{\frac{E_k}{\eta}}=\frac{\eta_{cc}\eta m_{bat}e_m}{E_k} \tag{5.8}$$

之所以是“校核”，是因为一旦要求高动能和高射速，在满足功率要求后，续航几乎必然过剩。在类似“弹幕近防”这类低动能、高射速的应用中，才存在续航问题。此时如果无法扩大电池组，可以将其设计成方便更换的模块。

5.1.2 电池保护措施

对于锂电池，电池管理系统（battery management system，BMS）是不可或缺的部分。符合磁阻炮需求的 BMS 主要提供充电管理，过流、过放和温度保护等功能。

充电管理的任务是为电池组提供合适的充电电流，并确保每一节电池都能达到相同的电压水平，防止某些电池过充或欠充，保证电池组的整体寿命和性能。

过流保护的主要作用是避免事故性过流引起灾难性后果。它需要在满足整定条件时及时、可恢复地切断电池输出，并向使用者反馈异常信息。BMS 通常采用半导体器件分断事故电流，需选择压降小的器件。

过放保护需要测定每一节电池的电压，不允许任何电池过放。过放保护的执行器（分断器件）可以与过流保护合用。

大电流放电时，锂电池本身会发热，需要由温度传感器感知电池温度，并采取适当的动作。可在温度升高至警戒点时，向主控制器发出告警信号，采用降低动能、降低射速等办法延缓温度上升趋势，避免因为直接禁止发射而引起额外的风险。

武器的主要状态是“储备”，故BMS的静态功耗必须足够低，例如，确保能源模块储存5年后依然具有少许电量，不发生过放损坏。

5.2 电容充电电源

5.2.1 概 述

常见的电源用于以阻性为主的负载。电容充电电源（CCPS）的任务是把电能从电池搬移到储能电容，它的负载是容性的，并且电容量比常见的容性负载大得多，故与常见电源的工况不同。

从功能上看，CCPS是电压和电流的调控器，通常具有升压作用，并至少能够限制充电电流，最好能做到使电池恒流放电，以最大限度地利用电池放电速率，减少充电时间。CCPS系统模型如图5.2所示。

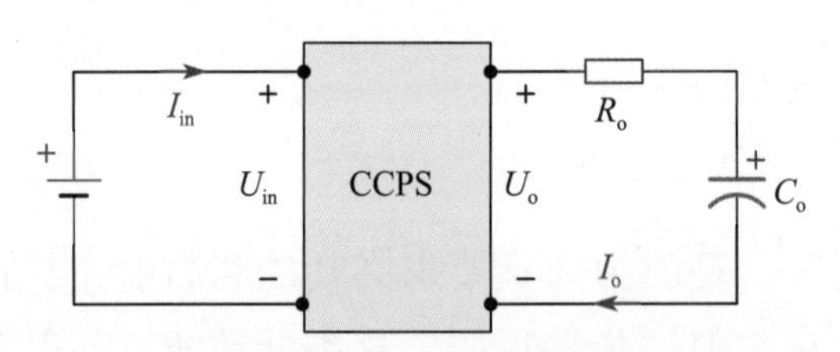

图5.2 电容充电电源系统模型

假设电池放电能力（极限放电电流）为 I_{lim}，电容 C_o 的初始电压为0。如果CCPS效率为100%，可知输入输出功率相等，即 $U_{in}I_{in}=U_oI_o$。

若CCPS为恒压源，则CCPS仅对电压具有调控作用，设升压倍数为 n，$U_o=nU_{in}$，则 $I_o=I_{in}/n$。充电初期的电流最大，为了限制电流，取 $I_{in,max}=I_{lim}$，则需添加限流电阻 R_o：

$$R_o=\frac{U_o}{I_o}=\frac{nU_{in}}{I_{lim}/n}=n^2\frac{U_{in}}{I_{lim}} \tag{5.9}$$

可以认为电容经过 3τ 时间充满电（达到 $0.95nU_{in}$），充电时间为

$$t_1=3R_oC_o=3n^2C_o\frac{U_{in}}{I_{lim}} \tag{5.10}$$

若 CCPS 为恒流源，则 R_o 可取 0。充电即将结束时，输入电流最大，假设 $U_{c,max}=0.95nU_{in}$。因为 $U_{in}I_{in}=U_oI_o$，$I_{in,max}=I_{lim}$，输出电流只能按充电结束时整定：

$$I_{o,cc}=\frac{I_{lim}}{0.95n} \tag{5.11}$$

充电时间为

$$t_2=\frac{C_oU_{c,max}}{I_{o,cc}}=0.95^2n^2C_o\frac{U_{in}}{I_{lim}} \tag{5.12}$$

若 CCPS 为恒功率源，取 $I_{in,max}=I_{lim}$，假设输出电流可以无限大，R_o 可取 0，则输出的功率恒定为

$$P_o=U_{in}I_{lim} \tag{5.13}$$

取 $U_{c,max}=0.95nU_{in}$，则充电时间为

$$t_3=\frac{C_oU_{c,max}^2}{2}/P_o=\frac{0.95^2}{2}n^2C_o\frac{U_{in}}{I_{lim}} \tag{5.14}$$

可见，考虑电池的放电性能时，恒功率源充电时间最短，恒压源充电时间最长，约相差 6.7 倍。恒功率源和恒流源理论上效率可达 100%，而恒压源须依靠电阻限流，即便升压电路本身无损耗，从零开始充电的效率最多也只有 50%。

恒功率源虽好，但在输出短路时，也就是充电的开始阶段，必须输出巨大的电流，故不可能设计出输出电压能够从零开始的恒功率源。

综上，以缩短充电时间为优化目标时，CCPS 的理想充电策略如下。

（1）电容电压较低时，以 CCPS 的最大电流输出能力 $I_{o,lim}$ 恒流输出。

（2）电容电压较高时，转变为恒功率模式，即始终让电池以最大允许电流放电。

（3）在输出电压达到额定值（电容充满）时，立即关闭输出。

随着电容电压上升，CCPS 的输出功率不断上升，某一时刻 CCPS 的输入电流达到电池的最大允许放电电流，此时的输出电压 U_t 为从恒流模式到恒功率模式的切换点。

$$U_t=\frac{U_{in}I_{lim}}{I_{o,lim}} \tag{5.15}$$

当电容电压从 $0\to U_t$ 时，恒流充电时间：

$$t_{cc}=\frac{C_oU_t}{I_{o,lim}}=\frac{C_oU_t^2}{U_{in}I_{lim}}=\frac{C_oU_{in}I_{lim}}{I_{o,lim}^2} \tag{5.16}$$

当电容电压 $U_t\to U_{c,max}$ 时，恒功率充电时间：

$$t_{cp} = \frac{1}{2}C_o\left[(0.95nU_{in})^2 - U_t^2\right]/(U_{in}I_{lim}) \tag{5.17}$$

如果恒功率不易实现，也可以从恒流转为恒压模式，R_o 取可以取到的最小值：

$$t_{cv} = C_o\frac{n(nU_{in} - U_t)}{I_{lim}}\ln\left(\frac{nU_{in} - 0.95nU_{in}}{nU_{in} - U_t}\right) \tag{5.18}$$

则总充电时间为$t_{tot} = t_{cc} + t_{cp}$或$t_{tot} = t_{cc} + t_{cv}$。

实际的电源可能具备任意伏安特性，上述只是为了便于讨论而指定了几种简单的情况。

为了提高射速，要求 CCPS 具有很大功率，此时几乎没有可靠的货架产品，只能专门设计。CCPS 应满足功率密度高、效率高、电路简单、稳定性好等要求。

图 5.3 是磁阻炮实验中常用的 CCPS 方案——推挽自激 ZVS（zero voltage switch，零电压开关）。它能大幅升高电压，并实现零电压开关，使得开关发热较小。这种方案只需要几个元器件，无需控制电路，制作简便，具有“能用”的性能，且对各类负载都具有一定的限流特性和适应能力，因此成为“入门首选”。

其限流原理主要是利用电容 C_2 的电抗。在给储能电容 C_o 充电的过程中，初始阶段相当于非常重的负载，随着电容电压升高，负载逐渐变轻。推挽自激 ZVS 在重载时振荡频率降低，使限流电容 C_2 的容抗升高，有利于减小电流，降低副边有功损耗，使效率达到可接受水平（通常约 50%）。但是，它难以实现高功率密度（通常只有 3W/cm^3），且作为自激电路，不方便随时调整性能表现，只能用于电磁炮实验和一些对稳定性要求不高的产品。

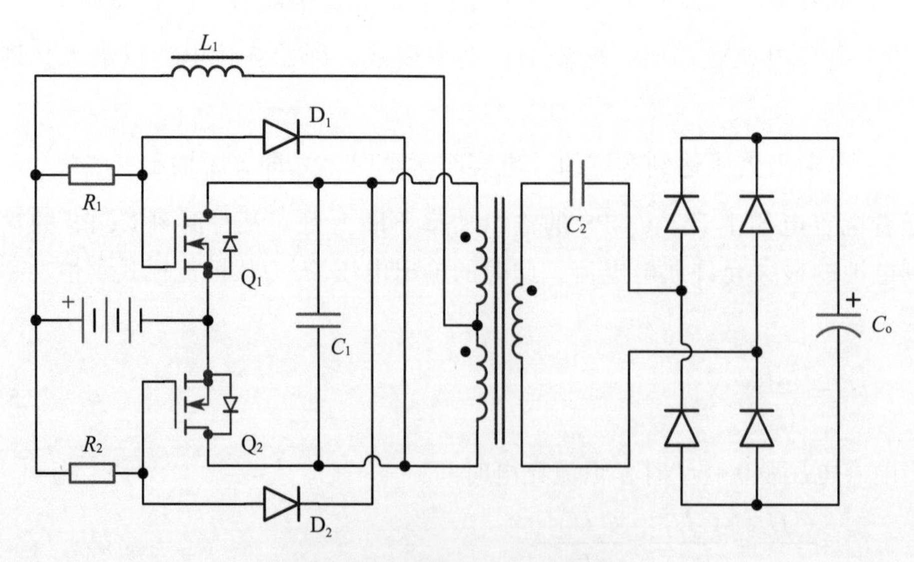

图 5.3　推挽自激 ZVS 原理图

除了推挽自激 ZVS 这个特例，CCPS 一般采用常见的开关电源技术，包括隔离型和非隔离型两种基本思路[①]。

非隔离型变换器可以简单理解为通过电感储能后对外放电的电路。Boost 变换器、Buck 变换器、Buck-Boost 变换器、Sepic 变换器等都是这种类型。在压差较小的情况下，非隔离型变换器比较容易实现高功率密度和高效率。

高性能电磁炮通常采用高压储能方案，工作电压达数百伏至 1kV，需要 CCPS 能够大幅度提高电压，如升压 10 ~ 50 倍。这种工况下，非隔离型变换器的效率和功率密度都会急剧下降。此时应采用常见的隔离型开关电源，包括反激、正激、推挽、半桥、全桥等类型，提高变压器的变比就能成倍提升电压。

除了提升电压，还必须能够调控电流，使电流恒定在某个固定值或设定值。恒流开关电源可分为两大类：负反馈恒流和自然恒流。自然恒流是指，即使固定驱动参数，电源依然具有恒流输出的特性。

适当改造常规开关电源可以实现负反馈恒流。例如，首先对电流进行测量，手段包括分流电阻、霍尔传感器、互感器等。然后由主控芯片（PWM 芯片、MCU、DSP 等）对驱动信号进行调控。最后，用限流电感等手段落实恒流效果。

负反馈恒流具有较高的灵活性，可以制定任意控制策略，例如，实现理想 CCPS 那样的先恒流再变流恒功率。不过，由于输出可变范围太宽，较难实现软开关，限制了频率的提升，限流电感等也存在损耗。结果，要么体积大，要么损耗高，难以两全其美。

自然恒流电源通常采用谐振限流，典型例子是利用 *LC* 谐振原理的二倍频准谐振拓扑。这类电源相比负反馈恒流具有简单可靠的特点，且能实现软开关。

对自然恒流电源的驱动信号进行调整，可以改变恒流值，从而改变平均功率，逼近理想充电策略。这种调整无须闭环，保持了自然恒流电源结构简单的优点。

需要注意的是，上述恒流或恒功率指的是短期平均值。若论瞬时表现，输入端必然呈现服从开关频率的脉动电流。按平均值用尽电池放电能力时，峰值电流就会超限，可能增加电池爆燃的风险。此时应当降低指标并采用 *LC* 滤波电路保护电池，或者，采用两相或三相开关电源，使输入电流瞬时值稳定下来。简便起见，本章只以单相电源为例展开讨论。

在技术成熟的商用电源中，服务器电源的优化程度很高，可以作为开关电源前沿水平的一个缩影。例如，华为公司型号 PAC3000S12-T1 的服务器电源，总的

---

① 隔离型和非隔离型是磁阻炮研究群体的习惯性说法，本书予以沿用。实际上对于变压器隔离的拓扑，在磁阻炮中也往往将输入输出共地，严格而言就是非隔离的。

输出功率体积密度为5.8W/cm³,其中有将近一半是PFC电路(磁阻炮中通常并不需要)。除去其他辅助部分，单论变压电路，则体积功率密度高达16.7W/cm³。由于CCPS连续带载时间较短，变压器通常工作在大过载条件（一般可过载2～5倍），针对体积做好优化，有望超过整机20W/cm³的水平。

5.2.2 CCPS的拓扑结构

简单的实验用途可以使用上节提到的推挽自激ZVS。在追求性能的设计中需要采用它激拓扑，其中最简单的是非隔离型变换器。常见的有Buck、Boost、Buck-Boost和Sepic四种（图5.4）。

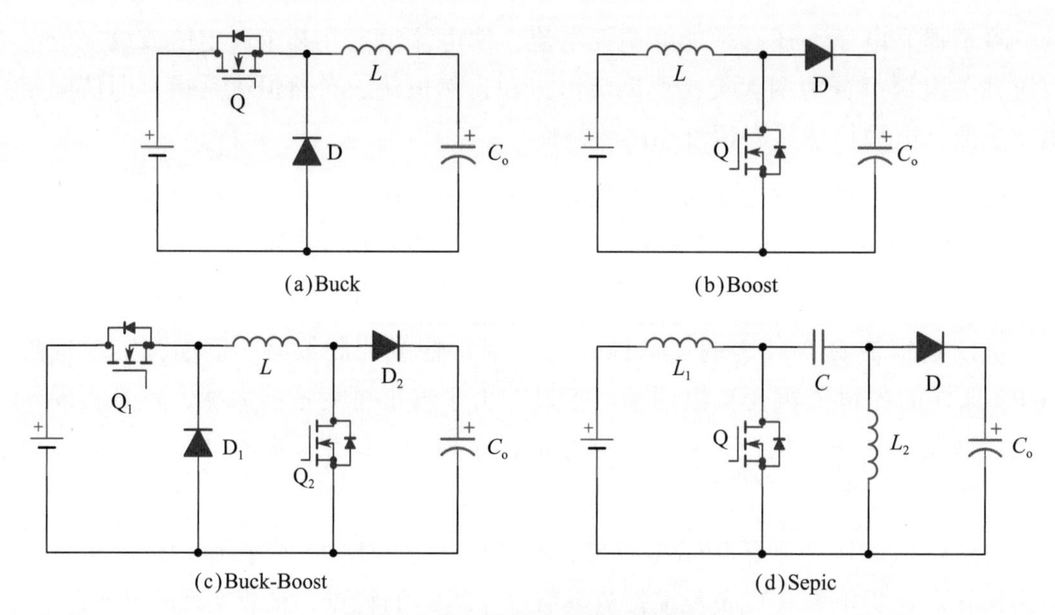

图5.4 四种非隔离型变换器的拓扑

Buck主要用于降压，对于采用高压电池的磁阻炮（如利用新能源汽车供电），可以考虑使用Buck电源来匹配电压和限制充电电流。

Boost有一定升压能力，在电池电压与电容电压相差不过两三倍时，有较好的性能。Boost电路需要外部方波信号来驱动开关管，频率和脉宽可以根据输出电流和电压来调整，控制策略不同，表现的特性也不同。如限制电流的最大值为I_p时，导通脉宽须为

$$T_{on} = L\frac{I_p}{U_{in}} \tag{5.19}$$

式中，U_{in}是输入电压；L是电感量。电感在开关器件关断后向电容充电，电流归零时间T_d与电感两端的压差有关。因为C_o很大，可认为每个开关周期内电容电压

变化不大，则

$$T_{\mathrm{d}} \approx L\frac{I_{\mathrm{p}}}{U_{\mathrm{o}}-U_{\mathrm{in}}} \tag{5.20}$$

式中，U_{o}是开关器件关断时的电容电压（此式在U_{o}接近U_{in}时误差较大）。可见在电容电压上升的过程中，T_{d}逐渐减小，如图5.5所示。

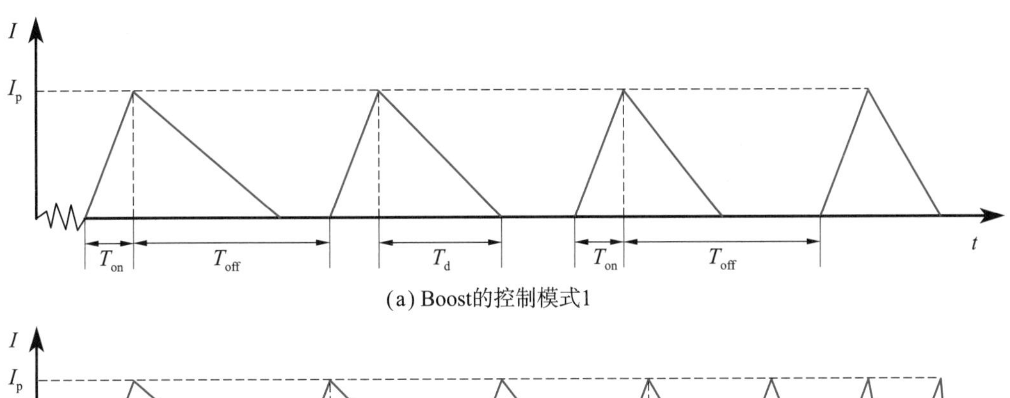

(a) Boost的控制模式1

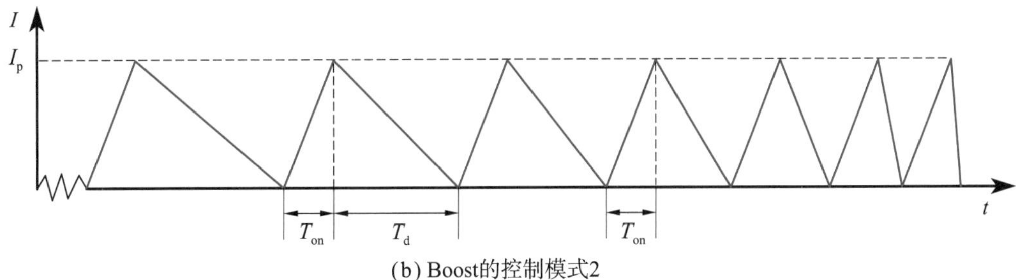

(b) Boost的控制模式2

图 5.5　两种控制策略的电感电流

在 T_{on} 期间，电池被转移的能量为

$$W_{\mathrm{on}} = \frac{1}{2}LI_{\mathrm{p}}^2 \tag{5.21}$$

在 T_{d} 期间，电池被转移的能量为

$$W_{\mathrm{d}} = U_{\mathrm{in}}\overline{I}_{\mathrm{p}}T_{\mathrm{d}} \approx U_{\mathrm{in}}\cdot\frac{1}{2}I_{\mathrm{p}}\cdot L\frac{I_{\mathrm{p}}}{U_{\mathrm{o}}-U_{\mathrm{in}}} = \frac{1}{2}LI_{\mathrm{p}}^2\cdot\frac{U_{\mathrm{in}}}{U_{\mathrm{o}}-U_{\mathrm{in}}} \tag{5.22}$$

式中，$\overline{I}_{p}$是T_{d}期间I_{p}的平均值，所以每个开关周期传输到电容C_{o}的能量为

$$E_{\mathrm{T}} = W_{\mathrm{on}} + W_{\mathrm{d}} = \frac{1}{2}LI_{\mathrm{p}}^2\frac{U_{\mathrm{o}}}{U_{\mathrm{o}}-U_{\mathrm{in}}} \tag{5.23}$$

可见随着电容电压的升高，每个周期传输的能量逐渐减小。

图 5.5（a）中，开关周期是固定值$T = T_{\mathrm{on}} + T_{\mathrm{off}}$（$T_{\mathrm{off}} \geqslant T_{\mathrm{d}}$），单个开关周期平均输出功率逐渐减小。

图 5.5（b）中，开关周期为非固定值$T = T_{\mathrm{on}} + T_{\mathrm{d}}$，可求出电感的平均电流（即

电池的平均输出电流）：

$$\overline{I}_{\text{in}} = \frac{I_{\text{p}}}{2} \tag{5.24}$$

此时表现为恒功率源，整个充电过程的平均输出功率为

$$P_{\text{avg}} = \frac{E_{\text{T}}}{T_{\text{on}} + T_{\text{d}}} = \frac{1}{2} U_{\text{in}} I_{\text{p}} \tag{5.25}$$

控制模式 2 每个开关周期内的工作情况均能与控制模式 1 对应起来，但转移能量更频繁，平均输出功率比控制模式 1 高得多，最高可接近两倍。由于需要反馈控制，抵消了 Boost 简单易行的优点。

Boost 没有限制短路电流的能力。上文成立的前提是输出电压高于电池电压。在充电的开始阶段，如果电容电压低于电池电压，就相当于电池通过电感短路，开关管处于被旁路的状态。如果电容较大，使得低电压持续时间较长，就可能烧毁电感。此时需要额外的措施限制短路电流。

Buck-Boost 和 Sepic 的分析方法和 Boost 是接近的，但它们兼具降压和升压的功能，可以限制短路电流，合适的控制策略可实现低压输出时恒流，高压输出时恒功率。Buck-Boost 有一个开关管需要悬浮驱动，较为麻烦。Sepic 没有开关管浮地的问题，但是实际性能不如 Buck-Boost。

四种非隔离型拓扑的开关管都需要承受最高输出电压，并且采用硬开关，应用范围受到明显限制。

对非隔离型开关电源进行改造，可以一定程度提升频率和功率，但总是带来新的问题。图 5.6 展示了一种可实现 ZCS 软开关的 Boost 拓扑，降低了开关损耗。

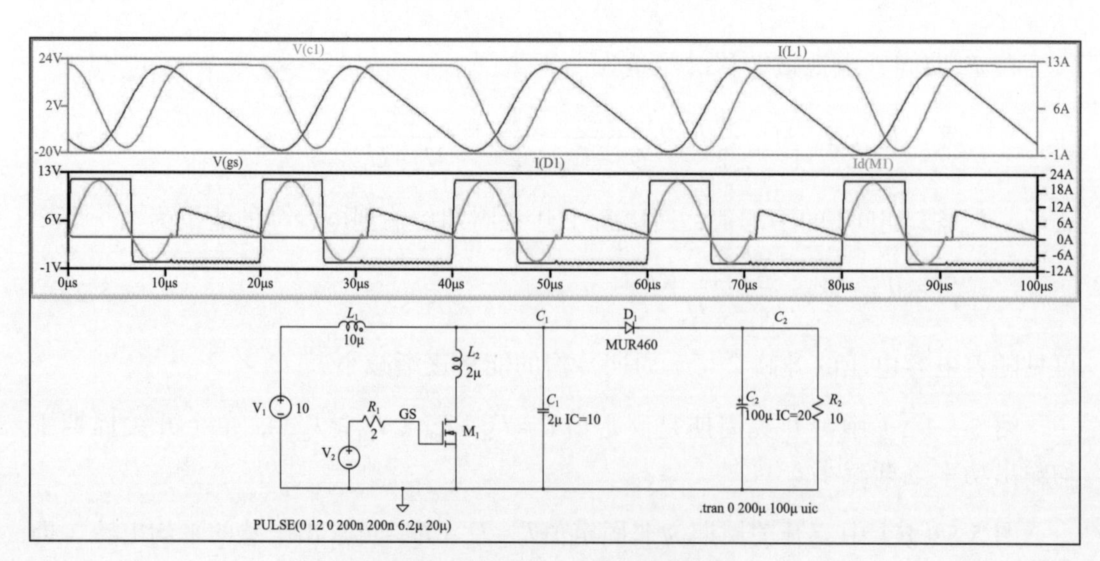

图 5.6 ZCS-Boost 稳态工作波形

该拓扑不能解决开关管耐压问题，并且谐振电路会引起新的损耗。

储能电压较高的磁阻炮就需要隔离型开关电源，图 5.7 是常见的五种隔离型变换器拓扑。

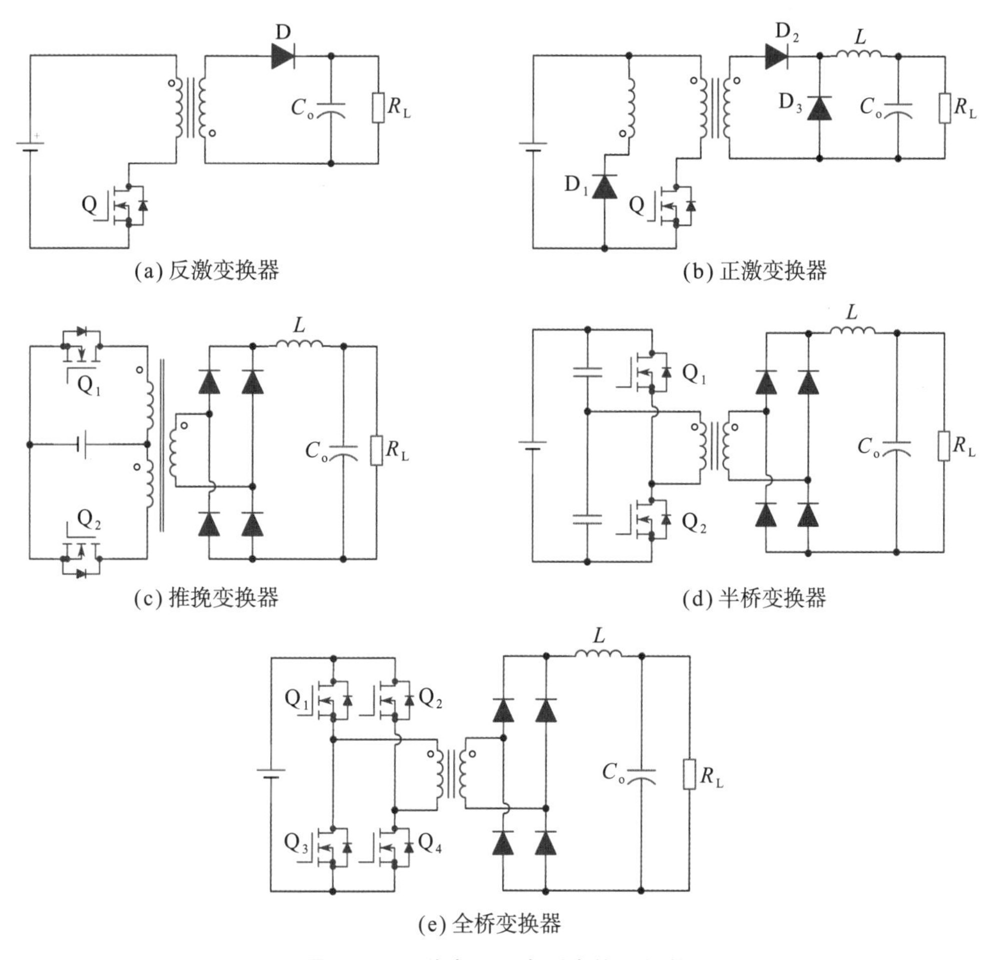

图 5.7 五种常见隔离型变换器拓扑

这些隔离型电源中，只有反激变换器具有自然恒流或恒功率的能力。其他四种拓扑统称为正激类拓扑，存在两个缺点。一是无法自然恒流，用于 CCPS 时，必须使用负反馈恒流。否则输出电流会不断上升，储能电容（图 5.7 中的 C_o）的容量稍大，电流就会上升到烧毁元器件的程度。二是元器件数量较多，更复杂。特别是输出限流电感 L，其尺寸较大，而且难以缩小，电源功率越小，L 所需要的电感量反而更大。正激类拓扑的优点则是容易实现大功率，往往用于大功率电源，反激拓扑则用于小功率电源。经验上讲，这个分界线大概在 100W。

反激变换器是 Buck-Boost 变换器的一种变形。在开关管导通时，变压器原边绕组接收来自电源的能量，并将其储存在磁路中；在开关管关断时，储存的能量通过副边绕组传递给负载。由于能量是储存在磁路中的，而在储能一定时，磁导率越高，磁感应强度越大。因此使用高磁导率材料，如铁氧体时，变压器磁芯很容易饱和，导致初级增量电感骤降，电流飙升，烧坏元器件。为了避免这一点，必须设法降低磁路的平均磁导率，这通常是通过给磁芯开气隙来实现的。

不直接使用低磁导率材料，一方面是由于供应链、成本以及低磁导率材料往往磁损大等比较现实的问题。另一方面原因是，低磁导率材料的漏感比采用高磁导率材料开气隙的方式要大。

漏感蕴含的能量不能传输到负载上，通常就浪费掉了，导致效率降低。而且这部分能量还会试图产生电压尖峰，必须为其找到泄放的途径，以免击穿开关器件。漏感的泄放通常是用 RCD 电路实现的，同时开关器件的耐压也要留有较大裕量。

正激变换器是 Buck 变换器的一种变形，但必须附加变压器磁复位电路。它的开关器件理论上承受两倍输入电压，同反激变换器类似，它也没有泄放电压尖峰的途径，故要求变压器必须紧密耦合以减小漏感，同时需要提高开关器件耐压。正激变换器的占空比一般不超过 0.5，变压器亦为单极性励磁，利用率低。

推挽变换器通过两个开关器件交替导通将双极性交流脉冲输入变压器，磁芯利用率高，可传输较大功率，但绕组需要中心抽头，且每次导通只能利用一半原边线圈。开关器件采用共源接法，避免了桥式变换器中桥臂上管（高侧管）存在的悬浮问题，有利于简化驱动电路。推挽变换器同样存在电压尖峰问题，同时还存在一些直流偏磁。

半桥拓扑是双极性励磁，不存在偏磁问题。它的开关器件承受的最大电压为输入电压，开关器件数量比全桥少一半，故成本较低。但变压器原边在导通时只利用约一半的输入电压，在电池供电的场合没有优势。半桥拓扑的变压器原边无需中间抽头，且线圈在每次开通时都可以被全部利用。可以通过单独的二极管或开关器件的体二极管，把变压器漏感的能量回收到滤波电容或电池中，故不存在电压尖峰。

全桥变换器具有半桥的全部优势，同时由于变压器原边两端均受控，可以利用全部的电源电压，一般应用于大功率场合。

通过对不同变换器特点的了解，可以得到以下观点。

（1）理想的 CCPS 应当兼有恒流源与恒功率源功能，顺理成章的办法是采用负反馈恒流。负反馈恒流有利于获得最短的充电时间，但效率、复杂度、可靠性和体积等并无优势。

（2）在储能电容电压较高、对指标有较高要求的场合，应采用推挽或全桥拓扑。半桥拓扑会浪费一半输入电压，一般不用。推挽和全桥拓扑本身都不具备自然恒流特性，但可以增加负反馈恒流措施，或改造为自然恒流电源。

（3）对于简易电磁炮，自激 ZVS、Boost 类和反激变换器都是可行的，后两者需要外部激励，目前有丰富的开关电源芯片可供选择。

5.2.3 二倍频准谐振电路

自然恒流电源具有很多优点，是大功率 CCPS 的首选。对于隔离型拓扑，通常利用谐振电路实现自然恒流，优选方案是二倍频准谐振，它有下列优势。

（1）开关占空比接近 50%，对开关器件、变压器等的利用率较高。

（2）能实现软开关，开关损耗小，有利于提高频率。

（3）可以不使用限流电感，和硬开关负反馈恒流相比，体积小、成本低。

（4）不需要电流采样等电路来构成负反馈，电路简单。

因此，二倍频准谐振电路具有效率高、功率密度高、结构简单等特点。

一般用二倍频准谐振电源进行恒流充电。如果把它做大一些，再通过改变驱动参数来调节输出的平均电流，就能够逼近理想充电策略，但需要多占质量和体积。

本节主要介绍推挽或全桥拓扑二倍频准谐振的实现方法和效果。至于负反馈恒流，则属于一般的开关电源技术，可以参考有关专著。

图 5.8 展示了传统推挽变换器增加限流电感 L_4 之后，MOS 沟道电流 I_d 和漏源电压 V_{ds} 的波形（均针对开关管 M_1）。V_1 为 12V 理想电压源，R_3 为电源内阻；C_1 为 3mF 的输入滤波电容；M_1 和 M_2 为 MOSFET，内阻 3mΩ，含体二极管；K_1 为匝数比为 3：3：128 的理想变压器；L_r 为变压器原副边之间的漏感；V_2 和 V_3 产生频率 f_s 为 40kHz、脉宽 T_{on} 为 12μs 的互补方波，分别驱动 M_1 和 M_2；最高输出电压约为 512V。

当 V_{gs} 从低电平上升到高电平时，MOSFET 导通，I_d（M_1）和 V_{ds} 经历图 5.8（c）的过程，属于 ZVS 软开通；当 V_{gs} 从高电平降低到低电平时，MOSFET 关断，I_d（M_1）和 V_{ds} 经历图 5.8（b）的过程，属于硬关断。关断期间，峰值损耗功率为 6727.1W，平均损耗功率为 2408.4W，关断耗时 0.1μs。

图 5.9 展示了同一个电路给电容充电时的电容电压和开关管电流波形，可见曲线的斜率一直在变小。由 $I=C\dfrac{du}{dt}$ 可知，电容充电电流一直在变小，充电功率先

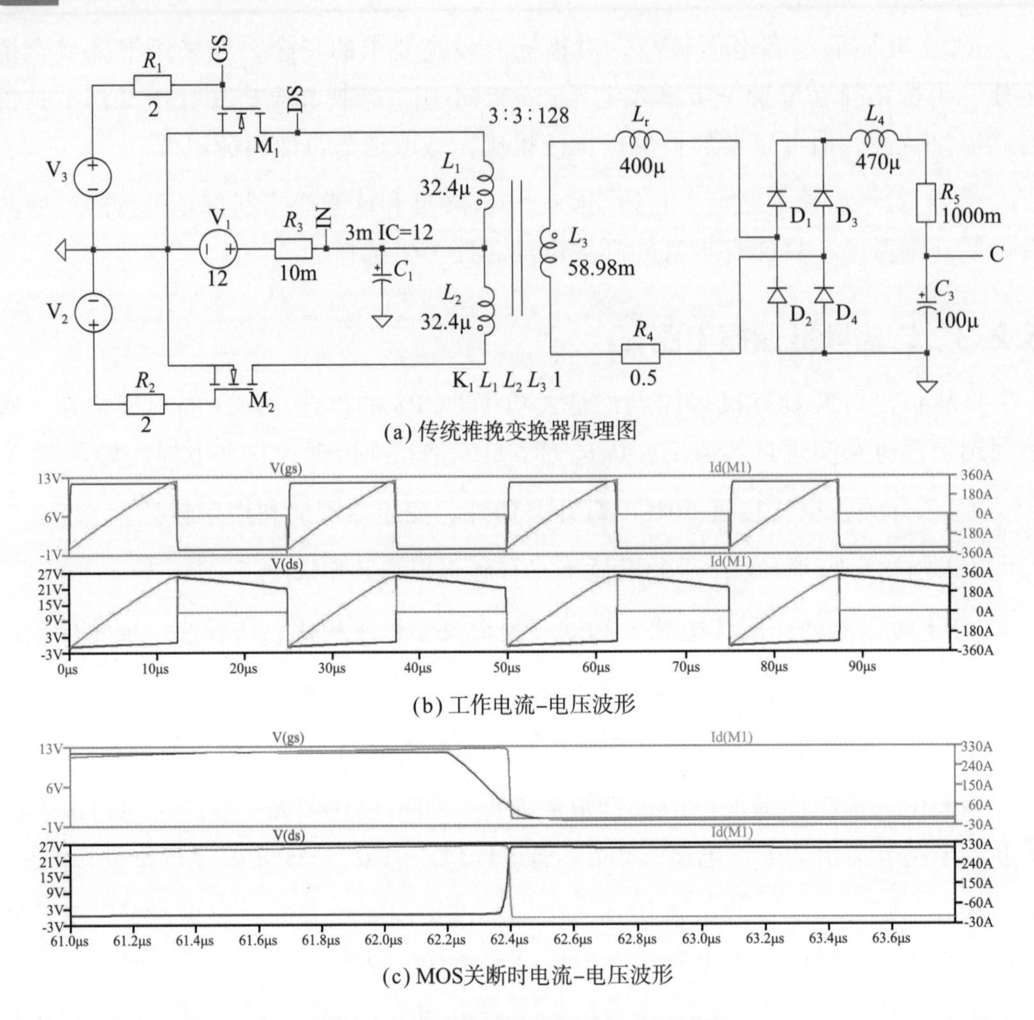

(a) 传统推挽变换器原理图

(b) 工作电流-电压波形

(c) MOS关断时电流-电压波形

图 5.8 传统推挽变换器及其工作波形

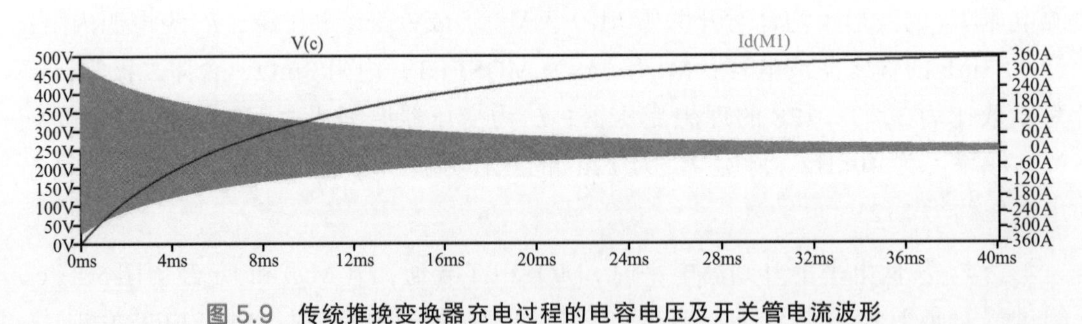

图 5.9 传统推挽变换器充电过程的电容电压及开关管电流波形

增后减，在6ms时达到最高输出功率，约为630W。

上述电路没有电流负反馈，占空比接近 50% 的固定值，故 L_4 的限流作用很有限。不过由于存在漏感，对电流还是有所抑制。从仿真结果来看，此电路似乎可用作 CCPS，但是需要以理想变压器为前提。实际的变压器 L_1、L_2 两段原边之间亦存在漏感（仿真中未考虑），硬关断时，原边漏感储存的能量只能被损耗掉，使得效率较低。且在储能电容电压较低时，开关管和变压器需要承担很大的电流，而其他时间电流又较小，存在功率容量浪费。软开关和硬开关的比较如图 5.10 所示。

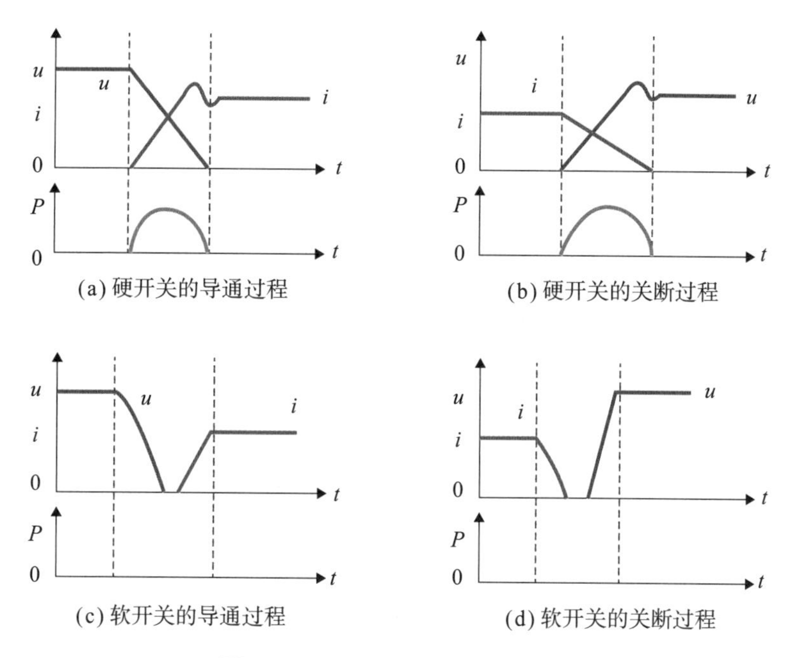

图 5.10 软开关和硬开关的比较

改进电路，删掉 L_4，在变压器的副边串联电容 C_2，让变压器漏感 L_r 与 C_2 发生谐振。可以调整驱动脉宽，或通过 C_2 调整谐振周期，使谐振周期约为驱动脉宽的两倍——称为单倍频准谐振。

如图 5.11 所示，由于副边谐振通过变压器影响原边，MOSFET 电流变成准正弦半波。使开关管几乎刚好在电流或电压过零时关断或导通，实现图 5.10（d）的 ZCS 关断，能够明显降低开关损耗和漏感损耗。关断期间，峰值损耗功率为 227.5W，平均损耗功率为 80.1W，关断耗时 0.1μs；MOSFET 导通时也实现了图 5.10（c）的 ZVS 开通，导通损耗可以忽略不计。

图 5.12 展示了同一个电路给电容充电时的电容电压和开关管电流波形，可见初期通过开关管峰值电流变得极大，达到千安量级。有趣的是，如果把所有元器件的内阻、电阻折算到副边，可得 C_3 的等效串联电阻约为 27.4Ω，时间常数为 τ=2.74ms。而图 5.12 中的 C_3 经过 10.1ms 逼近变换器最高输出电压，刚好接近 4τ，说明电路基本等效于恒压充电。

单倍频准谐振电路接近于恒压源，不能直接用作 CCPS。但它可以通过跳脉冲驱动（SKP）来抑制谐振电压和电流的上升，从而控制输出电流。跳脉冲驱动又称为脉冲密度调制（PDM），是指保持原有驱动周期和占空比，但在需要时，遮蔽（跳过）一个或几个驱动脉冲。对单倍频准谐振电路来说，需要依靠电流采样值实时调节跳脉冲的多少，才能稳定住电流，因此，即便采用跳脉冲驱动，也不具备自然恒流功能。

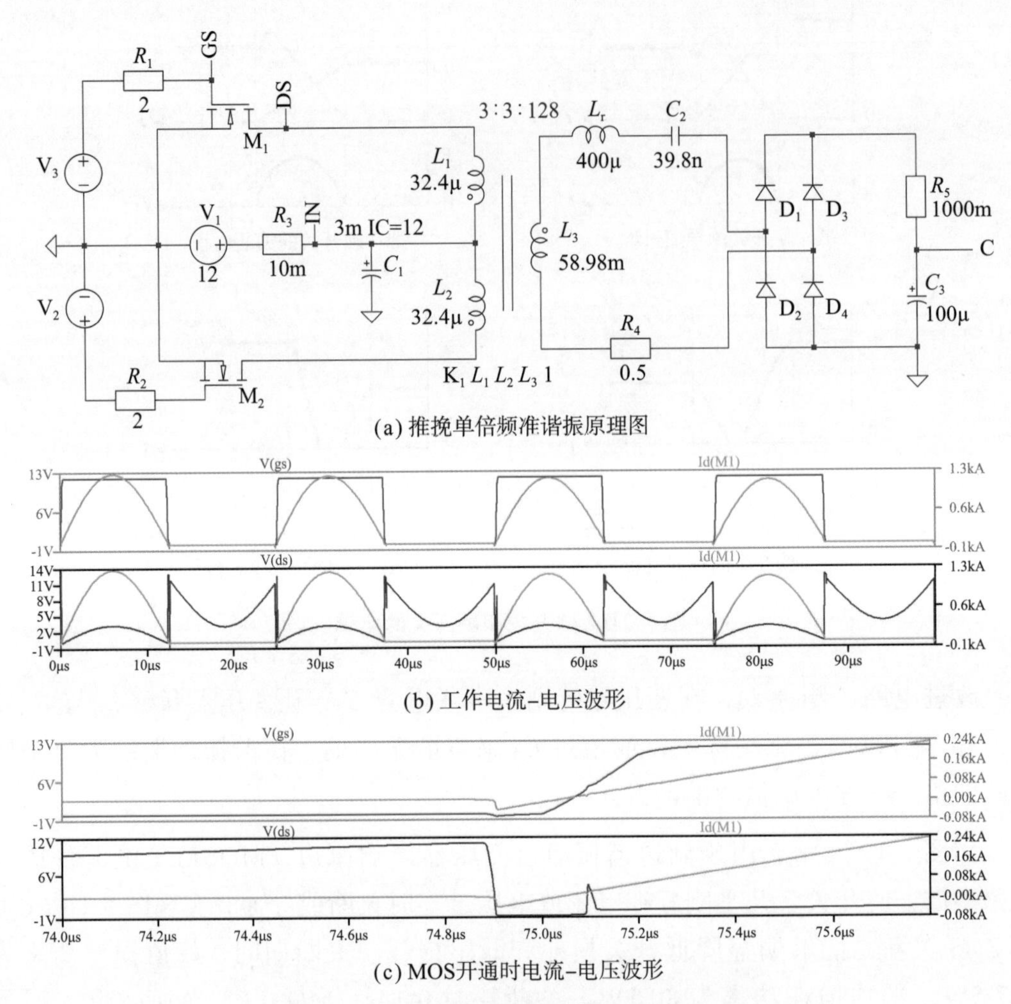

(a) 推挽单倍频准谐振原理图

(b) 工作电流-电压波形

(c) MOS开通时电流-电压波形

图 5.11　推挽单倍频准谐振电路及其波形

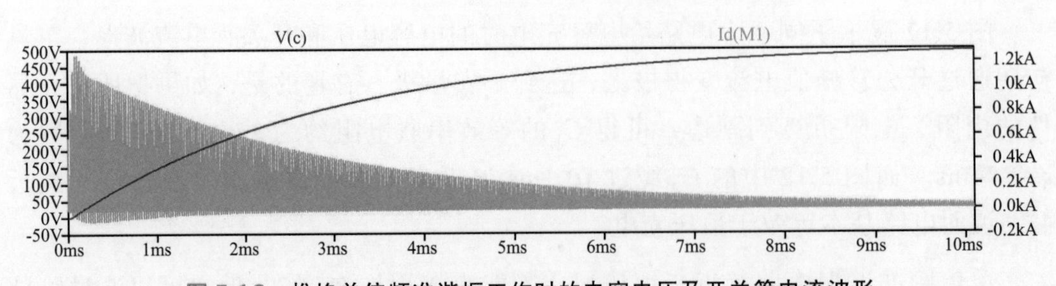

图 5.12　推挽单倍频准谐振工作时的电容电压及开关管电流波形

继续调节 C_2，把谐振周期调节为接近驱动脉冲宽度——称为二倍频准谐振。

图 5.13 亦为软开关，MOSFET 关断期间，峰值损耗功率为 24.4W，平均损耗功率为 12.7W，关断耗时 0.1μs。

同一个电路的充电波形如图 5.14 所示，可见充电过程基本恒流，只是最后阶段因充电电压差不足以维持恒流才转为恒压。

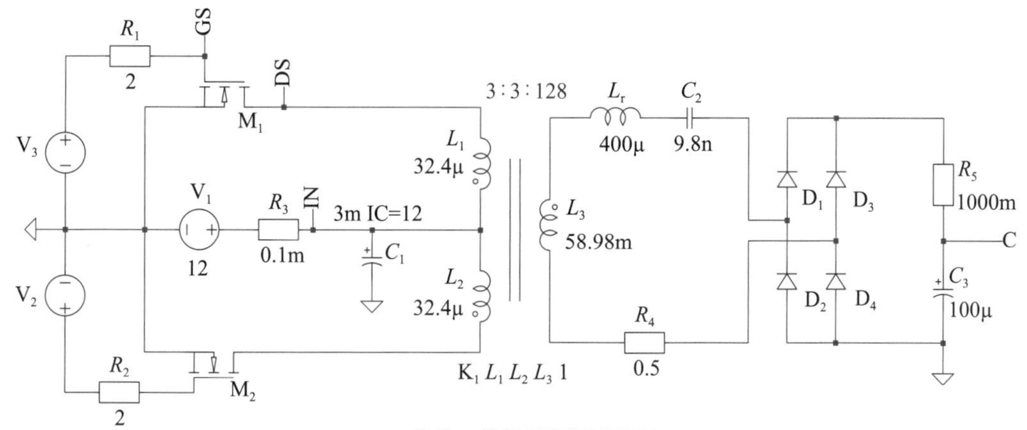

(a) 推挽二倍频准谐振原理图

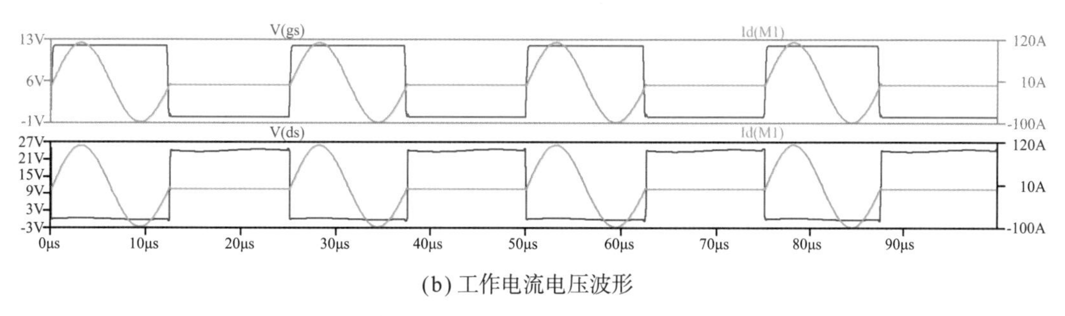

(b) 工作电流电压波形

图 5.13 推挽副边二倍频准谐振变换器电路和波形

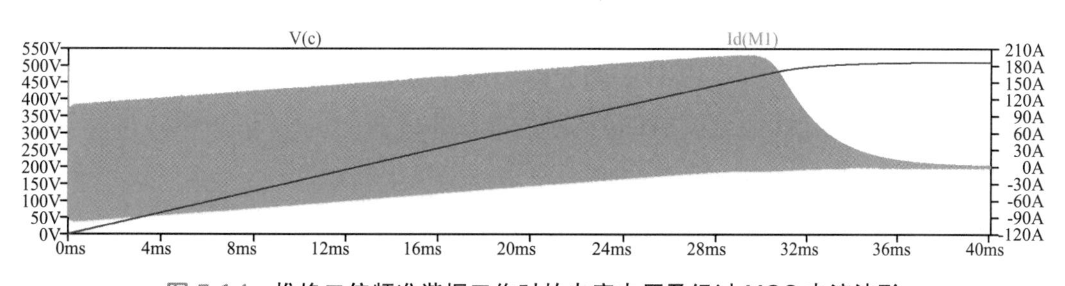

图 5.14 推挽二倍频准谐振工作时的电容电压及经过 MOS 电流波形

上述三种理想电路，将电容从 0V 充到 500V，总平均输出功率分别为 312.5W、1213.0W 和 318.8W，系统效率分别为 85.8%、46.4% 和 86.6%，升压电路部分效率（不含 R_3 损耗）分别为 89.1%、68.9% 和 88.8%。对比图 5.9、图 5.12、图 5.14 的 I_d（M_1）可知，前两者在刚开始充电时电流很大，变压器容易磁饱和。一旦磁饱和，原边相当于直流短路，容易烧毁开关器件。推挽二倍频准谐振具有天然的恒流输出性能，对变压器和 MOSFET 的功率容量利用得较充分，对电容负载的轻重有天然的适应能力，非常适合作为 CCPS 的电路拓扑。

类似地，半桥和全桥的变压器副边也可以模仿这种方法，衍生出半桥二倍频准谐振和全桥二倍频准谐振电路（图 5.15）。变压器的漏感如果不合适，可以在外部额外添加漏感线圈，使之稳定、可预期。

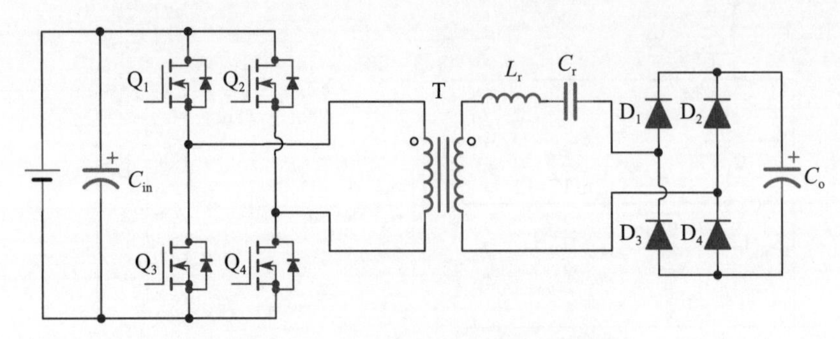

图 5.15 全桥二倍频准谐振原理图

是否可以把高压侧的串联谐振部分挪到低压侧呢？半桥和全桥可以，但推挽通常不行。挪到低压侧后电路的恒流特性与放在高压侧等效。

谐振电容必须足够稳定，能通过较大电流，故通常使用金属化薄膜电容。把谐振电路挪到低压侧后，需要低耐压和大容量的谐振电容，但薄膜电容恰好不适合做低压大容量，不如放在高压侧简便。

事实上，当谐振频率为开关频率的奇数倍时，准谐振变换器为恒压模式；偶数倍时，为恒流模式。在二倍频准谐振难以实现时，也可以采用四倍频准谐振，但其综合性能略差于二倍频。

上述"*n* 倍频"仅是一个习惯性名称，是针对驱动占空比为 50% 的情况而言的。在非连续工作，如跳脉冲驱动时，到底驱动频率是多少？按照频率的定义，驱动频率是连续两个驱动脉冲之间时间的倒数，脉冲不连续时，谈 *n* 倍频显然是荒谬的。故上文更多使用脉冲宽度来表述，而不使用频率这个概念。

对于非连续工作的情况，应当保证驱动脉冲宽度接近谐振周期的 0.5 倍、1 倍、1.5 倍、2 倍……并尽量在电流过零时关断。实际工程上，为了留有调整空间，设计占空比通常比 50% 略小。

二倍频准谐振拓扑只需使用定频、定脉宽的双路互补 PWM 方波（需留有死区）驱动 MOSFET，即可良好工作，这种波形容易用单片机或开关电源 IC 实现。实际工程中只需简单的电压检测，在充电至额定电压时关闭 PWM，电容电压不足时重新启动 PWM 即可，极大地简化了设计。

不过，恒流充电的速度不是最快的。为了提高速度，可以按照超过电池最大放电功率的标准设计电路，在充电开始阶段用更大的电流充电。当电容电压高于U_t时，在保持驱动脉宽不变的前提下，通过延长脉冲周期，或用跳脉冲的办法减小平均电流，避免电池过载。调整驱动参数后，二倍频准谐振电源依然是自然恒流的，只不过“恒”在了较小的电流上。二倍频准谐振电源不需要负反馈电路来实时调整，保持了结构简单的优势，代价主要包含以下两部分。

（1）部分充电时间内相当于轻载，浪费了一些质量和体积。

（2）压限平均电流的原理是降低输出占空比，变成非连续工作，峰值电流并未减小，输入端可能存在超出电池极限的脉冲电流，威胁电池安全运行。因此，需要加强电池侧的滤波电路，同样会导致质量和体积增加。

这些代价较小，通常可以接受。

5.3 工艺与调试

5.3.1 变压器绕法

首先应留意损耗平衡。在变压器效率最高时，通常符合铁损≈铜损、原边损耗≈副边损耗的规律。发现铁损远高于铜损，可以增加绕组匝数平衡损耗，或适当开气隙来降低铁损；原边损耗远高于副边损耗，说明需要增加原边绕组的截面积。

为了提升变压器性能，应设法提升铜填充率，提升原边、副边绕组的磁耦合系数。提升铜填充率的常规做法是抛弃骨架，把线圈直接绕在磁芯上。为了提升原边、副边绕组的磁耦合度，可采用三明治绕法，按磁芯中柱—副边—原边—副边……的顺序绕制。如果原边匝数较多，可循环多次——叫作全交错绕法。但如果原边只有一匝，则最多绕成三明治结构，其中原边由铜板绕轴一圈构成。这是因为内层和外层的电气环境不同，不可以绕两个一圈来并联。但是，如果沿平行于磁芯轴线方向多层排列——称为层叠结构，不同层的电气环境就几乎相同了，此时不同层的绕组既可串联，也可并联。

图 5.16（a）是常规排列结构，简单且易于制造，但绕组间漏感大，邻近效应强。

图 5.16（b）是三明治结构，漏感较小，低压侧绕组邻近效应较小，绕组交流损耗小。但是高压侧绕组邻近效应很强，绕组交流损耗大。

图 5.16（c）是全交错结构，绕组间漏感和低压侧邻近效应都非常小，高压

侧邻近效应也有所改善，不过工艺结构复杂，不利于生产。

图 5.16（d）是层叠结构，低压侧可采用铜片制成平面的环状，一个环为一匝，环的厚度为 2 ~ 3 倍趋肤深度，高压侧绕组线径为 1 ~ 1.5 倍趋肤深度。图中的 6 层低压绕组铜环，按不同方式连接，可组合为 6 匝、3 匝、2 匝及 1 匝四种方式。铜环可向空旷位置加宽，通过绝缘导热片与散热器连接散热。

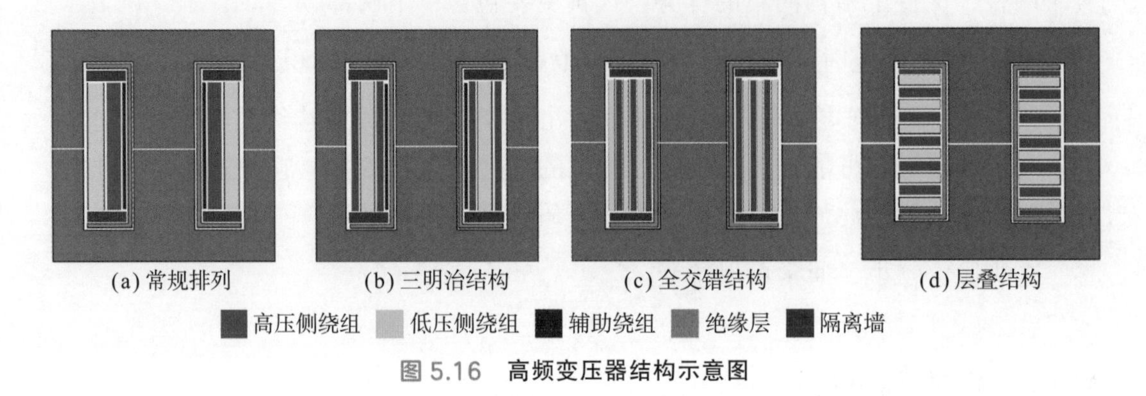

图 5.16　高频变压器结构示意图

层叠结构具有全面优势，已经在高功率密度开关电源中广泛采用，实物如图 5.17 所示。

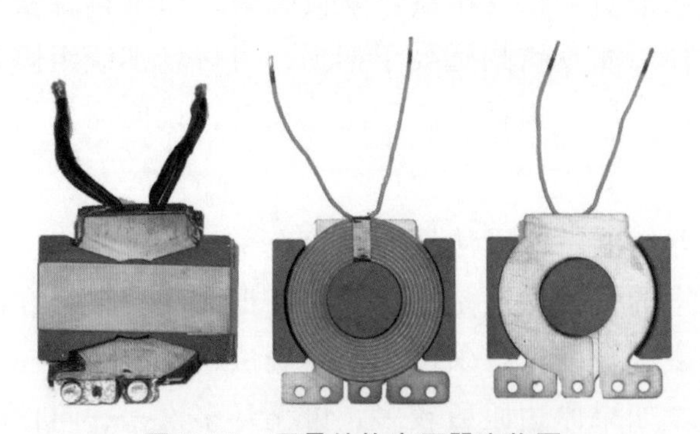

图 5.17　层叠结构变压器实物图

5.3.2　全桥二倍频准谐振 CCPS 的调试

为了方便调试，在设计电路板时应把功率部分和产生 PWM 波的电路部分（称为驱动电路）的电源接口分开。对于刚制作好的 CCPS，应先单独调试电路部分，用示波器检查驱动频率、上升沿 / 下降沿、占空比、死区时间等参数。

功率部分初次上电时，可以给输入滤波电容充入一个较低的电压（如 1/4 额定输入电压），仅把滤波电容当作电源。用一个较大的电容作为 CCPS 的负载。正常启动驱动电路，让功率部分工作一瞬间，捕捉刚启动时的 MOSFET 栅极波形和变压器副边电流波形。由于原边容易受到测试的干扰，测试难度也较大，除非需要分析 MOSFET 的工作状况，一般不测试原边电流波形。

电流探头通常体积比较大。首次调试时，应适当延长绕组的引线，以便插入探头。可以使用的探头包括罗氏线圈、霍尔探头和互感器。探头的截止频率应当远高于开关频率，通常至少需要 5 倍。也可以用分流器将电流转变为电压，然后使用差分探头来测量。不论延长引线还是采用分流器，都应尽量避免干扰 CCPS 工作。

图 5.18 展示了某全桥二倍频准谐振 CCPS 的实验原理图，驱动芯片为 EG1611，由屹晶微公司根据定制需求调整。按准谐振 CCPS 对驱动的要求，PWM 启动后以固定脉宽输出，留有 500 ~ 1000ns 的死区。图 5.19 展示了相关实物照片，左图为全桥二倍频准谐振，右图为推挽二倍频准谐振。

基于全桥二倍频准谐振方案，观察副边电流波形，调整驱动脉冲周期。

图 5.20 展示了实测波形。其中，相邻两次开通的副边谐振电流相交不在零点，说明脉冲周期过短，需把周期加长。

图 5.21 中，副边谐振电流停在零点的时间太长，出现非连续工作状态，这是脉冲周期过长导致。出现这种现象会降低输出功率，浪费功率容量，但可正常工作。在 CCPS 的功率比电池大时，可人为制造这种工作状态来限制充电功率，但仅限于全桥拓扑，不能直接推广到推挽拓扑。

图 5.22 中，两个驱动周期的谐振电流相交点在零点，说明初步调试已基本完成。调好后的谐振电流峰值也是最小的。对于全桥，如果此时再把脉冲周期调长一点，可实现 ZVS 开通，并可提高工作稳定性。

初步调试完成后，可把功率部分的电源电压逐步提升至额定输入电压，观察充电过程波形。若发现异常，如电流波形畸变（一般是变压器磁芯饱和导致）等，则需要重新调试或修改设计。

图 5.23 中，电池的初始电压为 24.9V，在 CCPS 的输入电流为 119.8A 时，电压降到 22.0V。为 980μF 电容充电，从 0V 充至 330V，属于恒流阶段，耗时 48.6ms，平均电流 6.7A，平均功率 1098.0W。全部充电过程耗时 68.4ms，电容电压从 0V 变化至 415.9V，CCPS 的输入能量为 119.8J，电容储存的电能为 84.8J，平均功率 1239.1W，效率 70.8%。该 CCPS 的体积约 85.7cm^3。

图 5.24 是同一个 CCPS 的波形，与图 5.23 的不同之处在于电容预充了 100.8V 电压。电池的初始电压为 24.9V，在 CCPS 的输入电流为 125.2A 时，电压降到 21.6V。将 980μF 电容充电至 411.0V，整个充电过程耗时 46.8ms，输入能量 99.8J，电容增加储能 77.8J，平均功率 1662.2W，效率 78.0%。

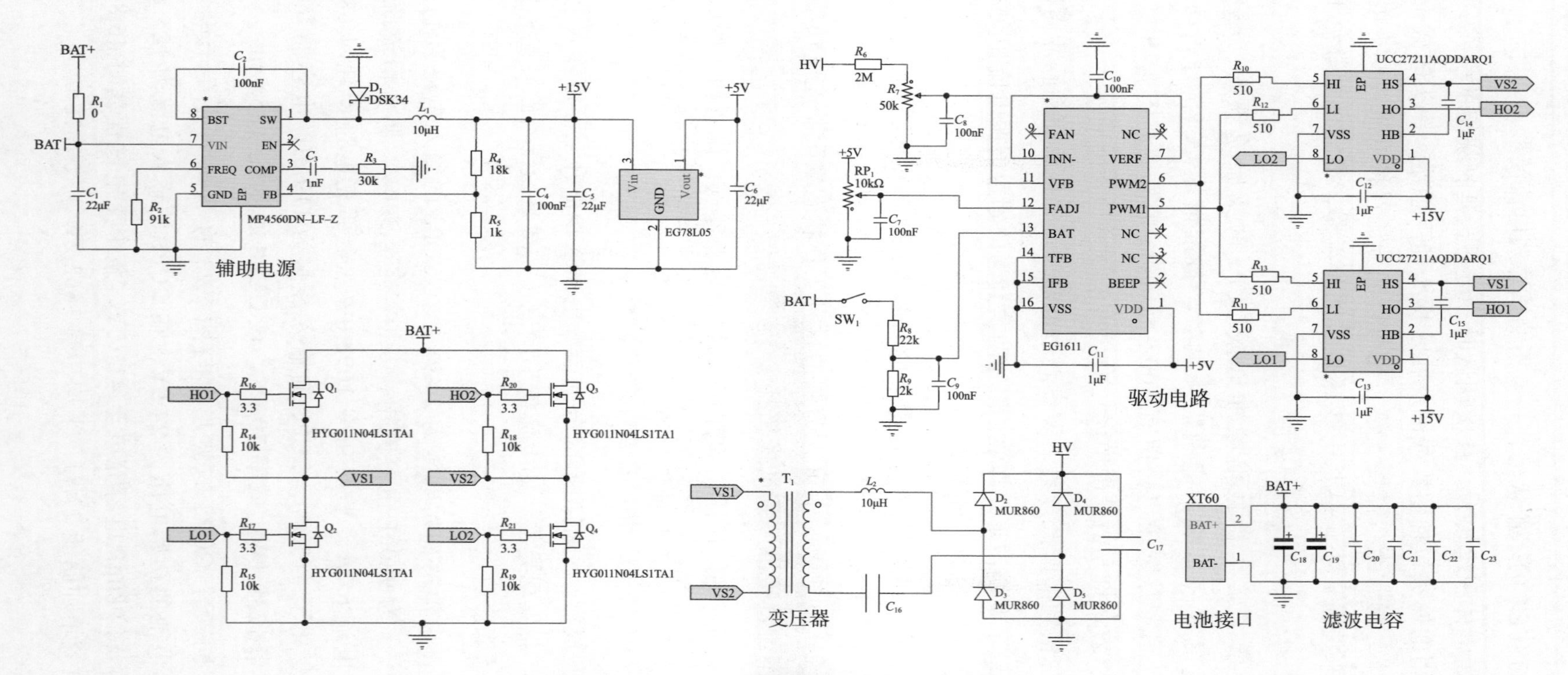

图 5.18　全桥二倍频准谐振的实验原理图

图 5.19 二倍频准谐振 CCPS 实物图

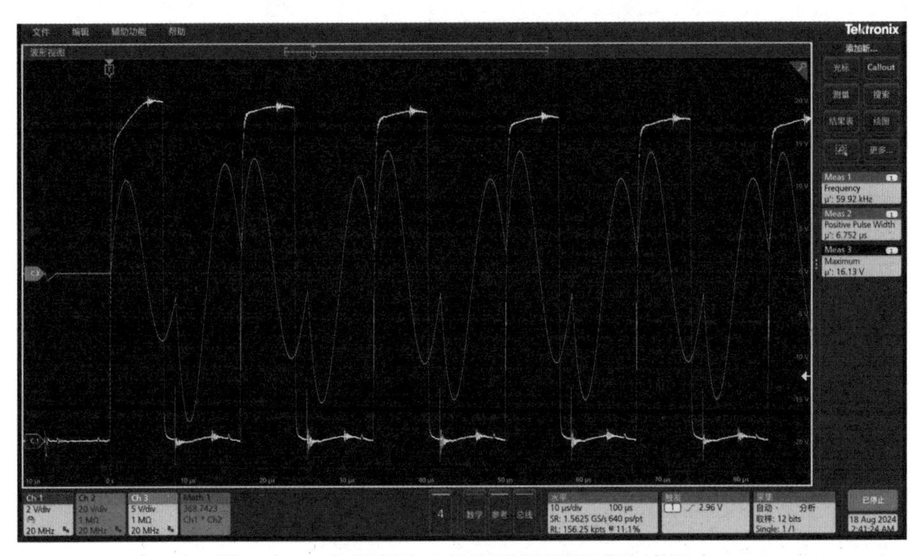

图 5.20 全桥副边二倍频准谐振波形的捕捉 1
[Ch1（黄）为 MOSFET 的栅极电压；Ch3（红）为副边电流，1V/A]

实验可见，虽然功率密度达到 14.5W/cm^3，但是效率只有 70.8%，依然在“能用”级别。对比两个效率测试的结果，可知 0→100.8V 的效率仅 25% 左右。为提高性能，可采用以下方法。

（1）在变压器高压侧增加抽头，随着电容电压的变化适当切换。

（2）选取适当的储能利用率，避免将电容电压放到过低。

（3）用 Buck 拓扑作为前级，单倍频准谐振作为后级，各取 Buck 拓扑和单倍频准谐振的优点。

但这些办法都会使电路变复杂，需要权衡利弊。

高压电源具有一击致命的“潜力”，特别是有储能电容时。调试时要充分采取绝缘措施，特别注意安全。

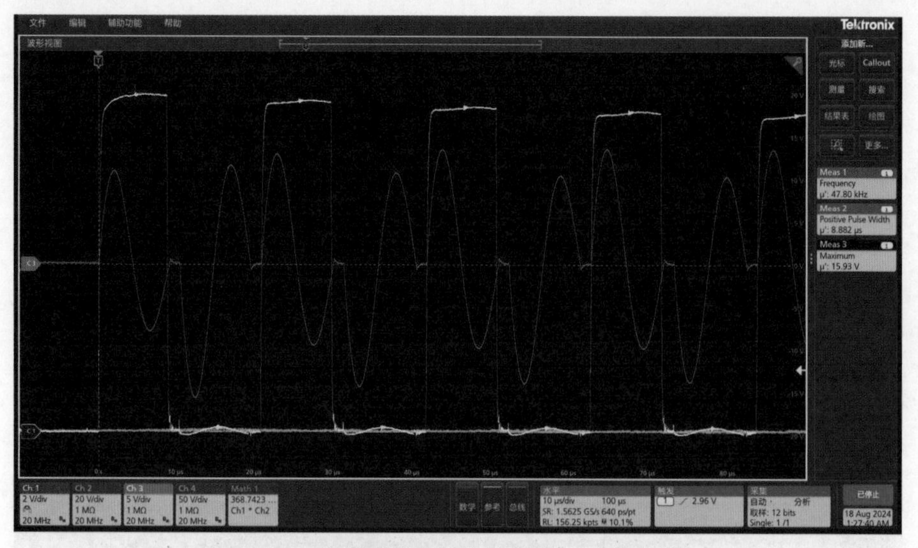

图 5.21 全桥副边二倍频准谐振波形的捕捉 2
［Ch1（黄）为 MOSFET 的栅极电压；Ch3（红）为副边电流，1V/A］

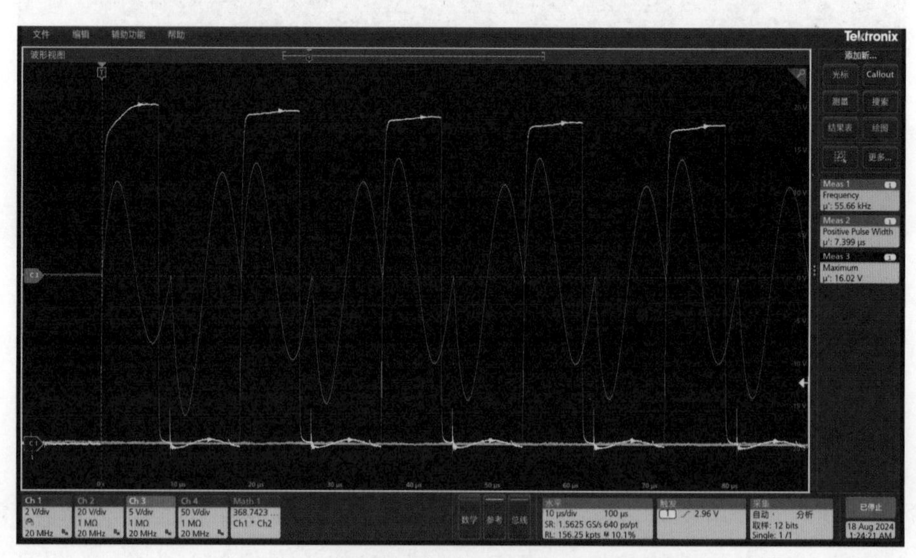

图 5.22 全桥副边二倍频准谐振波形的捕捉 3
［Ch1（黄）为 MOSFET 的栅极电压；Ch3（红）为副边电流，1V/A］

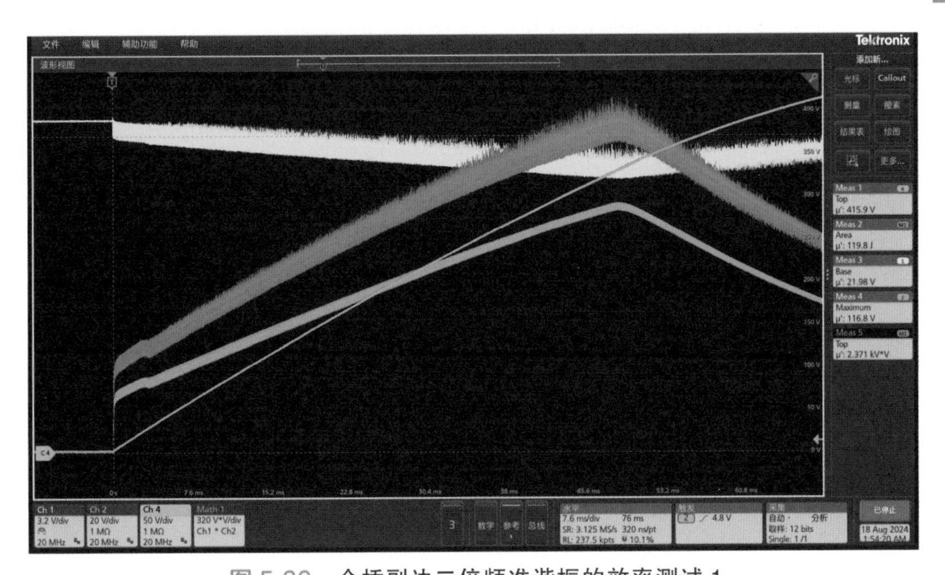

图 5.23 全桥副边二倍频准谐振的效率测试 1

［Ch1（黄）为输入电压；Ch2（蓝）为输入电流，1V/A；Ch4（绿）为 980μF 电容的电压；Math1（橙）为输入功率］

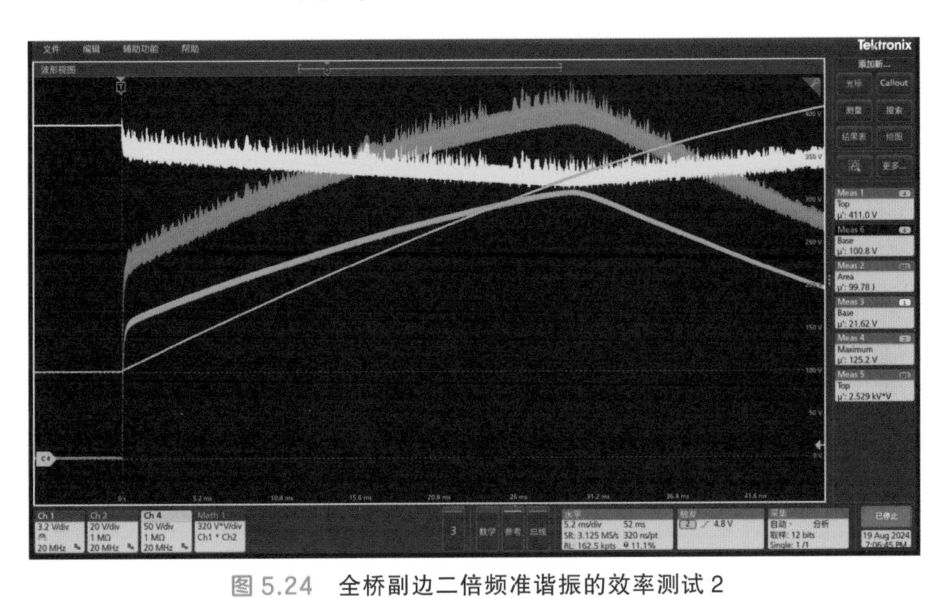

图 5.24 全桥副边二倍频准谐振的效率测试 2

［Ch1（黄）为输入电压；Ch2（蓝）为输入电流，1V/A；Ch4（绿）为 980μF 电容的电压；Math1（橙）为输入功率］

第6章 供弹机构

供弹机构是指从弹仓或弹链中取出弹丸，并将其输送到加速器起始位置的装置。

6.1 概　述

传统枪械中，供弹机构是枪机的一部分。从机械结构的角度看，整个枪械上的绝大部分“复杂度”，都被枪机占据着。因此，“枪机设计”也是传统枪械设计流程中极其关键的部分。

相比之下，磁阻炮中，供弹机构的存在感就要低得多了。有两点原因导致了这种局面。

（1）和传统枪械相比，磁阻炮的其他部分复杂许多，更加引人注目，把供弹机构的风头抢走了。比如本书前面各章节所描述的结构，看起来五花八门，但是它们加在一起，基本上只相当于传统枪械的枪管和火药。

（2）磁阻炮的供弹机构负责的任务，本身就比传统枪械中的枪机简单许多，如图 6.1 所示。

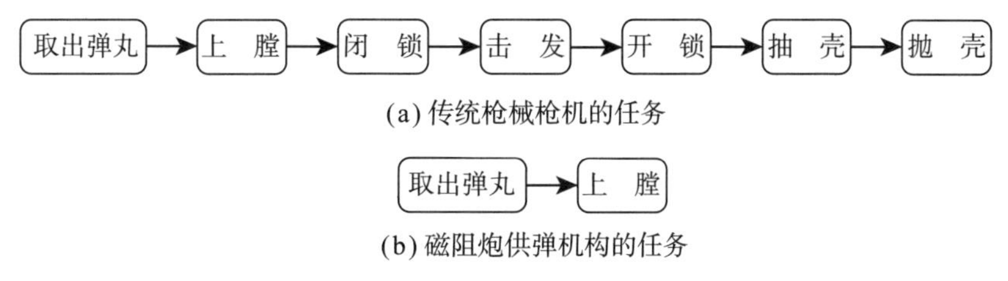

图 6.1　“枪机”和“供弹机构”的对比

传统枪械需要依靠机械结构完成一系列复杂的动作，实现所谓“自动”。而磁阻炮中没有高压燃气，不需要闭锁、开锁。没有弹壳，不需要抽壳、抛壳。不存在底火，不需要火药枪意义上的“击发”。因此和“自动”有关的机械结构，从传统枪械中的“枪机”，简化为“供弹机构”。其任务也十分简单，只需要从供弹具中取出弹丸，放在正确的地方即可。

除了任务简单，还有一个因素，使得磁阻炮的供弹机构更加简单：磁阻炮上有电。

传统自动枪械中，枪机的各项动作，其动力来源主要是发射时的“燃气”。燃气只在发射时存在，每次只存在几百微秒。因此需要大尺寸的活动组件，靠惯性和弹性来把燃气的能量收集并储存下来，然后逐步释放。这些活动组件的存在，一方面会增加机械故障的概率，降低可靠性。另一方面，它们带来的振动也对射击精度不利。与之相对，磁阻炮的供弹机构可以使用电磁铁、电机等驱动。它们可以提供持续的动力，因此不需要机械储能，也更不容易被卡住。在尺寸、质量和振动方面，也都更有优势。

有电还可以实现灵活的控制。可以安装传感器检测弹丸或运动机构的位置，实现细致的状态监测。在自动控制方面，有些传统枪械带有“短点射”功能，要实现这种功能，需要在枪机中添加“机械计数器”。比如 Heckler & Koch 公司生产的 MP5K 冲锋枪，有三连发短点射的功能，图 6.2 展示了其内部结构。其中，机械计数器通过“棘轮”实现。这类机械结构显然复杂度较高。

图 6.2　MP5K 冲锋枪的枪机结构

对磁阻炮来说，类似这种短点射功能，改改软件就可以实现，不需要任何额外的元器件和机械结构。不仅如此，发射的弹丸数量，任意两发的时间间隔，都可以独立地、随意地调整。

尽管有上述一系列因素使磁阻炮的供弹机构得以简化，但研发工作未必轻松。某些方面得到简化，往往意味着相应的指标会被提高到简化之前无法达到的程度。之前不敢想象的新的要求也可能被创造，直到研发人员需要和之前一样，绞尽脑计实现这些新需求。

对于磁阻炮的供弹机构，典型的“会被提高的指标要求”是射速。传统枪械由于枪机动作复杂，难以实现单管高射速。比如游戏和影视作品中，提起“高射速”就会让人想到 M134 Minigun 机枪（图 6.3），虽然射速可达 6000 发每分钟，但这是由六根枪管加在一起实现的，“单管”的射速还是只有 1000 发每分钟，和常规的自动步枪、冲锋枪在一个水平上。

图 6.3 M134 Minigun

而磁阻炮在“单管射速”方面的想象空间，比已知的所有传统枪炮都更高。随着电磁炮产业化的发展，可以预见的是，在近防系统等场合，必然出现更高的射速要求。

至于“之前不敢想象的新的要求”，一个例子是，令供弹机构完全密封。“完全密封”指气密级别的密封。这对传统枪机来说，是不可想象的，毕竟导气管、抛壳窗等处，无论如何都无法完全密封。对于泥沙等污染渗入造成的卡壳，应对措施只能是在机械结构上留足余量，以及要求用户勤加保养。而对于磁阻炮，特别是使用电磁供弹结构的磁阻炮，供弹机构不需要和弹丸有机械接触，而是通过磁力拉动弹丸，在原理上可以实现完全密封，进而实现极佳的防水、防泥沙性能。此时，磁阻炮的结构和人体的消化道类似，弹丸随着弹匣等供弹具从一个口进入，之后经过供弹机构和加速段，从另一个口排出。整个过程中，没有任何一个缝隙允许气体、液体和粉末进入磁阻炮内部。

本章剩余的两节将分别介绍磁阻炮的两大类供弹机，如下。

（1）电磁直接供弹，简称“电磁直供”。电磁直供是指用磁场产生电磁力驱动弹丸实现供弹，该电磁力直接作用在弹丸上，无须经过任何运动部件的转换。效仿电子工业的说法，也可以称为全固态供弹机。

（2）机械供弹。机械供弹则是指采用机械结构将动力源提供的能量转换为机械运动，再通过机械接触驱动弹丸。类似于传统枪械的枪机，但功能和结构简单许多，动力源可以是电力、人力等。

6.2 电磁直接供弹

电磁直供是一种优雅的供弹方式，它可以实现“除弹丸以外没有可动元件”。电磁直供的射速几乎无上限，不再受供弹机构限制，而是受供弹具、加速段和电源的限制。电磁直供还可以实现前文提到的“完全密封”。

6.2.1 直吸供弹

最常见的电磁直供是用一个圆环形线圈直接把弹丸从供弹具里吸出来，如图 6.4 所示。此时供弹机构可以看作电磁炮的第一级。为了简洁，本书称这种方案为“直吸供弹”。

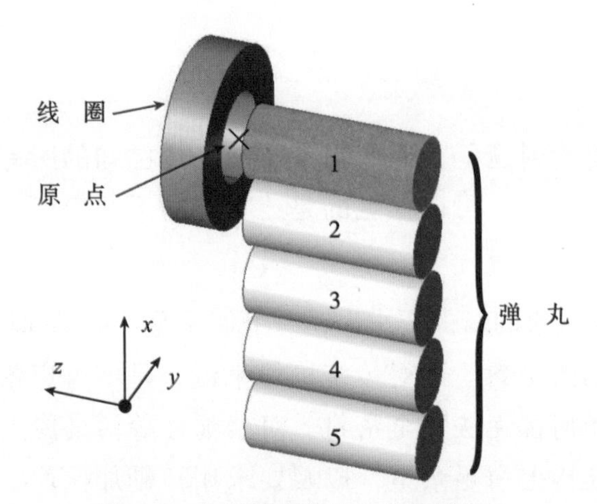

图 6.4 直吸供弹结构（仿真模型）

图 6.4 中，原点是线圈后表面的中心点。有 5 个弹丸，按照常规弹匣中的排列方式摆放。其中，1 号弹丸在 z 方向运动，以 z 轴正方向为前。其他弹丸静止不动。弹丸的尺寸是直径 8mm、长 20mm，材质为 10 钢。弹丸前表面和线圈后表面之间的初始间距是 2mm。线圈是圆环形铜线圈，其规格为内径 10mm、外径 20mm、长 5mm。线圈通有 10kAt 的电流。

为了便于阐述，需要规定上下左右等各个方向。朝向出口的方向为前，背离出口（朝向枪托）的方向为后。根据装置正常使用时的姿态，以重力方向判断上下。以“面向前，头朝上”时的左右为左右。在直角坐标系中，以 z 轴正方向为前，以 x 轴正方向为上，以 y 轴正方向为右，如图 6.5 所示。

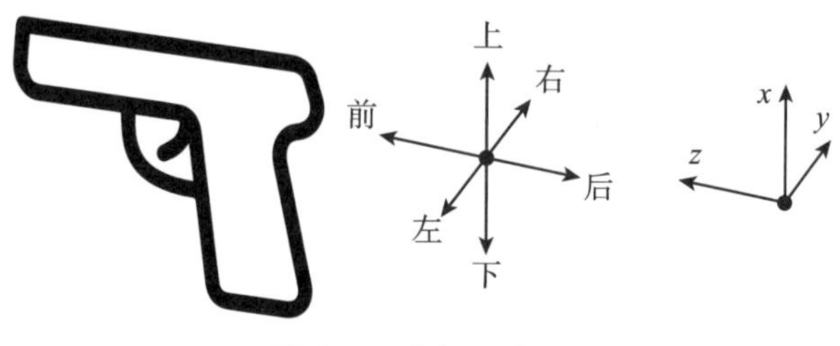

图 6.5 坐标系定义

直吸供弹可以提供足够的供弹力。以图 6.4 中的模型为例，假设有机械力把弹丸在 x 方向固定住，仅看弹丸受到的电磁力，如图 6.6 所示。

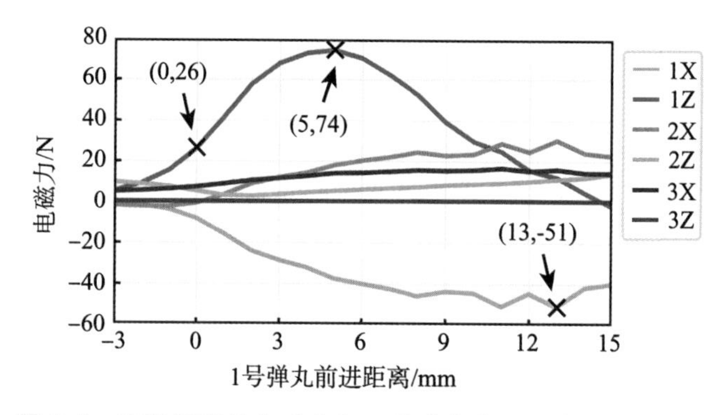

图 6.6 直吸供弹的电磁力和 1 号弹丸前进距离之间的关系

其中，6 条曲线表示 1 ~ 3 号弹丸，在 x 方向和 z 方向的受力。比如“1X”曲线表示 1 号弹丸在 x 方向的受力，依此类推。特别地，我们称 1Z 曲线，即 1 号弹丸在 z 方向的受力，为“供弹力”。横轴是 1 号弹丸在“初始位置”的基础上前进的路程，比如横轴为 5mm 时，表示 1 号弹丸的前表面在线圈后表面的前方 3mm 处。横轴为 −3mm 到 0mm 的情况，在现实中不会出现，放在这里只是为了使数据完备。

1 号弹丸在初始位置时（横轴为 0mm），上述供弹机构可以产生 26N 的供弹力。在弹丸较光滑的情况下，这个力足够克服摩擦力，将弹丸从弹匣中拉出。此时，线圈上的电阻损耗功率是 3.3kW。如果供弹机每次工作时恒流通电 1ms，则损耗的能量是 3.3J，这个级别的能耗是可以接受的。若不考虑摩擦，则 26N 的力可以在 1ms 内，将弹丸（质量 7.9g）加速到 3.3m/s，足够使弹丸靠惯性滑到加速段。

值得注意的是，1 ~ 3 号弹丸在 x 方向都受到较大的力。以 1 号弹丸为例，会受到最大 51N 的向下（$-x$ 方向）的电磁力。这些力是由弹丸磁化后相互吸引产生的（假设弹丸在 x 方向被机械外力固定），可以从磁感应强度分布上观察到这一点，如图 6.7 所示。

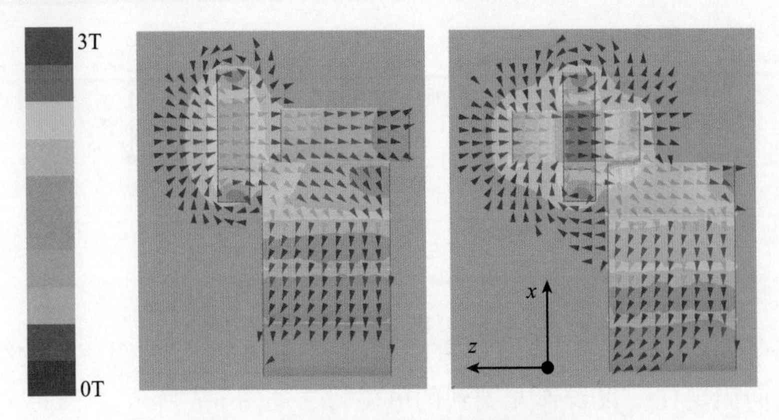

图6.7 直吸供弹的磁感应强度分布

（箭头表示磁场方向，磁感应强度在0.1T以下的区域没有标箭头，左侧为1号弹丸前进 -3mm时的情况，右侧为前进15mm，标尺每种颜色代表0.3T的磁感应强度）

1、2号弹丸的吸引力很大，主要是因为此处磁阻最小，磁感线大量通过1、2号弹丸闭合。这些吸引力最终会变成各弹丸之间的接触压力并互相传导，给1号弹丸带来额外的摩擦。1号弹丸移动至5mm处时的典型受力情况如图6.8所示，图中假设弹匣弹簧的压力为0。

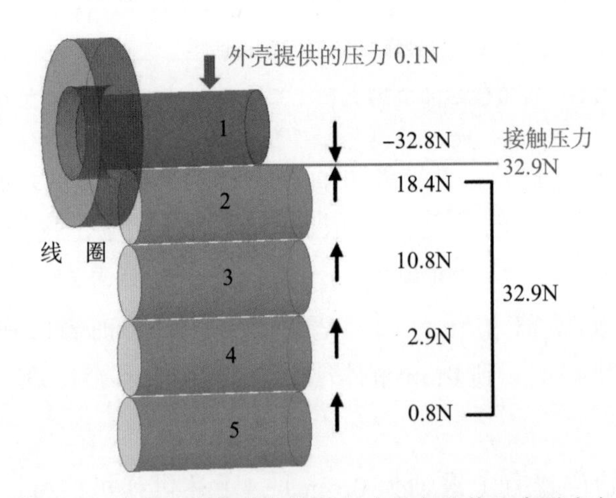

图6.8 直吸供弹各弹丸的受力（黑色字体为电磁力）

想要减小1号弹丸 x 方向的力，一个设想是加入一颗“假弹丸”，旁路部分磁感线，如图6.9所示。

图6.9在图6.4的基础上，添加了一个假弹丸（0号）。假弹丸的形状和材质与其他弹丸一致，但是它始终固定在供弹机构上。图6.9中还展示了添加假弹丸之后的磁感应强度分布，可以看到假弹丸被磁化，旁路了部分原本通过1、2号弹丸闭合的磁感线，有利于降低1、2号弹丸之间的吸引力。1 ~ 3号弹丸的受力如图6.10所示。

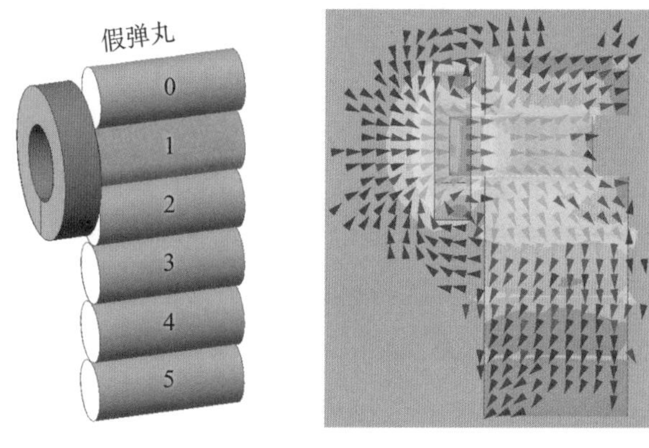

图 6.9 带有假弹丸的直吸供弹结构（左）及其磁感应强度分布（右）
（右图中 1 号弹丸前进了 5mm，标尺与图 6.6 中的相同）

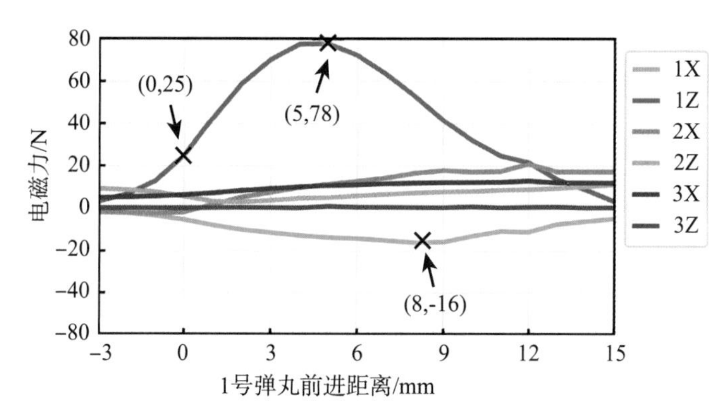

图 6.10 添加假弹丸之后的 1 ~ 3 号弹丸受力情况

1 号弹丸在所受供弹力基本无变化的情况下，受到的 x 方向电磁力最大值，从原来的 −51N 变为 −16N，看起来是明显减小了。但 1 号弹丸自身的受力不重要，1 号弹丸受到的阻力主要看其他弹丸对它的压力。在 1 号弹丸前进 5mm 时，受力情况如图 6.11 所示。

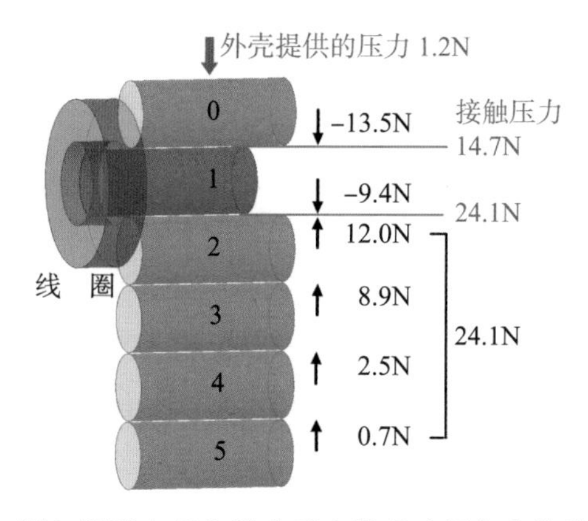

图 6.11 添加假弹丸后各弹丸受力情况（黑色字体为电磁力）

1号弹丸单侧的接触压力的确变小了，然而，与假弹丸的接触压力（14.7N）比没有假弹丸时1号弹丸与外壳的接触压力（0.1N）大得多。上下两侧的接触压力都会带来摩擦，此摩擦力是可以相加的，故接触压力也应该以总和比较。添加假弹丸后的接触压力和（38.8N）比没有假弹丸时（33N）还大。尽管假弹丸起到了相反的效果，但它真实地降低了1、2号弹丸之间的接触压力，如果假弹丸能够采用光滑的材料包覆，最终是可以降低供弹阻力的。

沿着假弹丸的思路，假如有一种办法能够旁路磁感线，而又不增加新的接触压力，或许就能收到更好的效果。一个很容易想到的办法，是在弹丸两侧，即y方向，各放置一块铁芯，它们在旁路磁感线时产生的吸力方向相反，恰好可以互相抵消，却不作用于x方向。

直接用轭铁旁路周围磁感线，弹丸受力如图6.12所示。1号弹丸受到的接触压力和为17.9N，几乎只相当于图6.8的一半，获得根本性改善。实际上z方向的供弹力也有所增加。在设计时可以根据空间大小和容许的质量，结合磁场仿真采用适当的轭铁。

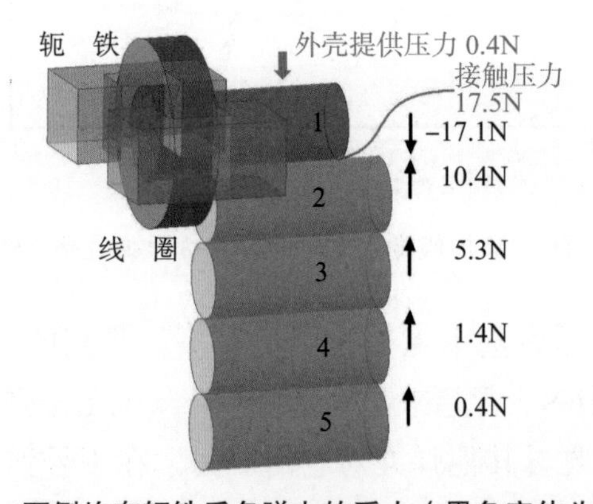

图6.12 两侧均布轭铁后各弹丸的受力（黑色字体为电磁力）

直吸供弹能够工作的前提是弹丸和线圈一定要离得近。因为弹丸初始位置在线圈之外，此时弹丸受到的电磁力，会随弹丸与线圈之间距离的增加而急剧降低。以图6.5为例，1号弹丸在初始位置时，弹丸前表面和线圈后表面间距2mm，1号弹丸受26N吸力。若1号弹丸向后移动至−3mm，弹丸前表面和线圈后表面间距5mm，这个力就降低到5.6N。

实际应用中，受到机械结构的限制，弹丸前表面和线圈后表面的间距往往难以做到2mm这么小。比如弹匣需要一定的壁厚来保证强度，弹丸头部需要削尖或安装软质材料，线圈需要包裹起来以实现防水等。因此，直吸供弹的应用范围是有限的，一般只适合对适应性要求较低的简易电磁炮。

6.2.2 侧吸供弹

侧吸供弹可以粗略分为两种方案，如图 6.13 所示。

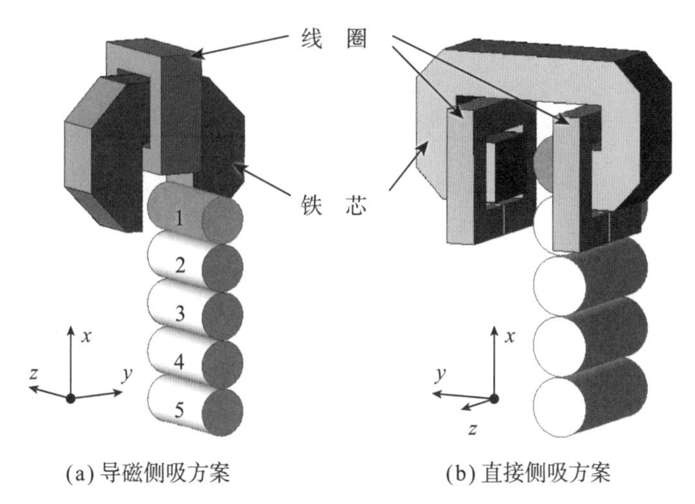

图 6.13 侧吸供弹结构（仿真模型）
（坐标系原点是铁芯后表面与 1 号弹丸轴线的交点，弹丸前表面的初始位置在 z=1.5mm 平面上）

图 6.13 中，弹丸的尺寸与 6.2.1 节一致，均是 ϕ8mm×20mm，弹丸与铁芯的材质均为 10 钢。线圈是方环形的铜线圈。图 6.13（a）中，线圈电流与 6.2.1 节中的一致，为 10kAt。图 6.13（b）中，两个线圈各自通 5kAt 电流，合计同样为 10kAt。此时图 6.13（a）中的线圈电阻损耗功率与 6.2.1 节中的一致，为 3.3kW。图 6.13（b）中则是 3.1kW，和其他方案基本一致。

我们根据线圈磁场到达弹丸的方式来对侧吸供弹方案进行分类。

在图 6.13（a）的结构中，线圈放置在弹丸顶部，线圈产生的磁场几乎全部通过铁芯传导到 1 号弹丸处，若没有铁芯，则只有很少量的磁场能到达 1 号弹丸，因此称为“导磁侧吸”方案。

而图 6.13（b）的结构中，两个线圈正对着弹丸，大部分磁场本来就可以直接到达 1 号弹丸，因此称为“直接侧吸”方案。

导磁侧吸方案的磁感应强度分布如图 6.14 所示。1 号弹丸前进量是 6.5mm。左图为 z=5mm 平面，铁芯和弹丸的间隙为 1mm，磁感应强度小于 0.1T 的部分没有用箭头标识。右图为 z-O-x 平面，两张图的比例是一致的。

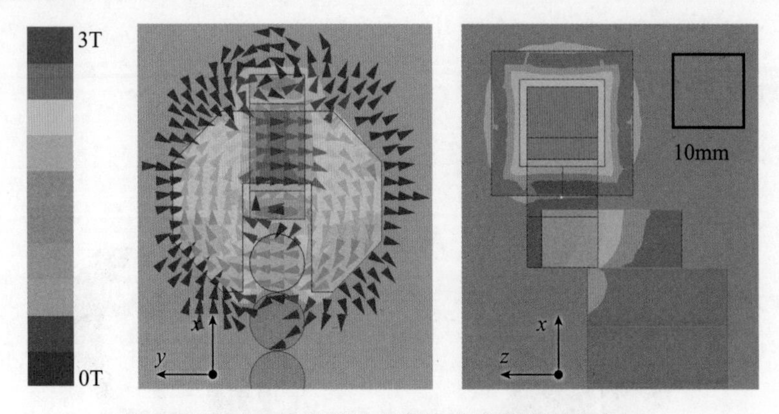

图 6.14 导磁侧吸方案的磁感应强度分布

线圈产生的磁场经过U形铁芯的传导，到达弹丸处。磁场方向垂直于弹丸轴线。磁场几乎完全集中在1号弹丸上，2号弹丸前端有较弱的磁场，其余弹丸上的磁场可以忽略。

图6.14中还可以看出这一结构存在较多漏磁，比如线圈上方同样存在一定强度的磁场（浅蓝色），而且铁芯外部存在很多箭头（磁感应强度大于0.1T）。这是因为通电后铁芯接近磁饱和状态，因此磁导率较低，导磁能力较差。

导磁侧吸方案的电磁力与1号弹丸位置的关系如图6.15所示。

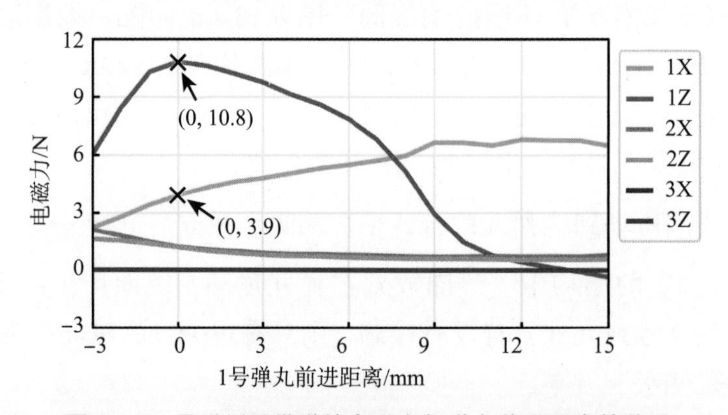

图 6.15 导磁侧吸供弹的电磁力与弹丸前进距离的关系

图6.15中，供弹力的峰值出现在1号弹丸的初始位置（0mm）处，为10.8N。此时，1号弹丸所受的x方向电磁力为3.9N。2号弹丸x方向和z方向受力均为1N，其余弹丸受力基本可以忽略。

直接侧吸方案的磁感应强度分布如图6.16所示，铁芯和弹丸的间隙为1mm，磁感应强度小于0.1T的部分没有用箭头标识。

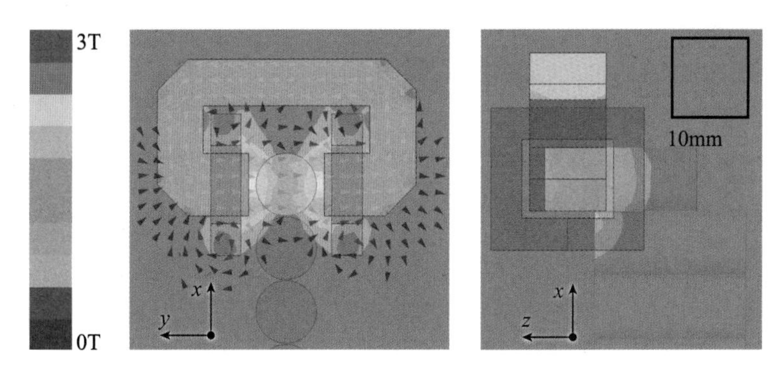

图 6.16 直接侧吸方案的磁感应强度分布，左图为 z=5mm 平面，右图为 z-O-x 平面

和导磁侧吸方案（图 6.14）相比，直接侧吸方案中，弹丸上的磁感应强度更强。这主要得益于线圈离弹丸较近，而且正对着弹丸，因此漏磁较小。即使是漏磁，其中大部分磁力线也是经过弹丸之后，再漏到铁芯之外。

直接侧吸方案的电磁力与 1 号弹丸位置的关系如图 6.17 所示。

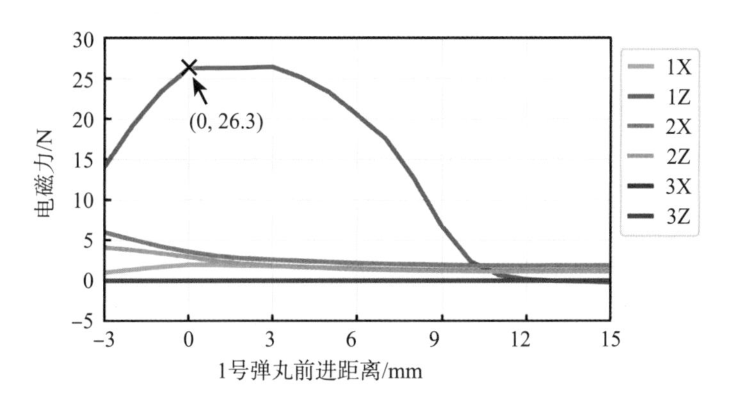

图 6.17 直接侧吸供弹的电磁力与弹丸前进距离的关系

图 6.17 中，初始位置（0mm）处同样出现了最大的供弹力，为 26.3N。而且除供弹力（1Z）以外的力均很小，其中最大者是 2X，在初始位置处也只有 3.6N。

虽然线圈正对着弹丸，本身和弹丸的耦合就较好，但该结构中的铁芯依然极其重要。如果去掉铁芯，则供弹力会从 26.3N 大幅度下降到 3.4N。

1. 侧吸供弹的缺点

（1）质量大。比如图 6.13（a）中的导磁侧吸结构总质量为 57g，其中铁芯 39g，线圈 18g。图 6.13（b）中的直接侧吸结构总质量为 51g，其中铁芯 34g，两个线圈共 17g。作为对比，图 6.4 中的直吸供弹，其线圈质量只有 10g。

（2）供弹力相对较小，尤其是导磁侧吸结构。图 6.13（a）中的结构，在相同的安匝数和损耗功率下，初始位置（0mm）的供弹力只有直吸供弹的42%。图6.13（b）中的直接侧吸结构，初始供弹力可以做到与直吸供弹相当的水平，但峰值供弹力小很多。另外，受铁芯磁饱和的限制，在电流更大的情况下，这一缺点还会更加明显。

2. 侧吸供弹的优点

（1）结构冲突少。使用弹匣作为供弹具时，只需要把1号弹丸前端暴露出来，或将此处的弹仓壳减薄，其他地方没有限制。作为对比，直吸供弹为了保证线圈和弹丸离得近，2号弹丸前端也需要暴露出来，或减薄弹仓——此时还需设法让弹丸尽量紧贴弹仓前方。当弹丸头部变细或安装非铁磁材料时，侧吸供弹结构允许铁芯后移，供弹力不受损失。

（2）初始位置供弹力较强。这种结构容许铁芯和弹丸头部交叠，供弹力峰值可以出现在初始位置。供弹过程中，弹丸在静止状态受到的静摩擦力较大，只要弹丸能“动起来”，动摩擦阶段所需的供弹力更小。这可以一定程度上弥补侧吸方案供弹力较小的缺点。

（3）电磁力非常“纯正”。侧吸供弹的磁场集中在1号弹丸上，其他弹丸受力很小。特别是直接侧吸方案中，1号弹丸受到的电磁力合力几乎完全指向z方向，其他弹丸在x方向的受力较小，因此接触压力不大。这种“纯正”的电磁力，有利于降低摩擦，提升可靠性。

也可以将图6.13中的两种结构综合起来，得到某种“中间方案”，如图6.18所示。

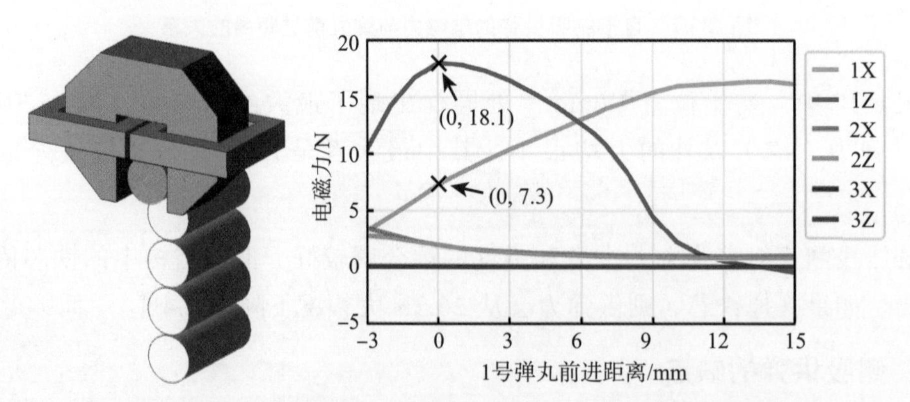

图6.18 “中间方案”的结构和电磁力（其中3X和3Z重合）

“中间方案”的铁芯形状与前文中的导磁侧吸方案完全一致，线圈改为两个，仿真中两个线圈各通5kAt电流，并将总功耗控制在相同的3.3kW。它的优点是，相比于导磁侧吸方案，供弹力更大；相比于直接侧吸方案，留给供弹具等机械结构的空间更多。但它的 x 方向力较大，弹仓和弹丸通道顶部承受较大的接触压力，需要采用光滑且耐磨的材料（如聚四氟乙烯）。

6.2.3 轴向供弹

某些应用中，需要“无与伦比”的射速，比如每几毫秒就射出一发弹丸，即射速数万发每分钟。

前两小节中提到的结构（图 6.4 和图 6.13）难以达到这种射速。限制因素并不是电磁供弹结构，而是弹匣等供弹具。在对应的供弹具中，弹丸需要“径向”运动，前一发弹丸射出后，想要后一发弹丸运动到供弹的初始位置，需要剩余弹丸在弹匣弹簧的推动下，从零开始向上加速，再通过撞击减速回零。

这种加速和减速过程需要时间。对于前文中出现的直径 8mm、长 20mm 的弹丸，使用最简单的弹簧驱动的弹匣时，这个过程往往需要 10ms 左右，折合为 6000 发每分钟的射速。弹匣弹力越大，这一过程耗时越短，但供弹机需要克服更高的摩擦力。

在近防炮等对射速要求格外高的领域，会使用转轮机枪 + 无链式供弹。和弹匣相比，可以部分缓解弹丸径向运动带来的限制，其最高射速一般在一万发每分钟左右（单管射速只有一千多发每分钟）。

由于在特别高的射速下，供弹频率主要受“弹丸径向运动”限制。那么想要实现更高的供弹频率，自然会想到消除弹丸的径向运动，让弹丸在供弹时和加速时一样，都只做轴向运动。这种办法称为轴向供弹，结构如图 6.19 所示。

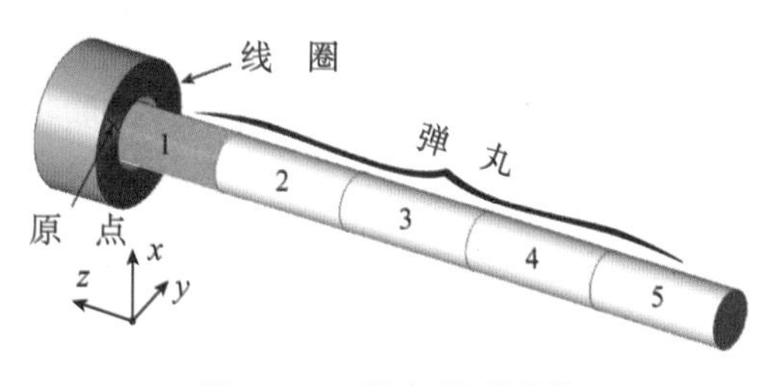

图 6.19 轴向供弹结构

其中，弹丸为直径 8mm、长 20mm 的圆柱，材质 10 钢，各个弹丸首尾相接。线圈内径 10mm、外径 20mm、长 10mm，材料为铜，通 10kAt 的电流。坐标系的中心点在线圈的几何中心处。1 号弹丸前表面与原点重合。

发射之前，先将所有弹丸一同加速到一个相对低的初速度，比如 10m/s，这个速度可以由机械滚轮等装置提供。

当 1 号弹丸运行到线圈处时，给线圈通电，为 1 号弹丸加速，令它与其他弹丸分离，并进入加速段。之后依次对其他弹丸进行同样的操作。此时供弹频率等于“弹丸长度”除以“弹丸整体的初速度”。初速度10m/s时，经过一个弹丸长度（20mm），需要2ms，折合为三万发每分钟的供弹频率。如果需要更高的供弹频率，可以进一步提高初速度，缩小弹丸长度。

然而，1号弹丸并不能像上一段说的那样“分离”，这是因为线圈产生的磁场不仅会存在于1号弹丸中，还会经由1号弹丸传导到后面的其他弹丸上，图6.20展示了轴向供弹磁感应强度分布。

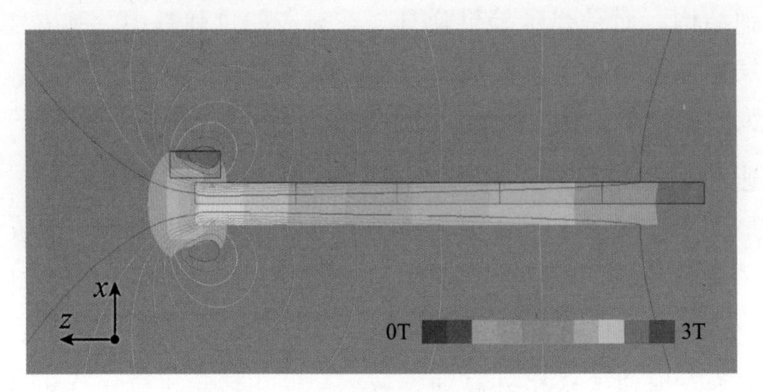

图6.20 轴向供弹磁感应强度分布

因此，1 ~ 5号弹丸都会受到较明显的电磁力，如图6.21所示。

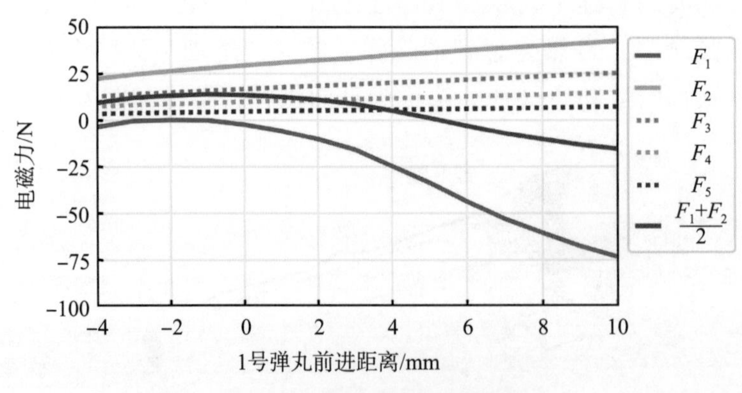

图6.21 轴向供弹的电磁力

此时，1号弹丸甚至反而会受到向后的电磁力，这是因为2号弹丸被磁化之后，对1号弹丸的吸引力比线圈的更大。因此，1号和2号弹丸会吸在一起。同时，在初始位置（0mm），1号和2号弹丸受到的平均电磁力，比3号弹丸受到的更小。如果在初始位置给线圈通一个脉冲电流，则1 ~ 3号弹丸会作为一个整体加速。

为了解决该问题，自然的想法是限制磁场，使其不向远处传导。可以额外添加一个线圈，将新增的线圈称为“屏蔽线圈”。屏蔽线圈上的电流与主线圈的相反，会产生一个反向磁场，抵消主线圈传导至远处的磁场。称这种方案为“基于屏蔽线圈的轴向供弹”，简称“轴向屏蔽供弹”，如图 6.22 所示。

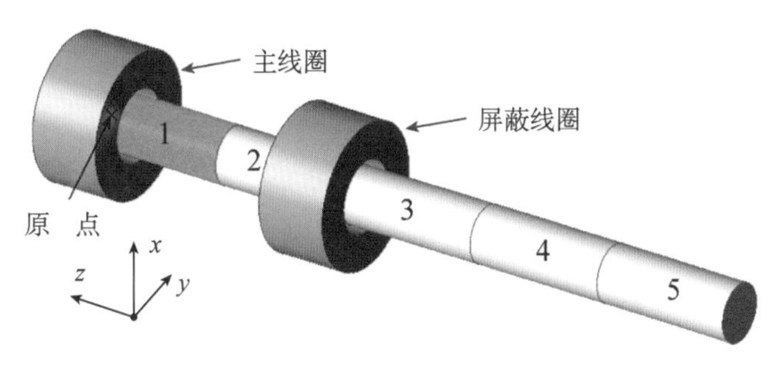

图 6.22 轴向屏蔽供弹结构

图 6.22 中，屏蔽线圈的尺寸和主线圈完全一致，它的几何中心在 $z=-36$mm 处，通 3kAt 反向电流。此时磁感应强度分布如图 6.23 所示。

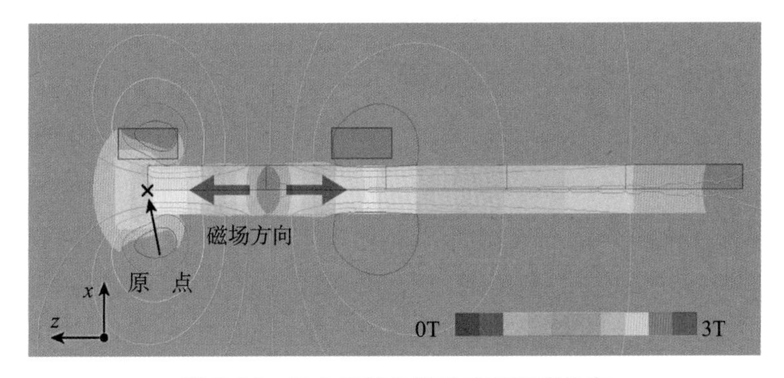

图 6.23 轴向屏蔽供弹磁感应强度分布

主线圈产生的磁场，被“限制”在 1 号弹丸之内。其余弹丸中的磁场由屏蔽线圈主导。各弹丸所受的电磁力如图 6.24 所示。

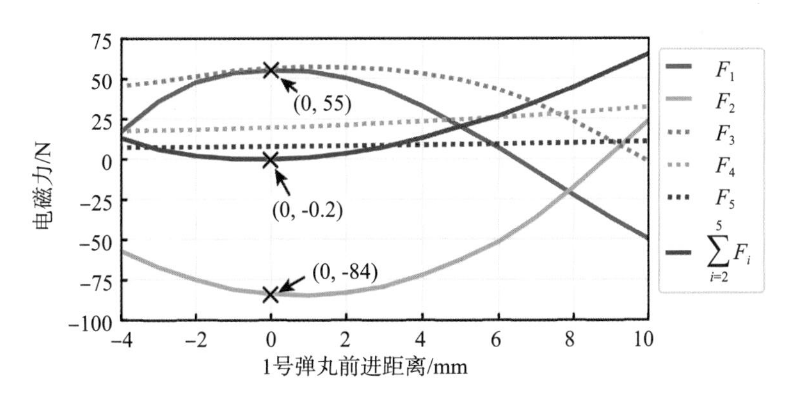

图 6.24 轴向屏蔽供弹的电磁力

初始位置时，1 号弹丸会受到 55N 向前的力，而 2 号弹丸则会受到 84N 向后的力。3 ~ 5 号弹丸虽然也会受到向前的力，但是 2 ~ 5 号弹丸受到的合力为 −0.2N，约等于零。因此，若在初始位置给主线圈和屏蔽线圈通一个脉冲电流，则只有 1 号弹丸会飞出去。2 ~ 5 号弹丸则是紧紧地吸在一起，速度基本不变，实现了比较理想的供弹效果。

6.2.4 使用屏蔽线圈的改良直吸供弹

“屏蔽线圈”的思路同样可以用于 6.2.1 节中的直吸方案，用于减小各弹丸所受的 x 方向的力，结构如图 6.25 所示。

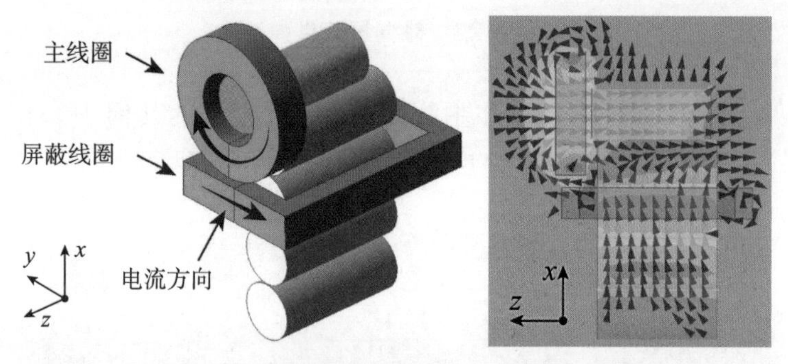

图 6.25 基于屏蔽线圈的直吸供弹结构和磁感应强度分布

屏蔽线圈套在弹匣外部，在附近弹丸处产生磁场，与主线圈在附近弹丸产生的磁场相互抵消，如图 6.25 右图所示。主线圈通 10kAt 电流，屏蔽线圈则是 1.5kAt。此时各弹丸所受的电磁力如图 6.26 所示。

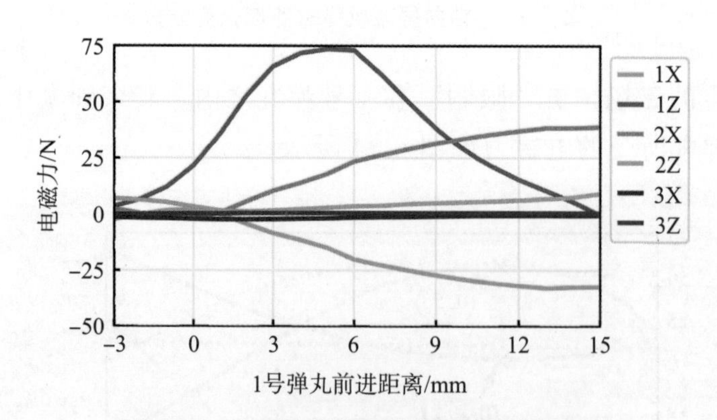

图 6.26 基于屏蔽线圈的直吸供弹的电磁力

在 1mm 处，1X、2X、3X 的受力分别为 −0.05N、0.5N、−2.3N。作为对比，不加屏蔽线圈时，对应的力分别为 −16N、3.8N、9.1N。减小 x 方向的力能减小电磁力引发的弹丸之间的接触压力，降低摩擦，提高供弹可靠性。

6.2.5 使用电磁力抵消弹匣弹簧压力

常见的弹匣采用弹簧推动弹丸，使得所有弹丸向一个方向靠拢压紧。在目前的轻武器上，这种压力在 5 ~ 20N。压力太小，弹丸和弹匣组件容易卡住；压力太大，供弹机构需要克服很大的摩擦力。使用传统的压力弹簧时，随着装弹数量增多，压力还会逐渐提高。

对电磁炮而言，弹匣的摩擦力有明显的负面影响。一方面，需要耗费更大的功率和成本去克服摩擦力；另一方面，压力变化导致摩擦力变化，使供弹机构提供的弹丸初速不稳定，影响后续加速稳定性。

前面几小节讨论了提供 z 方向供弹力的方法。也可以用类似的手段，沿 x 方向拉动弹丸，抵消弹簧压力，减少供弹摩擦力。

图 6.27 展示了一种产生“下压力”的装置，结构与“直接侧吸供弹”类似。不同于供弹装置在 z 方向产生磁阻梯度，此装置在 x 方向产生磁阻梯度，能在 2 号弹丸 x 方向产生下压力。根据仿真结果，当两个线圈各通 5kAt 电流时，在 2 号弹丸产生约 40N 的下压力，在 2 ~ 5 号弹丸产生合力约 30N 的下压力。

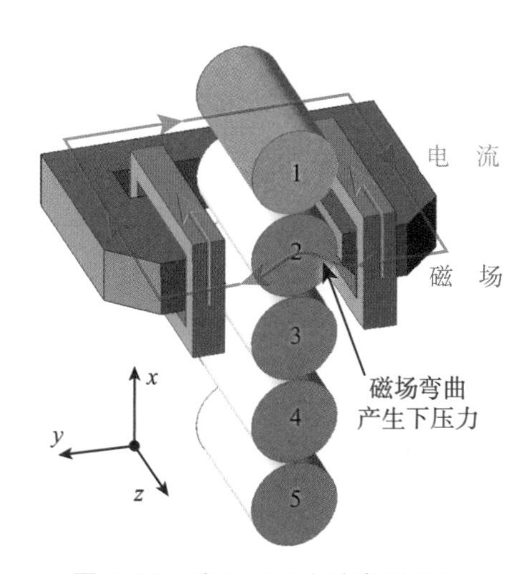

图 6.27 产生下压力的电磁结构

图 6.27 中铁芯与弹丸之间的气隙为 0.5mm，下压力大致和气隙成反比，当气隙增大至 1.5mm 时，下压力大约为 10N。铁芯开口位置应当减薄，以减少对 3 号弹丸的拉力。

未安装此装置时，5 号弹丸受到弹簧压力，向上施加压力并逐个传递，1 号弹丸受到上下两侧的压力，会产生较大的摩擦力。装置通电后，2 号弹丸受到下压力，与弹簧压力大致抵消，1 号弹丸两侧压力变小，摩擦力降低。

这种结构可以与电磁供弹搭配使用，也可以作为其他供弹装置的改良措施。只需要在供弹瞬间为线圈通电，消耗的能量并不多。通过调节线圈中的电流，可以获得不同的下压力，能适应不同姿态、不同余弹量时压力的变化。

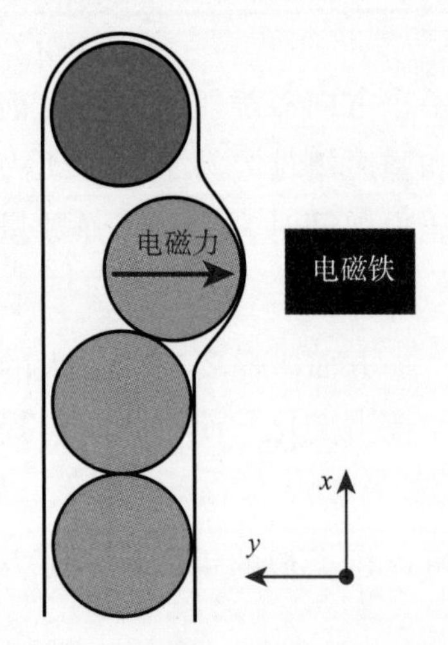

图 6.28 电磁 - 机械下压力装置

下压力装置的本质是对弹丸径向直线加速，类似地，可以用多个装置级联，形成某种弹丸输送结构。

对于注塑弹匣，可以在内部制作适当的形状，再在弹匣外使用电磁铁向弹丸施加 y 方向的力，通过斜面转换出 x 方向的力，从而在需要时，将某一发弹丸卡在弹匣中，同时提供反方向的磁场，降低对顶部弹丸的压力，如图 6.28 所示。

6.3 机械供弹

机械供弹类似于传统枪械的枪机，只是功能和结构简单许多，不需要闭锁、抽壳等功能，只需要从供弹具中取出弹丸。

相对于前一节中的电磁直供，机械供弹的主要优势如下。

（1）可以提供巨大的供弹力，特别是可以提供动量，即撞击，对于“克服静摩擦力”很有利。

（2）供弹行程可以很长。电磁直供不能产生持续的供弹力，否则能耗过大，不可接受。比如 6.2.1 节中的例子，用 1ms 的电流脉冲，将弹丸加速到 3.3m/s，期间弹丸只运动了 1.7mm，远没有飞出弹匣。弹丸必须在供弹力消失后，靠惯性飞出弹匣。对于长弹丸，或者带尾翼的弹丸，由于在较长的路程上都有摩擦，惯性可能难以克服摩擦力，导致卡弹。而机械供弹则不存在这个问题，供弹行程可以轻松做到几厘米，而且在整个供弹行程内都有供弹力。

（3）能耗很低。机械供弹在连发时，通常每发只需要几十毫焦耳到零点几焦耳的能量，而 6.2.1 节中电磁直供的例子，则需要 3.3J 的能量。

磁阻炮的机械供弹可以分为两大类如下。

（1）“电 - 往复”型：由电能驱动往复运动（包括往复直线和往复旋转运动）。

（2）“电 - 单向旋转 - 往复”型：由电能驱动旋转运动，再通过机械结构，将旋转运动转换为往复运动。这里的旋转运动是“单向”旋转运动，本身不存在往复。

6.3.1 “电 – 往复”型供弹机

1. “电 – 往复直线”型供弹机

推拉式电磁铁属于货架产品，被简易电磁炮广泛使用。图 6.29 展示了一个典型例子，往复速度约 5 次 / 秒。

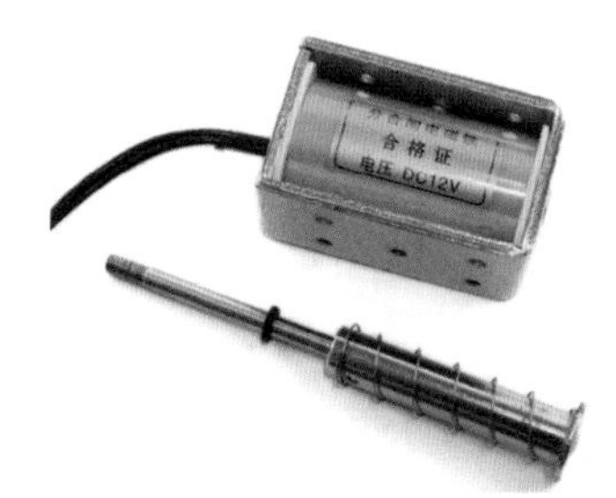

(a) 推拉式电磁铁拆解结构

(b) 供弹时的抓拍

图 6.29

原理基本等于磁阻炮的第一级，都是用一个线圈产生磁场，吸引铁芯，如图 6.29（a）所示。铁芯上有一根推杆，供弹时通过机械接触，将弹丸推出弹匣。复位是依靠弹簧，而不是电磁力。

这种方式在早期（约 2015 年之前）应用较为广泛。但市售推拉式电磁铁的性能并不好，存在质量大、尺寸大、供弹力小、行程短、射速不快等缺点。由于弹簧力不能太大（否则吸不动），容易复位不畅。

当然，对结构加以优化，乃至做成多级构型，实现可推可拉，在供弹效果上可以有明显提升。但往复速度无法得到根本性提升，还伴随着明显的铁芯碰撞声，抵消了磁阻炮本身“无声”的优势。与其费力优化，不如改用其他更简洁的方案。所以近些年只能在简单的 DIY 作品中见到了。

2. “电 – 往复旋转”型供弹机

近年来广泛采用的做法，是用往复旋转（正反转）的旋转电机，配以“旋转 – 直线”转换机构来实现供弹，称为“电 – 往复旋转”型供弹机。

典型的结构有舵机、丝杆、齿轮齿条等，如图 6.30 所示。

在相同的尺寸、质量和射速下，这类供弹机的供弹力比推拉式电磁铁高许多。或者反过来说，在同样的供弹力和射速下，尺寸、质量更小。这主要是因为旋转电机的气隙小、效率高。

(a) 舵机供弹

(b) 丝杆电机供弹（杜晨）

图 6.30

“电 - 往复”型供弹机的共同缺点是射速难以提高。以舵机为例，做到 3 发每秒（180 发每分钟）是正常的，想做 5 发每秒（300 发每分钟）就比较困难。如果想做高射速，比如 1000 发每分钟以上，本小节中的方法都难以实现。

究其原因，本质上是因为“无功功率”过大。此处“无功功率”指用来加速（或减速）供弹机构自身的功率。

在供弹机构中，许多零件需要高速运动，比如推拉式电磁铁中的铁芯、旋转电机里的转子。想要实现高速供弹，需要在短时间内把这些零件加速到高速，把弹丸推出去，然后在短时间内刹停，再反向加速，使结构回归初始位置，再刹停，为下一发弹丸做准备。每次加速和刹停，都需要由电机（或电磁铁）提供功率。随着供弹速度的提高，功率会很快超出电机的能力。

使用更大尺寸的、更大功率的电机，对这个问题并没有帮助。因为电机大了，转子也大，转动惯量也就大，反而需要更大的功率来加速和减速，供弹速度未必会提升。相对地，用更轻更小的电机，虽然加速减速可能更快，但电机功率小，会推不动弹丸。

因此，想要进一步提高供弹速度，必须想办法避免“无功功率”，避免用“电”来做频繁的加减速。对于旋转电机，可以让它始终沿一个方向旋转，再配合其他机械结构，把连续的旋转运动转换为往复直线运动，即“电 - 单向旋转 - 往复”型供弹机。

6.3.2 “电 - 单向旋转 - 往复”型供弹机

这种做法避免了运动部分频繁吃进和吐出无功导致的电能视在功率小。因此，尽管多了一个能量转化的步骤，但总的代价更小了，如图 6.31 所示。

“电 - 单向旋转 - 往复”型供弹机需要一种机械结构，将单向旋转运动转化为往复直线运动。有很多机械结构可以做到这一点，其中最常见的结构是“曲柄连杆”，原理如图 6.32 所示。

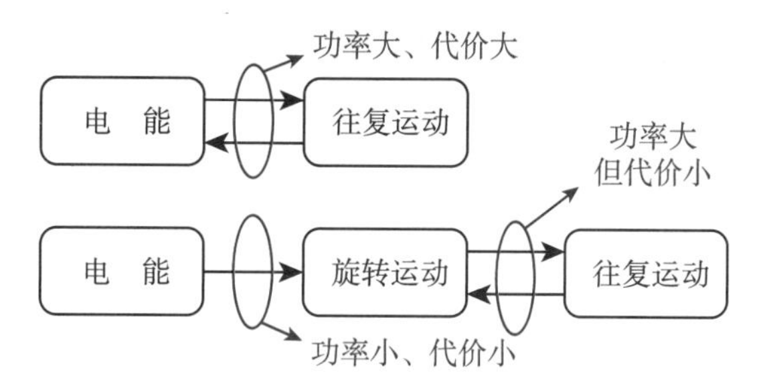

图 6.31 “电 – 单向旋转 – 往复”型供弹机提升性能的原理

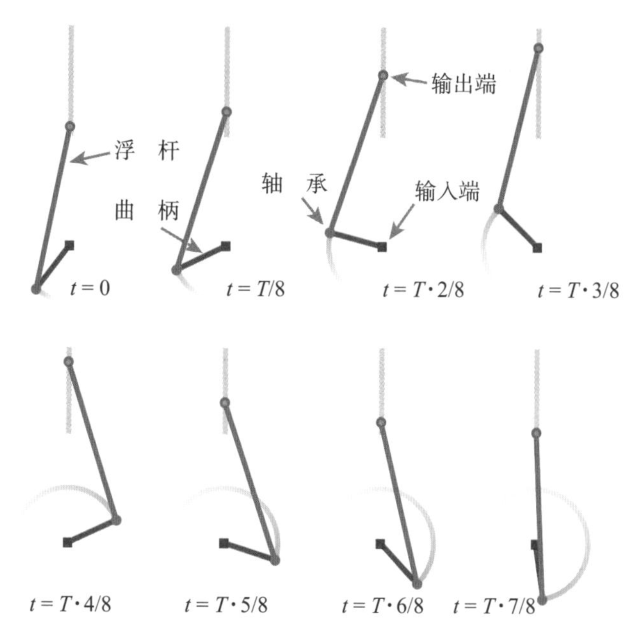

图 6.32 曲柄连杆机构原理图

T 是运动的周期，或者说曲柄转动一周所需的时间；t 是当前时刻。输出端只能在垂直方向平移。输入端在平移方向固定不动，它带动曲柄做单向圆周运动。一个简单的实物如图 6.33 所示。

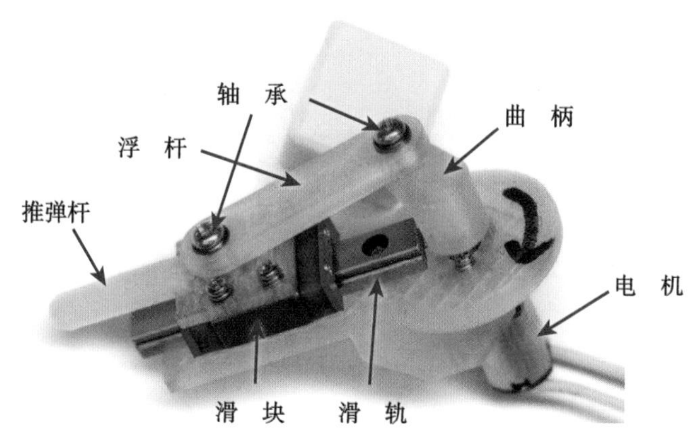

图 6.33 基于曲柄连杆机构的供弹机

曲柄的半径是1cm，供弹行程是曲柄半径的两倍，即2cm。滑块的型号是MGN7C，质量10g。配合线轨运动时，阻力和游隙都比较小。电机是N20减速电机，标称额定电压12V，电流0.3A，力矩0.3kgf·cm[①]，转速800r/min，堵转力矩2.4kgf·cm。

曲柄连杆机构的主要优点如下。

（1）可以提供很大的供弹力。上例中，最小供弹力约24N。注意这个24N是“最小”力。因为曲柄连杆机构的出力与连杆轴所在位置有关，在连杆运动的两端可以有近乎无限大的力。这种“刚开始的时候供弹力最大”的特点，对于克服弹丸的静摩擦力非常有利。

（2）可以避免前面提到的“无功功率”的问题。因为电机始终朝一个方向转，不需要在加减速上浪费电功率。虽然滑块和推杆还会频繁加减速，但能量会通过曲柄连杆与电机转子交换，并没有刹车和碰撞损失。

（3）供弹速度可以非常快。从结构上看，电机每转一圈，就会供一次弹。电机转速有多少，供弹速度也就是多少。而电机本身的转速可以轻松达到几万转每分钟。

（4）电机可以大幅度超压使用。供弹机既不需要长时间连续工作，又对寿命没什么要求。连发时，一个弹匣几秒钟就清空了，电机的散热可以依靠“热容”。全寿命周期内，就算要打一万发弹丸，也不过总计几分钟的工作时间。通过大过载使用，可以缩小电机的质量和体积。

对于曲柄连杆机构，限制供弹速度的不再是推弹丸的速度，而是弹匣里的弹丸移动到位的速度。图6.33中的机构没有给弹匣留多少时间，高速时（如几千转每分钟）可能会因为弹匣的速度不够而卡住。要解决这个问题，可以对“推杆”加以改进，添加一个弹簧驱动的推弹钩，使用推弹钩推出弹丸。如图6.34所示，推杆不再阻碍后续弹丸运动，留给弹匣内弹丸移动到位的时间更多。

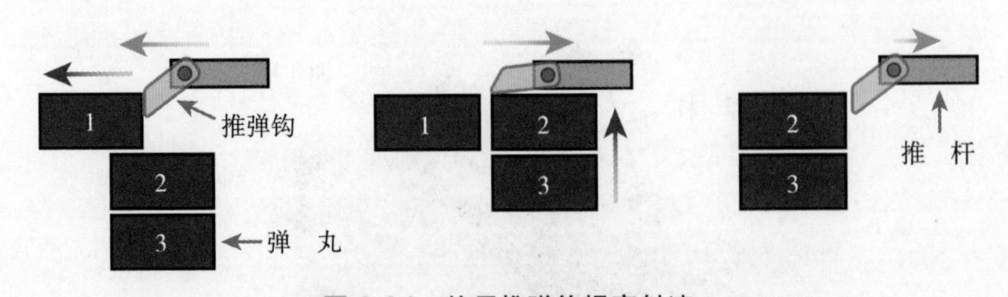

图6.34 使用推弹钩提高射速

① 1 kgf · cm = 0.001 kgf · m。1 kgf · m = 9.80665J。

除了曲柄连杆，常见的往复运动机构还有苏格兰轭（Scotch yoke）和凸轮，如图 6.35 所示。右图省略了让推杆回拉的机构。

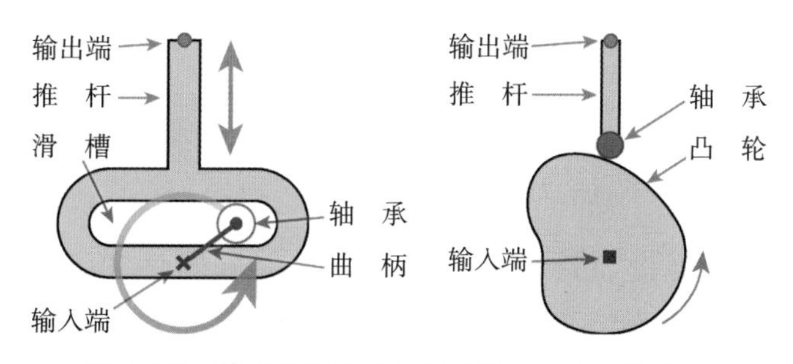

图 6.35 苏格兰轭（左）和凸轮（右）的原理图

这些结构总体上和曲柄连杆类似，前面提到的曲柄连杆的优点，基本也都适用于它们。同时，因为不需要浮杆，可以做得更紧凑。通过改变滑槽的形状，可以编辑直线运动的“位置－时间”关系，实现急回、间歇等特性。

凸轮的行程较短，但是不占厚度，所有结构可以处在同一个平面上。凸轮输出端前进和后退时的“位置－时间”关系可以独立调整（苏格兰轭不能独立调整）。

图 6.36 是将两种机构配合起来实现的弹链供弹机结构，弹链供弹机工作时的照片如图 6.37 所示。

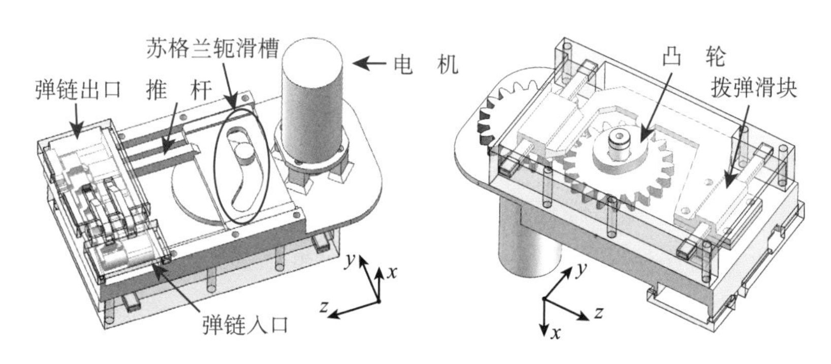

图 6.36 弹链供弹机结构

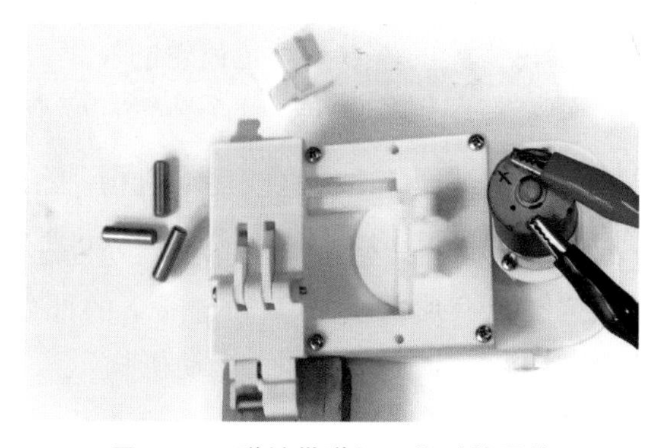

图 6.37 弹链供弹机工作时的照片

推杆由苏格兰轭驱动。滑槽形状经过设计，带有一段斜线和一段弧线，可以实现“急回特性”。即在推弹丸的时候，使用正常速度前进；弹丸推到位后，推杆会以更快的速度收回到起点；之后在起点处停留一段时间，再开始推弹丸，如此往复。

驱动弹链运动的拨弹爪是由凸轮驱动的。凸轮的形状经过特殊设计，使得“推杆停下的那段时间”里，驱动弹链前进一格。

图 6.37 中使用的弹链照片如图 6.38 所示，是塑料件和弹丸组成的“可散式弹链”。图 6.38（a）为弹链组合体，图 6.38（b）为塑料结构。

(a) 弹链组合体

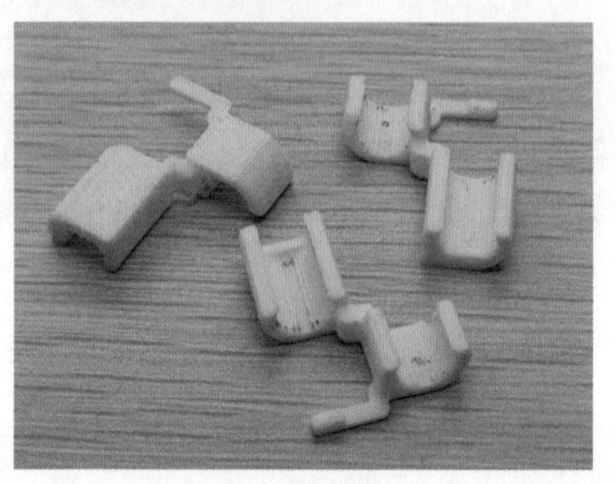

(b) 塑料机构

图 6.38 弹链实物图

前面提到的三种机构，“宽度”都较大。原理上，即便使用无穷小的轴承，曲柄连杆和苏格兰轭占用的宽度都至少等于行程，而凸轮占用的宽度则至少是行程的 2 倍。对于需要特别大行程的应用，或者特别紧凑的应用，最好能实现供弹机的“宽度比行程更小”。简单的做法是用齿轮齿条做直线变速机构。还有一种巧妙的做法，如图 6.39 所示。

图 6.39 中的结构被称为 Cardan Gear。黄色齿轮固定不动，既不平移也不转动。电机驱动绿色框架旋转，进而带动红色、蓝色齿轮，以及和红色齿轮相连的输出杆。为使输出端做直线运动，红色齿轮的齿数是黄色齿轮的一半，输出杆的长度等于红色齿轮和黄色齿轮的中心距。在理想条件下，这个装置宽度与行程的比值为 2/3。

前面提到的各种机构，都是“严格”的直线运动机构。除此之外，还有“近似”直线运动机构。其中最适合供弹机用的，应该是“Hoecken 连杆”，如图 6.40 所示。

图 6.40 中，输出端做“倒 D 字形”运动，其轨迹靠下的部分并不是完美的直线，但非常近似，因此这类机构被称为“近似直线运动机构”。对供弹机来说，“近似直线”和“严格直线”的差别并不重要。

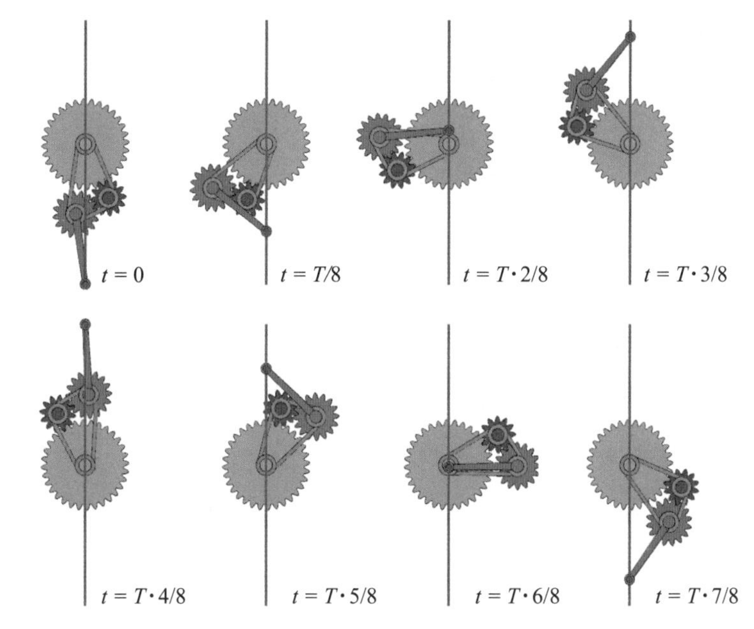

图 6.39 Cardan Gear 直线往复机构的原理图[①]

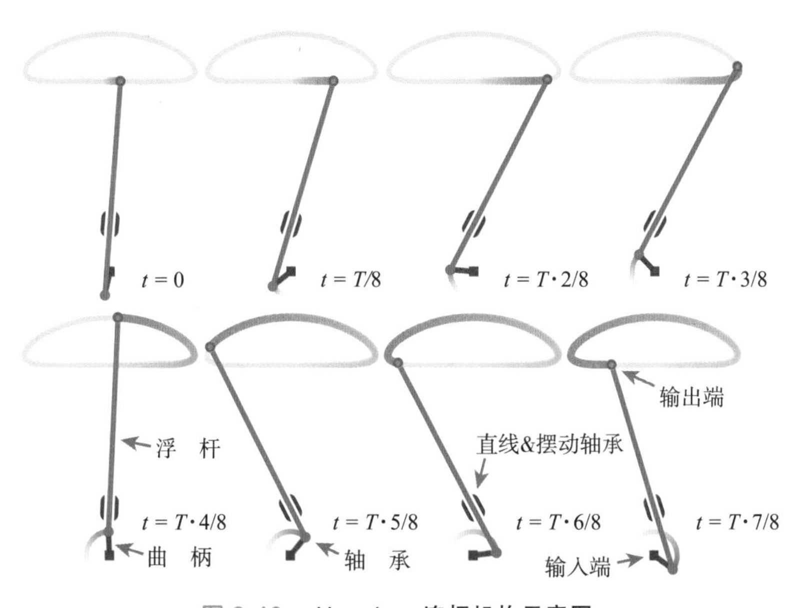

图 6.40 Hoecken 连杆机构示意图

图 6.41 展示了一个基于 Hoecken 连杆的供弹机。其中，一个齿轮整合了曲柄的功能。“直线加摆动”轴承是通过滑槽实现的。前文描述的供弹机基本安装在弹丸后面，而这种供弹机可以安装在弹匣侧面，有利于缩短发射器长度。实际工作时，依靠浮杆末端的钩子，把弹丸推出。这个供弹机的行程较大，直线行程约 40mm，能够适配带尾翼的较长弹丸。

① 图片来源：https://commons.wikimedia.org/wiki/File:Cardan_Gear_linear_movement_packed_vertical.svg.

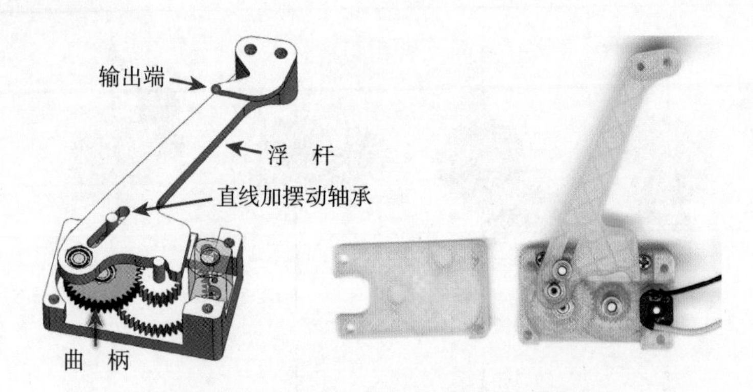

图 6.41 基于 Hoecken 连杆的供弹机

选用的电机与图 6.33 相同，都是 N20 电机，但电机自身无减速器，标称空载转速为 31500r/min。由于转速太高，这个供弹机额外添加了齿轮进行减速，减速比约为 10 ∶ 1。考虑到带载时的降速，以及超压使用的提速效果，推测供弹速度能达到 3000 发每分钟的水平。

另一种常见的近似直线机构是 Chebyshev λ 形连杆，如图 6.42 所示。相比于 Hoecken 连杆，它的优点是所有轴承都是普通的旋转轴承，不需要直线加摆动轴承。而且输出端的轨迹基本都在输入端的一侧，方便让电机避开弹匣。缺点则是结构强度不高。

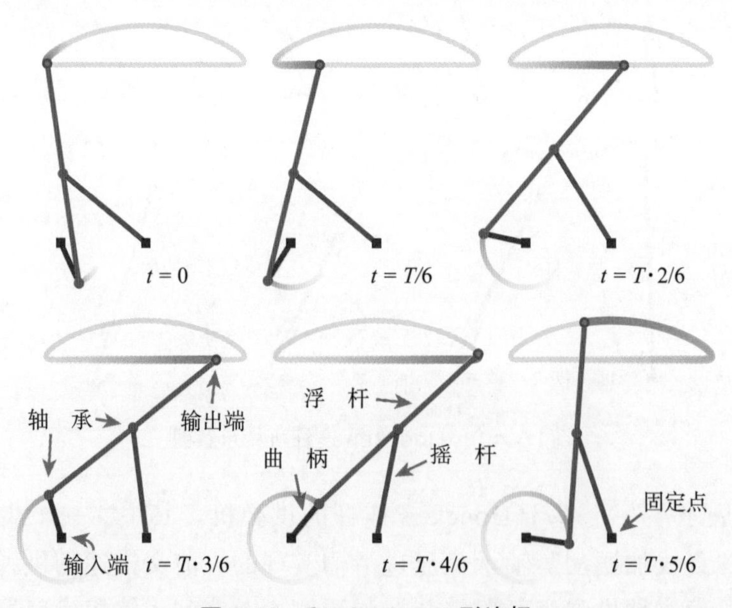

图 6.42 Chebyshev λ 形连杆

部分轴承的摆动幅度只占圆周的很小一部分，通常的深沟球轴承无法有效润滑，在选用轴承时应加以注意。

第7章 传感控制系统

多级磁阻炮发射过程中，每级功率电路应在恰当的时机切换状态。时机不合适会降低效率，并影响后面级的工作；某些状况下，还有可能引起弹丸反向发射。为了协调各级工作，需要一种自动控制系统，能够推测弹丸的位置，并采取对应的控制措施——称为传感控制系统。

7.1 光电位置传感器

7.1.1 光电开关

光电开关是最简单的位置传感器之一。如图 7.1 所示，光电发射管 - 接收管构成光路，弹丸运动过程中，光路被遮断或连通，输出电信号产生变化，可以获知弹丸到达某个位置。

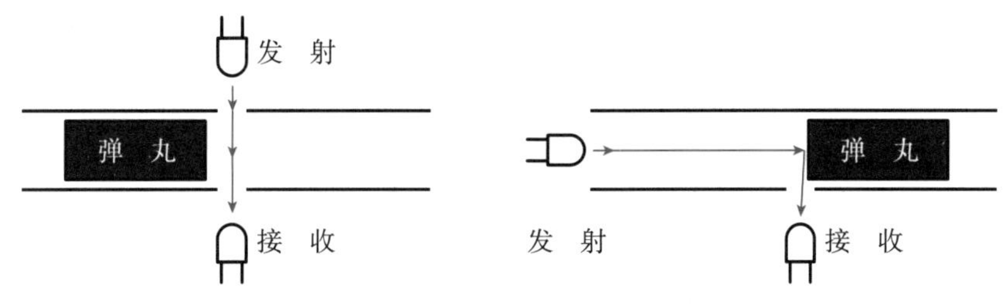

图 7.1 光电开关的结构

简单的光电开关电路如图 7.2 所示，D_1 是光电接收管，U_1 是电压比较器，R_4 起滞回作用。V_{ref} 是参考电压，依据光电管的工作点、光线环境，应设定不同的 V_{ref}，使得光电开关电路既能灵敏、快速地触发，又不易受到环境干扰。可以用电位器、数字电位器、DAC 等器件产生参考电压。

磁阻炮每级的控制时机需确定在数微秒水平，对位置传感器的延迟与时间精度有所要求，如优于 0.5μs。这意味着光电接收管需要一定带宽，比较器有较小延迟。

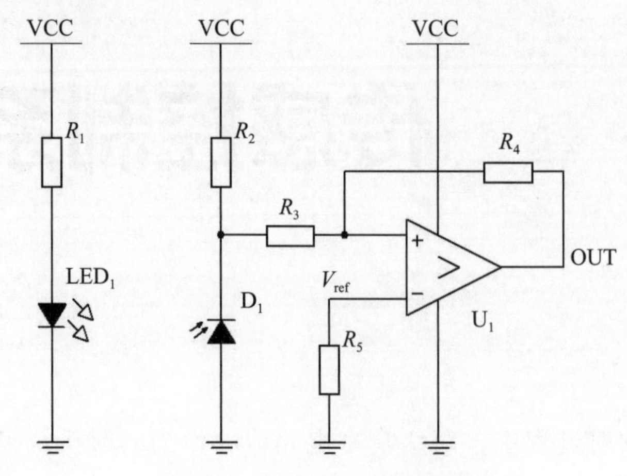

图 7.2 简单的光电开关电路

7.1.2 抗干扰措施

图 7.2 的电路中，光电开关的输出与 D_1 的受光量有关，如果有其他光源照射，光电开关同样会被触发，可能引起严重后果。有些实验样机，在室内还一切正常，在室外遇阳光照射就无法工作。为了缓解此类干扰，应做好遮光，同时还需要采取抗干扰措施。

抗干扰措施之一是提高有用信号的强度，如把发射管光线聚焦到很窄的区域，既能提高接收光强，又不容易漏光到附近的传感器。也可以使用窄带的发射管和接收管，避开太阳光等主要干扰光源的波长。地表阳光中，由于大气水分吸收，800 ~ 900nm 波长的光强度稍弱，可以使用 840nm 波长的发射管和接收管。

另一种措施是改进电路，采用调制后的光波。在太阳光下晃动导管，干扰光频率仅有几赫兹；日光灯管的频率大多为市电的 2 倍，约 100Hz。如果对光电系统添加高频调制，如图 7.3 所示，可以与干扰光在频率上显著区别开。

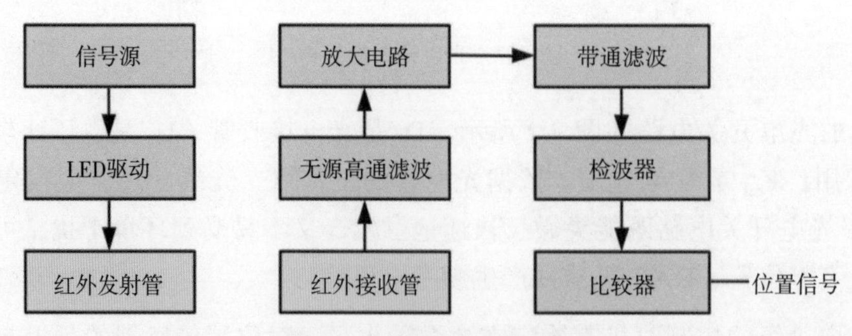

图 7.3 调制光电开关框图

图 7.4 所示的实物，使用 1MHz 晶振作为信号源，运算放大器驱动红外发射管。为了降低延迟，滤波器、检波器、放大器、发射管和接收管的带宽都需要达

到 1MHz 以上。

使用这种工作方式的光电开关，信噪比很高，只在接收管被强烈光线阻塞时才无法正常工作。实际测试中，此模块可以在 1W LED 近距离（10cm）直接照射下正常工作。

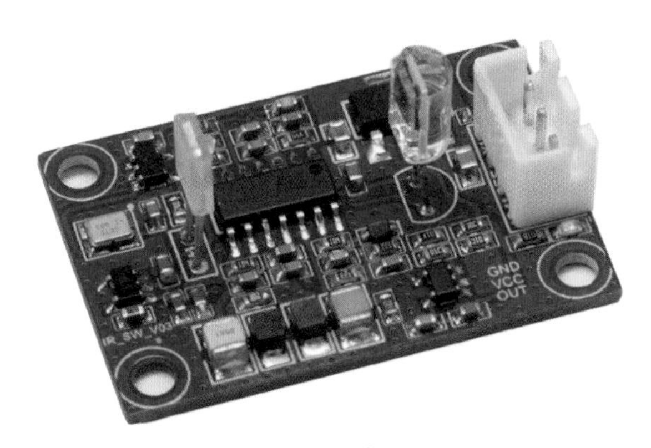

图 7.4 调制型光电开关实物图

7.1.3 提高集成度

第 3 章已经指出，加速路程越长，对磁阻炮性能越有利，而光电开关的厚度会占用加速路程。另外，光电接收管尺寸越小，光电开关的位置检测精度越高。因此，需尽可能提高光电开关的集成度，缩短光电开关的安装长度。

通常的做法是把光电管及相关电路安装在单张电路板上，在电路板中间开孔，让导管从孔里穿过。这类布局在提高集成度的同时，也为光电开关提供了结构支撑，缩短了引线长度。

为了进一步缩小光电开发的厚度，除了使用更小尺寸的光电管，还可以将光电管嵌入 PCB，终极解决方案是预埋光纤。如图 7.5 所示，在 PCB 上开槽，嵌入光纤等光导介质，将光电管布置在稍远的位置，与线圈互不干涉。前后两级线圈紧贴在电路板的正反两面，光电开关占用的路程等同于 PCB 的板厚，为 0.8 ~ 1.6mm。

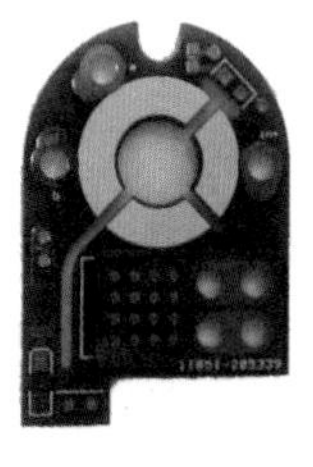

图 7.5 预埋光纤的光电开关[①]

7.2 磁电位置传感器

上一节提到的各种光电开关要想正常工作，导管必须透光，或者打上探测孔。

① 图片来源：https://www.kechuang.org/t/69349，“奶酪”于 2015 年发表。

对于薄壁导管，为了保持内表面的光滑，打孔和修磨较为考究。打孔后导管强度下降，且不耐污染。一直以来，人们期望找到避免在导管上打孔的方法。

既然弹丸是运动的铁磁体，理论上就可以提取磁场变化的信息，从中判断弹丸位置。由于磁场可以穿透导管，故无须在导管上打孔。

但是磁阻炮本身就工作在强磁场状态，线圈通电引起的磁通变化足以阻塞传感器，如果降低传感器的灵敏度，则难以分辨弹丸通过时引起的较小变化。因此在过去几十年，磁电传感器一直未能推广，直到一个其实仅需用到中学知识的发明出现。

俄罗斯电磁炮爱好者 Борисов А.В. 基于差动变压器原理，于 2011 年在磁阻炮上应用了一种具有“镜像”结构的磁传感器。如图 7.6 所示，这种传感器由匝数相同、方向相反的两个感应线圈串联构成，改变 R_1、R_2 的值可以平衡绕组差异。图 7.7 展示了线圈的安装位置，两个感应线圈相邻安装在加速线圈内部。

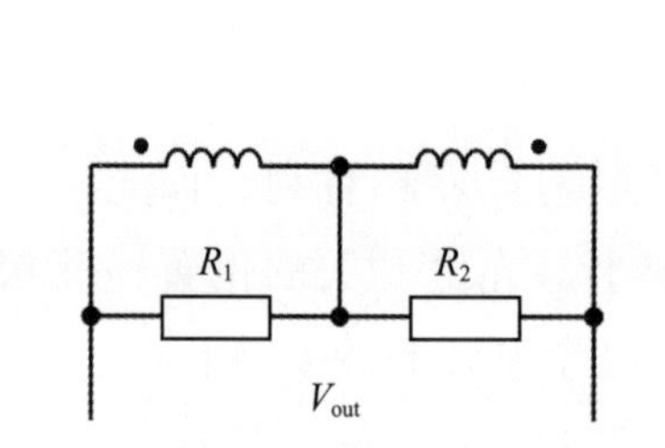

图 7.6 镜像线圈磁传感器原理图

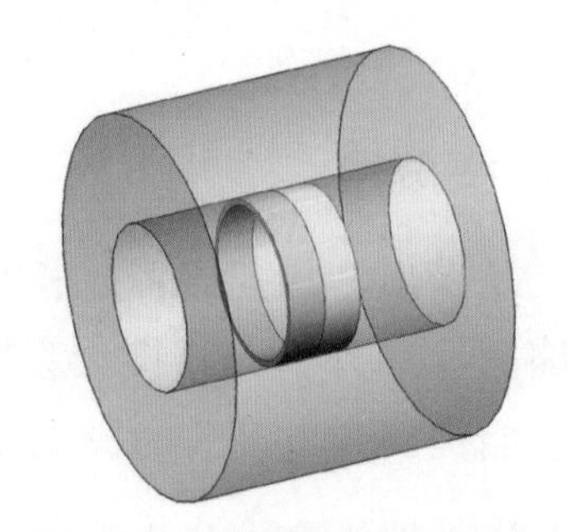

图 7.7 感应线圈的安装位置

工作时，加速线圈通电产生磁场，由于两个感应线圈匝数相同、方向相反，且磁场沿安装中心几乎对称，故两个线圈产生的感应电压几乎抵消。在感应线圈内有磁场的前提下，铁磁材料弹丸快速靠近，使得一侧线圈的磁通量快速上升，线圈产生感应电流，在输出端产生电信号；随后弹丸进入另一侧感应线圈，再次产生电信号。

图 7.8 是 Борисов А. В. 实测的信号波形，弹丸头部进入感应线圈、尾部退出感应线圈，分别产生两次电压跳变，其间最低点为弹丸磁中心通过感应线圈中心的时刻。

这种磁传感器需要有初始磁场，才能产生感应电压。初始磁场可以来自加速线圈，也可以来自永磁体等磁场源，包括弹丸的剩磁。当使用第 n 级加速线圈作为初始磁场时，磁传感器实际上只能为第 n 级提供关断信号，或为第 n 级之后的几级提供开通信号。

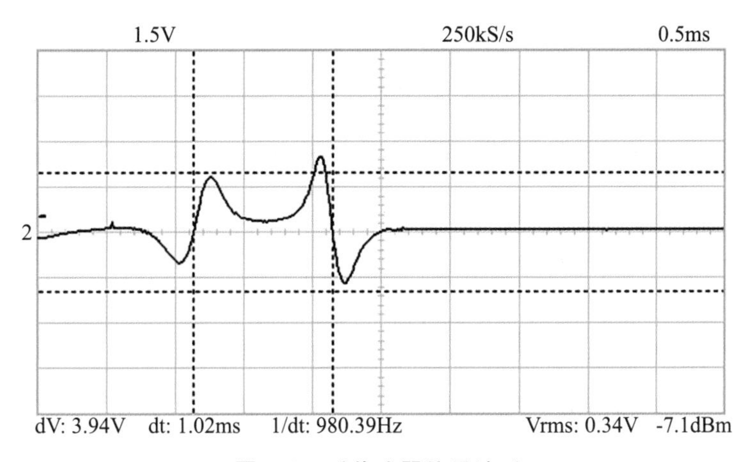

图 7.8 磁传感器信号波形

“镜像线圈”的效果依赖两个线圈的一致性，在制作时需要根据测试情况微调平衡电阻。为了便于调试，并且把引出线的不平衡也包括到补偿范围内，通常把平衡电阻安装在线圈外的电路板上。

7.3 使用位置传感器的控制系统

不同类型的位置传感器，提供的位置信息有所差异。图 7.1（a）的传感器能提供弹丸到达、弹丸离开两个信号，图 7.1（b）的传感器只能提供弹丸离开的信号。这些信号产生时，往往不是切换电路状态的合适时机，需要经过延迟处理。根据传感器和电路拓扑的不同，应当采取不同的控制策略。

图 7.9 展示了两种每级独立工作的简单控制系统。图 7.9（a）适用于传感器能提供弹丸到达、弹丸离开两个信号的场景，如果传感器只能提供弹丸到达信号，图 7.9（b）的系统更合适。每级控制系统独立工作，每级的信号无须向外传递，有利于系统模块化，提升鲁棒性。应当理解，模块中的延迟可以为零，可以用硬件电路或微控制器产生延迟。

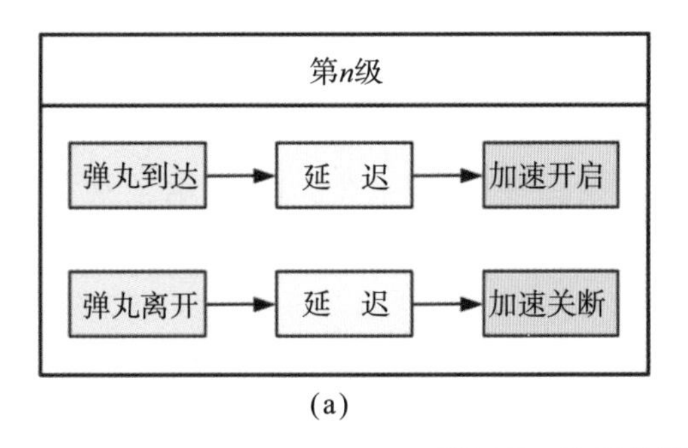

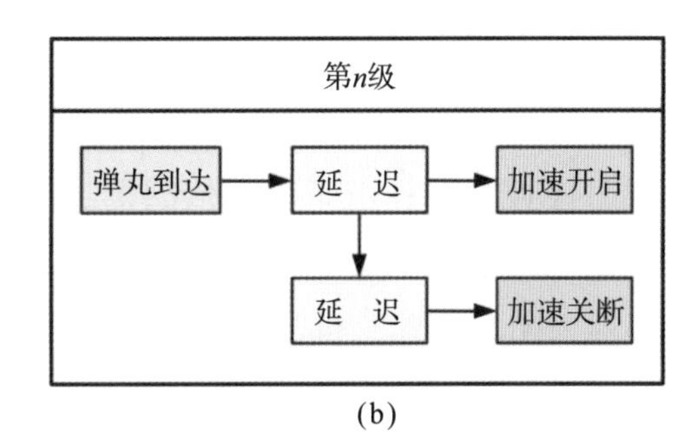

图 7.9 使用位置信号，每级独立工作

图 7.10 展示了各级联动的控制系统。每级的开关时刻由主控指令、本级传感数据、之前各级的数据，以及温度等环境信息综合决定。

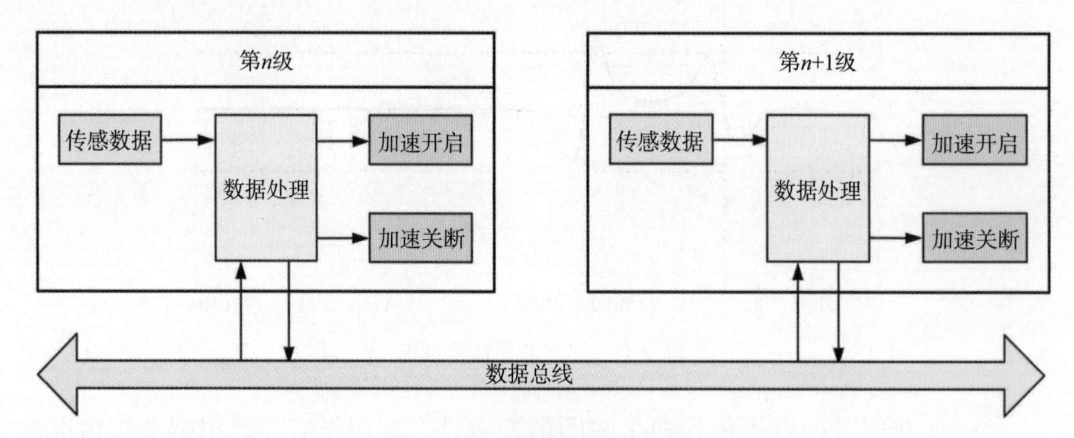

图 7.10 各级联动控制系统

相比逻辑简单的硬件电路，程序能从传感器信号中提取更多维度的信息，实现更丰富的功能，比如自检、调速等。但联动控制较为复杂，可靠性往往会下降。

7.4 开环时序控制

7.4.1 时序控制的概念

本章已经介绍了位置传感器的控制方法，但这些位置传感器都有一定局限性，光电传感器需要导管透光或打孔；磁电传感器需要初始磁场，易受加速线圈的干扰，绝缘和制造工艺十分麻烦。

在级数较少的磁阻炮中，人们经过尝试，发现只要管控好初始状态，如确保弹丸初始位置、电容电压、装置温度一致，那么多次发射的出速是相近的，弹丸到达某一级的时刻也相近。这意味着，在满足一些条件时，即使抛弃位置传感器，令每一级在指定时刻切换状态，也能大致成功发射。

这种不依靠传感器信息，只按照固定时间节点切换系统状态的控制方法，称为“时序控制”；由于没有传感器，又称为“无感控制”。图 7.11 展示了某种磁阻炮前 5 级的工作时序，每级线圈具有开启、关闭两种状态，第一级在 t_0 时刻开启，t_1 时刻关闭，依此类推。

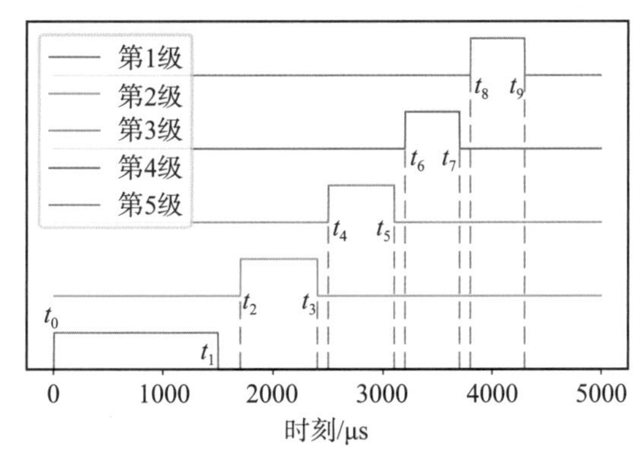

图 7.11 工作时序示意图

时序控制的优点不仅仅是取消传感器这么简单，它意味着控制系统的大幅简化，甚至可能引起设计思想的重大变化。

但时序控制本质上是一种开环控制，正如屏蔽感官的人难以走出直线。在一些实践中，夏天精心调好的时序，冬天降温后，出速大幅下降。即便温度相同，速度也很不稳定，会受到装置的姿态、晃动等的影响。这种现象一般是因为工作条件变化后，弹丸的速度和位置和预期不同，于是一步错、步步错——统称“失步”。

对于有感控制，传感器可以感知失步，控制系统会提前或推迟开通后面的线圈来加以弥补。无感控制的任务则正好相反，控制系统保持不变或仅根据温度等间接参数做一些补偿，而让加速器本身能够把速度和位置纠正回来，从而打破一步错、步步错的循环。

7.4.2 时序控制的速度负反馈原理

建立图 7.12 所示的单级磁阻炮有限元瞬态仿真模型，设线圈有固定的开启、关闭时刻，弹丸以不同的初速度，从某个离线圈较远的固定初始位置向线圈运动。求解弹丸注入初速－速度增量的曲线，如图 7.13 所示。

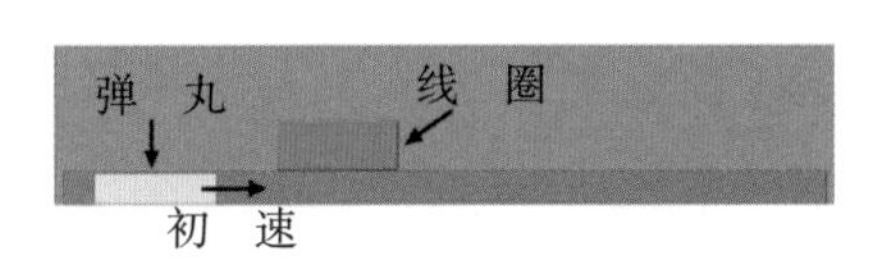

图 7.12 有限元瞬态仿真模型

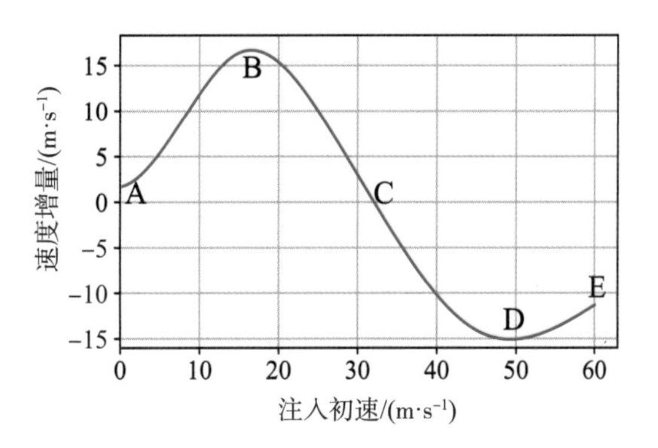

图 7.13 注入初速－速度增量曲线

图 7.13 中，曲线的每一段都有不同的含义。

在 A 点，弹丸初速不足，线圈工作时，弹丸还未接近线圈，未被有效加速，于是速度增量很小。

在 AB 段，逐渐提升弹丸初速，线圈工作时，弹丸离线圈越来越近，弹丸被有效加速。

在 B 点，弹丸获得最大的速度增量，此时取得最大的动能，称为加速最优点，一般也是效率最优点。

继续提升初速，在 BD 段，线圈工作过程中，弹丸磁中心越过线圈中点，弹丸受到越来越严重的反拉影响。在 C 点，弹丸的加速与反拉效果抵消，速度增量为 0。

在 E 点，弹丸初速过快，线圈工作时弹丸已经飞远，反拉效果逐渐减弱。

综上，在 BC 段，初速越快，速度增量越小；初速越慢，速度增量越大。进一步，图 7.14 展示了曲线的局部细节，在 BC 段作斜率为 −1 的切线，切点为（v_s，Δv_s）。在切点附近，$v_s+\Delta v_s$ 的值几乎不变，意味着即使弹丸初速在 v_s 附近有一定偏差，出速却几乎不变。在此称 v_s 为负反馈最佳工作点，Δv_s 为负反馈最佳速度增量。这种自发纠正速度偏差的性质，称为速度负反馈特性。

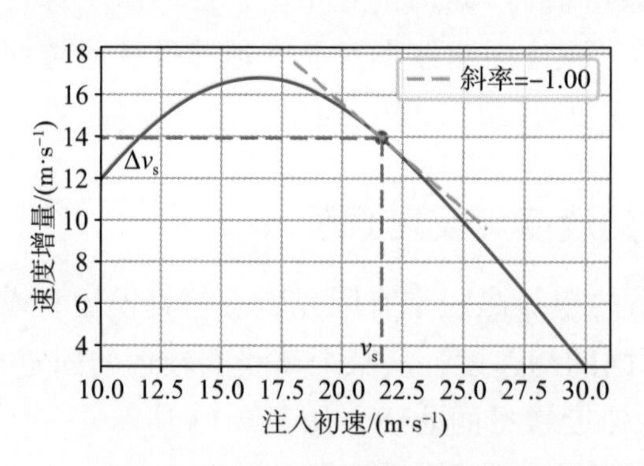

图 7.14 速度负反馈最佳工作点

利用这种特性，磁阻炮的每一级都能修正上一级的速度误差，具有一定的抗干扰能力。图 7.15 展示了一个仿真案例，在弹丸上添加了 ±10N 的外力扰动，可见在第一级加速过程中，外力产生了速度误差；在第二级，速度误差被修正。工程实践证明，合理应用负反馈特性，能够对机械误差、系统温升、电源衰减、摩擦阻力、外部加速度等扰动进行全面补偿，实现稳定工作。

当然，这种负反馈特性是有限的。简单来看，如果初速低于图 7.13 的 B 点，那么会进入“正反馈区间”，造成失步。综合多级的负反馈效果来考虑，斜率接

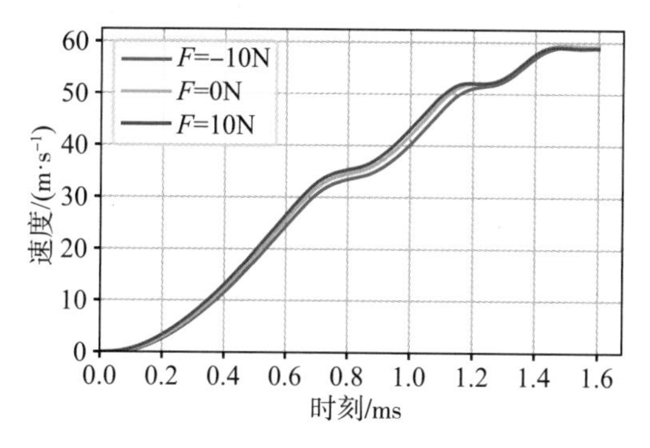

图 7.15 外力扰动下的速度负反馈效果

近但不等于 -1 时，虽然每一级的速度偏差没有完全补偿，但每一级的速度偏差逐渐减小，依然能起到速度负反馈的效果。可用的斜率范围推导如下。

设第 n 级的速度为 v_n，速度增量为 Δv_n，于是 $v_n = v_{n-1} + \Delta v_n$。假设磁阻炮每级独立，即第 n 级速度增量仅与前一级出速 v_{n-1} 相关，并且用一次函数 $\Delta v_n = k_n v_{n-1} + b_n$ 近似表示切点附近的注入初速 - 速度增量曲线，那么有

$$v_n = (k_n + 1)v_{n-1} + b_n \tag{7.1}$$

假设第 n-1 级受到干扰，产生速度扰动 v_e，于是速度变为 $v_n^* = (k_n + 1)(v_{n-1} + v_e) + b_n$，速度偏差为 $v_n^* - v_n = (k_n + 1)v_e$。若希望速度偏差变小，即 $|(k_n + 1)v_e| < |v_e|$，可得 $|k_n + 1| < 1$。这意味着每级斜率 k_n 处于（-2，0）范围时，速度偏差的绝对值都会缩小，k_n 越接近 -1，速度偏差收敛越快。

理论上，斜率在（-2，-1）范围时，效率既低又不够稳定，取斜率范围（-1，0）是合理的，斜率越靠近 -1，速度负反馈效果越好，抗干扰性越强；斜率越靠近 0，即越靠近加速最优点，加速效率越高，抗干扰性越差。图 7.16 展示了理论可用且合理的速度负反馈区间。在实际工程上，一般会在加速性能和稳定性之间做取舍，将工作点设定在中间某个位置。

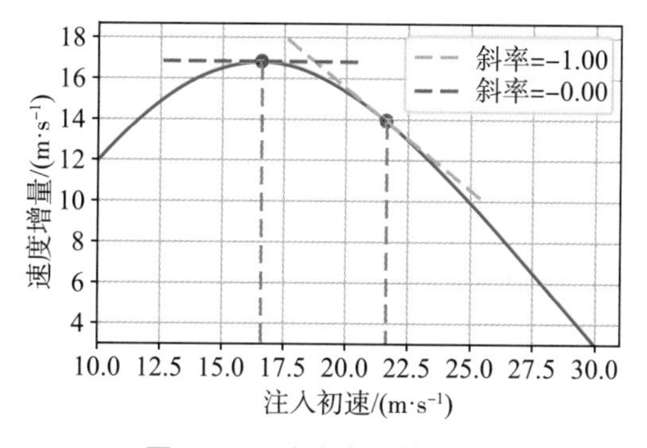

图 7.16 速度负反馈区间

负反馈的代价是牺牲了一些加速性能。幸运的是，加速度更高的磁阻炮，负反馈最佳工作点与加速最优点往往更接近。图 7.17 展示了一种加速更猛烈的场景，与图 7.14 的情况相比，即使在负反馈最佳工作点，速度增量也没有多少损失。这意味着，高性能磁阻炮在追求高加速度的同时，能更好地应用这种负反馈特性。反之，如果加速度很低，曲线可能根本没有斜率为 –1 的切线，采取时序控制的稳定效果很差或无法稳定。

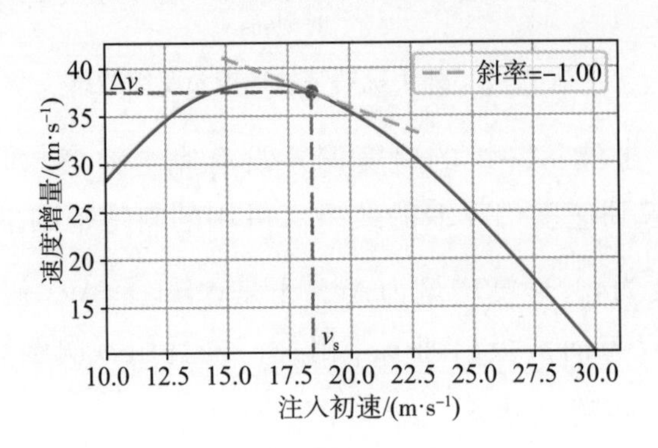

图 7.17　高加速度下的负反馈工作点

不仅磁阻炮有速度负反馈特性，对于多级同步感应线圈炮，也有同样的特性。图 7.18 展示了同步感应线圈炮的注入初速 – 速度增量曲线，感应式线圈炮受电流上升率、下降率的影响，与线圈、电容的参数耦合密切，曲线的趋势更加复杂。

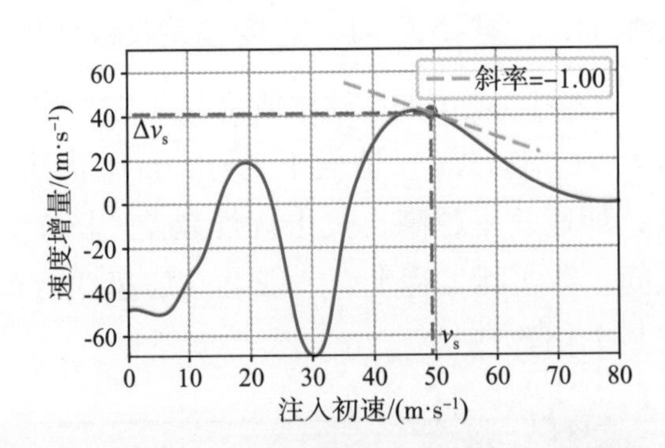

图 7.18　同步感应线圈炮的注入初速 – 速度增量曲线

开环时序控制策略最早由陶乐等完成理论推导，并在科创网作为预印本公开发表。经过对理论和实现方法的不断完善以及开源社区的广泛验证，目前已日趋成熟。

速度负反馈理论的发现和时序控制方案的发明，是磁阻炮领域近年来最重要的进展之一。它大幅简化了磁阻炮的控制电路和制造工艺，让出了极为宝贵的加速段空间，成为高性能磁阻炮的基石。

第8章 弹丸稳定系统

所谓弹丸稳定系统，是指用以保障内、外弹道特性稳定可控的技术措施，它的目的是提升速度精度，减小射弹散布。

对电磁炮来说，射击精度包括三个主要指标：出速精度、射弹散布和射击准确度。

出速会影响射弹散布和射击准确度，因此传统轻武器也对出速的一致性有一些要求，但达不到谈精度的水平，通常不作为单独指标讨论。能够精确管控出速是电磁炮的重要优势，可以利用准确的出速完成特定的任务，因此出速精度就值得单独讨论了。

射弹散布是指电磁炮在相同条件下发射弹丸，弹着点分散的程度。在较新的文献上，也使用射击密集度来表示。由于电磁炮在可见的将来主要是滑膛炮，故射弹散布较差，是目前研究的重点。

射击准确度是指平均弹着点偏离瞄准点的程度。传统轻武器的射击准确度通常可以校正。对电磁炮来说，由于需要在结构刚度方面做出妥协，校正以后平均弹着点依然会随着温度、姿态等的不同，或经受震动、陈放等而发生可观的变化，故射击准确度是一个有条件的指标。随着结构稳定性的改善，电磁炮的射击准确度可以逐步提升。

8.1 弹丸轴向状态控制

8.1.1 弹丸速度调整

在热兵器中，弹丸的速度取决于机械和发射药的状态。在一些追求射击精度的应用中，为了让弹丸速度保持一致，会精细控制弹头压入弹壳的深度、发射药的成分及用量。一些火炮中，通过调整发射药包的数量，可以大幅调整弹丸速度。对热兵器而言，弹丸速度的大范围、精确调整，在工程设计上充满挑战。比如防暴枪领域，采用在枪管侧面开孔，通过手动开关密封挡板的办法，可以大致获得两档动能。

磁阻炮则完全不同，它的弹丸与发射装置可以毫无接触，出速只取决于电 - 磁系统的状态。只需屏蔽后面的某些加速级，就可以轻松实现多档调速。对于位置触发的磁阻炮，如果控制储能电容电压，则可以实现无级调速。图 8.1 展示了某三级磁阻炮的两种速度调整方法：屏蔽最后一级，或降低储能电容电压，都能将出速降低到 41m/s 的水平。

弹丸速度控制的一个重要应用场景是“恒动能打击”。即使无须“调速”，仅稳定出速，对于提高外弹道一致性也是十分重要的。

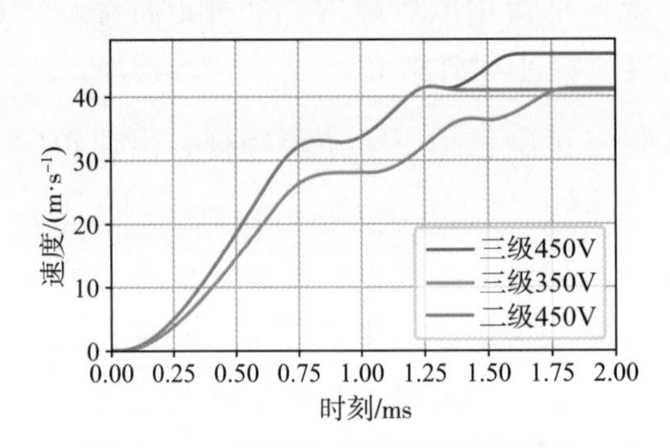

图 8.1 位置触发磁阻炮的速度控制

对于基于位置传感器控制的磁阻炮，为了稳定出速，可以通过实测或仿真取得校准点，使用插值或拟合方法，构建温度 - 储能电压补偿曲线。控制系统实时测量温度，自动设定对应的储能电压，从而实现温度补偿。也可以利用位置传感器，在发射过程中测量弹丸速度，并控制最后一级或几级进行主动补偿。

时序控制磁阻炮本身具有稳定速度的能力。如果稳定范围不足以覆盖整个工作温度范围，可以预设多套适用于不同温度范围的控制参数。时序控制磁阻炮处于负反馈最佳工作点时，速度偏差可被完全弥补，速度精度取决于控制系统的时间精度，实际工程中可以非常廉价地实现 10^{-6} 级的时钟精度。这意味着，时序控制磁阻炮有作为“弹丸速度标准器”的能力。

8.1.2 弹丸轴向位置控制

在追求速度或轴向位置精度的场景下，电磁加速有天然优势。在加速过程中，电磁力源源不断作用于弹丸，而电磁力又能灵活迅速地调节，这是其他依靠气压或机械力的加速方式不具备的。

采用时序负反馈控制的磁阻炮，在时序不变的前提下，每次发射过程中的位移 - 时间曲线都是高度一致的。如图 8.2 所示，假设多个装置各发射一个弹丸，

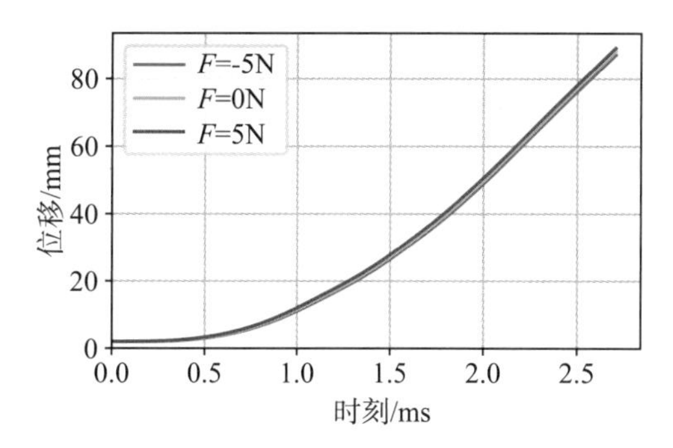

图 8.2 磁阻炮在受扰动下的时间 – 位移曲线

发射时序完全同步，在受不同扰动的情况下，多个弹丸的位移偏差仅有 1 ~ 2mm。

可以在最后几级产生接近匀速运动的磁场，来强制调节弹丸位置。采用传感器 + 闭环补偿的控制策略，也能较精确地控制弹丸位置。

通过控制弹丸位置，可以实现多弹同步命中、梯队飞行、空中相撞等采用传统枪械极难做到的“特技”，可用于科学实验。

8.2 电磁姿态稳定

本节需要讨论一个十分独特的问题，与其他“弹道学”的文献不同，也与几乎所有电磁炮的相关文献不同。

其他“弹道学”文献中，研究的对象普遍是火药动力的枪炮，弹丸和导管一般是过盈配合的，弹丸的运动自由度被导管约束，并且无法灵活控制对弹丸的作用力。

其他电磁炮的相关文献，普遍只关心“加速”，不关心弹丸姿态。与本节内容相关的论文，目前是字面意义上的屈指可数[①]，而且全部以“感应炮”为背景。这种“冷清”也很好理解，大规模的电磁炮（比如舰载的），要么用尾翼稳定，要么连可靠发射都还做不到，无所谓出膛时的弹丸姿态。而小规模的电磁炮（比

① 与本文内容相关的论文：

[1] Kim K B, Levi E, Zabar Z, et al. Restoring force between two noncoaxial circular coils. IEEE Transactions on Magnetics, 1996, 32(2):478–484.

[2] Kim K B, Zabar Z, Levi E, et al. In-bore projectile dynamics in the linear induction launcher (LIL). Part Ⅱ: balloting, spinning, and nutation. IEEE Transactions on Magnetics, 1995, 31(1): 489–492.

[3] Kim K B, Zabar Z, Levi E, et al. In-bore projectile dynamics in the linear induction launcher (LIL). 1. Oscillations. IEEE Transactions on Magnetics, 1995, 31(1):484–488.

[4] De-Man Wang, Qun She, Yin-Ming Zhu, et al. The magnetic levitation of the projectile in coilguns.IEEE Transactions on Magnetics, 1997, 33(1) :195–200.

[5] Guan S, Wang D, Guan X, et al. Armature suspension and stability in multistage synchronous induction coil launcher. IEEE Transactions on Plasma Science, 2020, 48(1): 319–325.

[6] Shokair I R.Projectile transverse motion and stability in electromagnetic induction launchers. IEEE Transactions on Magnetics, 1995, 31(1):504–509.

如手持的），威力都还没有，哪有心思研究怎么提高精度？

然而事情正在起变化，基于前面若干章透露的秘籍，手持级别的电磁炮忽然有威力了。如何提高精度，特别是如何“低成本”地提高精度，就变成一个很现实的问题。

如此独特的问题，很难在有限的篇幅里研究透彻，本节主要起抛砖引玉的作用。

8.2.1 线圈炮弹丸的内弹道姿态

磁阻炮通常是滑膛炮，导管与弹丸之间通常有几十至一两百微米的间隙。留有间隙的原因之一是磁阻炮的导管往往很薄，通常不到 0.5mm。薄导管有利于提高效率，但容易变形，需要留些余量，避免卡住弹丸。磁阻炮的弹丸通常是钢材，硬度较高，为了效率，也不宜用软金属包覆，故即便在加速的末期，也很难采用过盈配合。

这种间隙下，弹丸有较大的径向平移空间，以及较大的俯仰方向旋转空间。以直径 8mm、长 16mm 的圆柱形弹丸为例，它的最大旋转角度与导管内径之间的关系如图 8.3 所示，非常接近（但不是）一条直线。图 8.3 中还画出了导管内径 10mm，弹丸偏转最大时的情况。

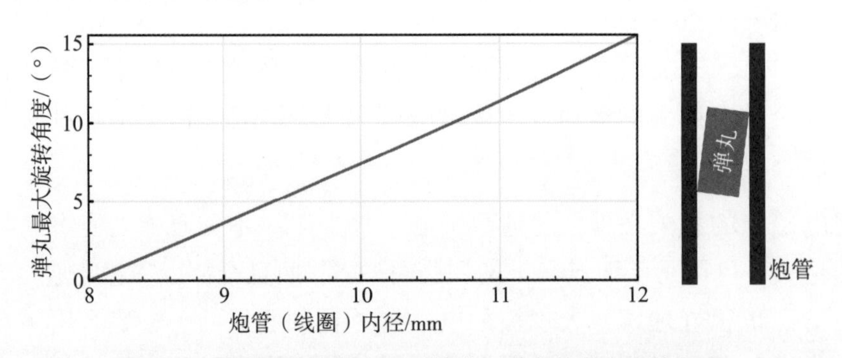

图 8.3 间隙配合的弹丸和导管中，弹丸的最大旋转角度

由于存在间隙，弹丸具有多种运动状态，而电磁力分布的微小变化都会影响弹丸姿态，问题是非常复杂的。为了便于下面的讨论，需要先介绍一些概念。

1. 偏移和姿态

弹丸运动状态指弹丸在“轴向”以外的平移和旋转，具体包括图 8.4 中描述的四种运动。其中主要关注的是径向平移和俯仰向旋转。本节不关心弹丸绕其轴心的旋转。

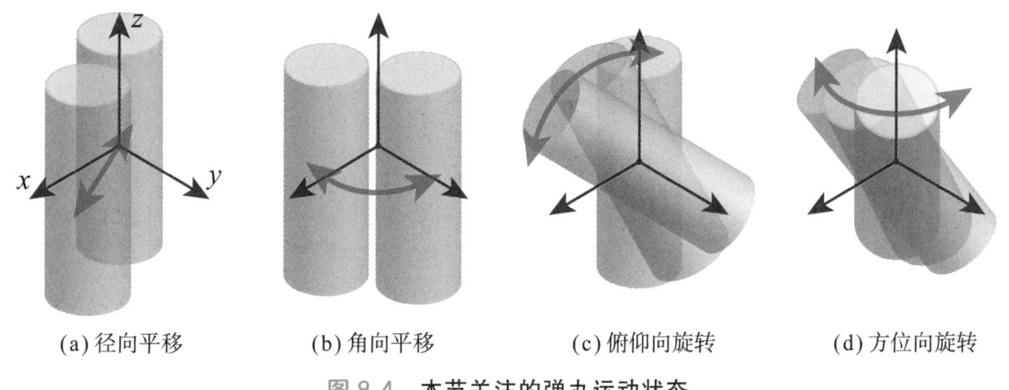

(a) 径向平移　(b) 角向平移　(c) 俯仰向旋转　(d) 方位向旋转

图 8.4 本节关注的弹丸运动状态

这里混用了多种坐标系，图 8.4（a）中绘制的是“直角坐标系”，但图 8.4（b）描述平移时使用的是“柱坐标系”，图 8.4（c）和图 8.4（d）描述旋转时使用的是“球坐标系”。坐标系 z 轴和导管的 z 轴重合。

2. 磁悬浮加速

在加速过程中，用电磁力使弹丸“悬浮”在导管中间，不和导管发生刮擦。对内弹道而言，“电磁姿态稳定”的主要目标就是实现磁悬浮。

3. 惯性稳定

惯性稳定是指既不使用气动稳定（尾翼），也不使用自旋稳定，而是通过精密的控制，使得弹丸在出射时几乎没有“初始翻滚”。这种情况下，弹丸并没有消除翻滚的措施，在“引发翻滚”的干扰力矩很弱的前提下，弹丸可以依靠惯性，在一定路程里维持没有翻滚的姿态，保证弹丸头部朝前。

传统枪械的弹丸在出膛时和出膛后会不可避免地受到高压气体扰动，比如弹丸在即将离开枪管时（通常称为半约束期），尾部与枪管末端的气密丢失通常不是完美对称的，燃气会不均匀地喷出，于是弹丸受到“引发翻滚”的力矩。对磁阻炮这类无刷线圈炮而言，弹丸出射时可以与导管毫无机械接触，又没有高压气体引起的“后效”，只需要关心弹丸的姿态就可以了。

下文中，如无特殊说明，将始终使用直径 8mm、长 16mm 的圆柱形弹丸，以及 10mm 的导管内径。同时假设导管厚度为零，即线圈内径等于导管内径。此时弹丸在径向上可以作 ±1mm 的移动，在俯仰面可以作最大 ±7.4° 的旋转。这个间隙是过大的，选用如此夸张的间隙仅仅是为了突出讨论的重点。

弹丸的平移运动会导致其速度矢量方向和导管轴线不重合，导致散布增大。弹丸的旋转运动会导致其轴线方向与其速度矢量方向不重合，导致弹丸翻滚，且气动力有侧向分量，大概率不能用头部命中目标，甚至根本打不准。

我们的任务是设法让弹丸没有（轴向以外的）旋转和平移。在不能减小间隙的前提下，想到的办法就是用电磁力操控弹丸的位置和姿态，让它悬浮在导管轴线上。

为此，我们希望弹丸受到的电磁力有这样的特点，当弹丸因平移和旋转而偏离导管轴线时，电磁力 / 力矩有一个分量，使弹丸的位置 / 角度回归到导管轴线上。我们称这个电磁力 / 力矩为“回中力”和“回中力矩”，相对地，称使弹丸远离导管轴线的电磁力 / 力矩为“靠边力”和“靠边力矩”。

8.2.2 电磁回中力

如何产生回中力呢（先不讨论力矩）？摆弄过磁铁的人会有这样的经验，拿一个小钢珠，靠近一个尺寸较大的磁铁。距离较远时，能感受到磁力是朝向磁铁中心的。但若是把钢珠放到磁铁上，它却会滚动到边缘。图 8.5 用一个螺母和一个圆片状的磁铁复现这个现象。用一根细线拴住螺母，可以根据线的方向分辨磁力的方向。据此可以猜想，当弹丸离线圈较远的时候，会出现回中力，而弹丸离线圈较近时，则会出现靠边力。

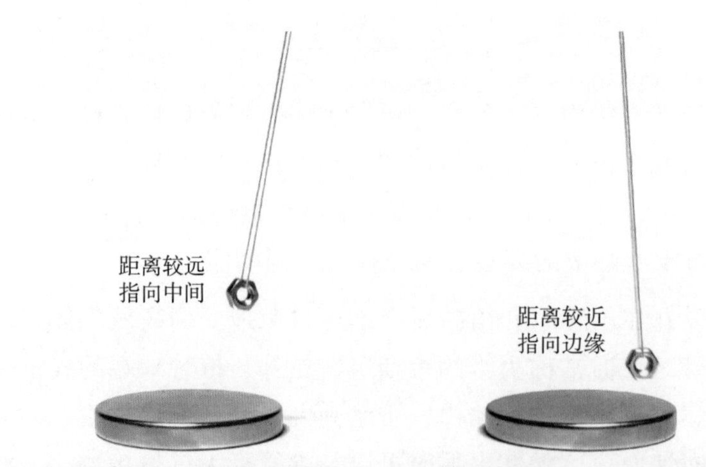

(a) 距磁铁较远时，受力指向磁铁中心　(b) 距磁铁较近时，受力指向磁铁边缘

图 8.5　螺母受到的磁力

那么“靠边力到回中力的转换”具体会发生在什么位置呢？对这个问题的研究源于杨硕在实验中发现的偶然现象。他注意到线圈通电的时机会影响弹丸的出膛姿态，在弹丸尚未到达按照加速性能最优的原则选择的开通位置时，稍稍“提早”开通线圈，能改善射弹散布。对应于 7.4.2 节的讨论，即在加速最优点 B 之前，也就是弹丸离即将开通的线圈较远时开通线圈，有利于径向稳定。猜测“靠边力到回中力的转换”和“速度负反馈到正反馈的转换”发生在同一个点上。

为验证上述猜想，构建弹丸沿 y 方向平移的仿真模型如图 8.6 所示。其中线圈材质为铜，线圈内径、长度、厚度均为 10mm，通 40kAt 的电流。弹丸是一个均匀一致磁化的理想磁体，其磁化方向是 $+z$ 方向，磁化强度为 1.66MA/m，这和 1008 钢的饱和磁化强度相同。弹丸直径 8mm、长度 16mm。仿真中以线圈的几何中心为原点，对弹丸的位置进行参数扫描，弹丸的几何中心是（0，y_p，z_p），下标“p”指 projectile（枪弹）。y_p 在 0 到 0.8mm 之间扫描，z_p 在 −22mm 到 0mm 之间扫描。

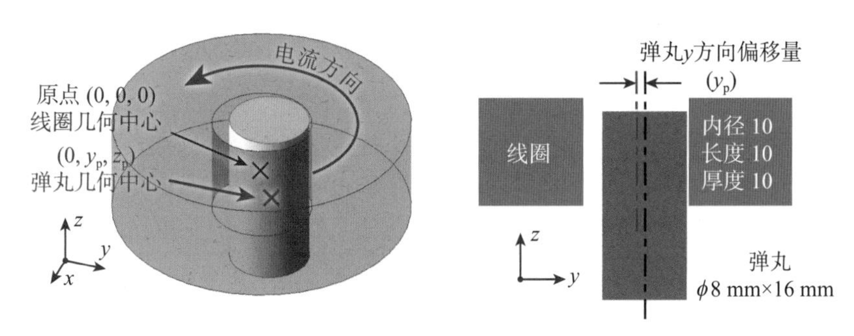

图 8.6　弹丸沿 y 方向平移的仿真模型（左）和示意图（右）

仿真的磁感应强度如图 8.7 所示。

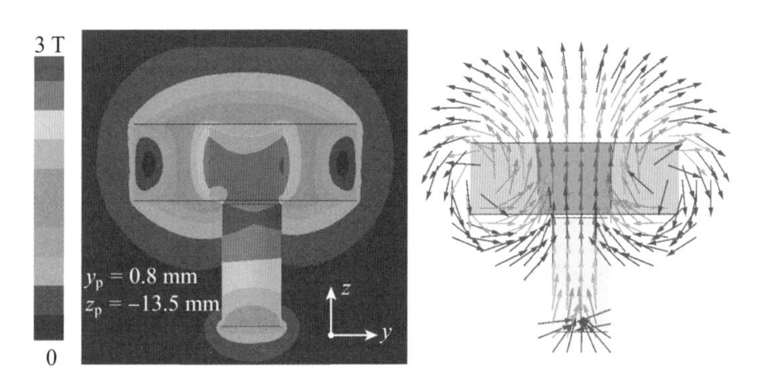

图 8.7　“理想均匀一致磁化弹丸”的磁感应强度图（左）和幅度矢量图（右）

弹丸受力与 y_p、z_p 的关系如图 8.8 所示。F_y 和 F_z 分别是弹丸所受电磁力的 y 方向和 z 方向分量。F_y 的幅度与 y_p 成正比，而 F_z 则与 y_p 基本无关。加速力（F_z）的最大值为 172.6N，出现在 $z_p = -8.8$mm。回中力（$-F_y$）的最大值是 7.2N，出现在 $z_p = -13.5$mm，此时 F_z 下降到 122N。

图 8.8 中用黄色阴影和蓝色阴影标记了两个区域，以 $z_p = -8.8$mm 为界。

在蓝色区域 z_p 越大，F_z 越小，同时 F_y 为正数。因此，如果线圈以某个固定的加速度运动，则在轴向上，弹丸和线圈会保持一个固定的距离，即轴向稳定。而在径向上，弹丸会倾向于靠到导管壁上，即径向不稳定。

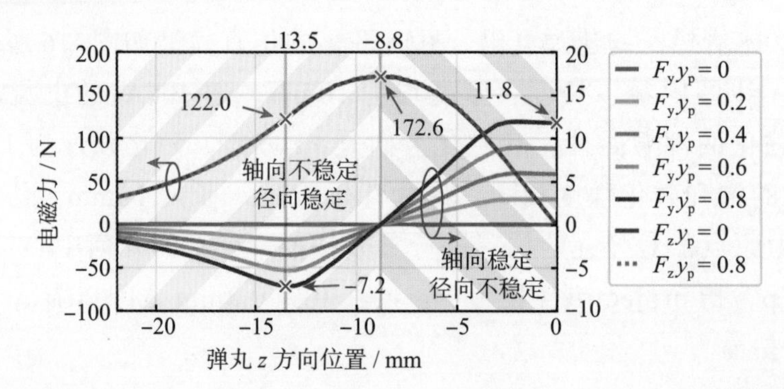

图 8.8 “理想均匀一致磁化弹丸”在不同 ***y*** 方向平移量下，***y*** 方向力与弹丸轴向位置的关系

相对地，在黄色区域 z_p 越大，F_z 越大，同时 F_y 为负数。因此在轴向上，弹丸要么会被吸到蓝色区域里，要么离线圈越来越远，即轴向不稳定。而在径向上，弹丸会悬浮在导管中间，即径向稳定（或者围绕着导管轴线振荡）。

轴向和径向的稳定和不稳定在同一个点发生转换，即 $z_p = -8.8$mm。

实际弹丸会略有不同。图 8.9 是将弹丸材料从理想磁体替换为 1008 钢时的仿真结果。磁感应强度的分布和图 8.7 有微小区别，但总的来说差别不大。

实际弹丸受力如图 8.10 所示。和使用理想磁体时相比，最大加速力差别不大，但最大回中力降到 5.2N。同时，径向和轴向的稳定性转换不再出现在同一点，弹

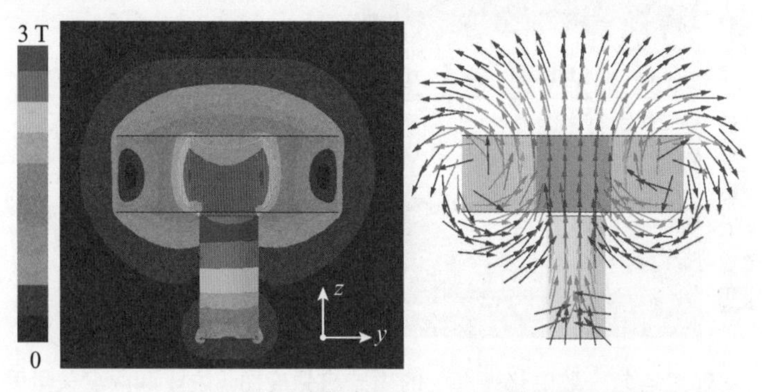

图 8.9 实际弹丸磁感应强度图（左）和幅度矢量图（右）

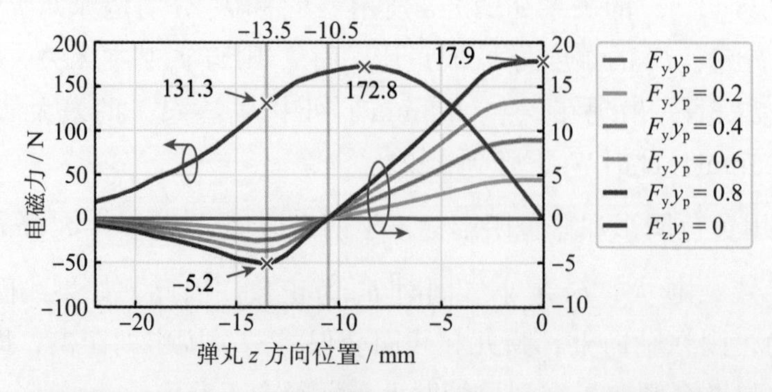

图 8.10 实际弹丸在不同 ***y*** 方向平移量（y_p）下，***y*** 方向力与弹丸轴向位置的关系

丸需要离线圈更远一点（从 –8.8mm 变为 –10.5mm），才能实现径向稳定。

两种情况下，F_y 和 y_p 之间都呈现出很不错的线性关系，即 $F_y=-k \cdot y_p$（k 为弹性系数），如图 8.11 所示，图中标出了 $-k$ 的值。

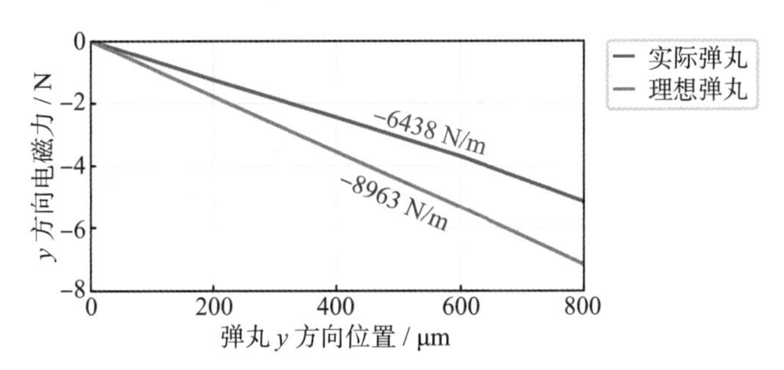

图 8.11　弹丸受到的 **y** 方向平移力和弹丸 **y** 方向位置之间的关系（z_p = –13.5mm）

一个受到线性回中力的物体会作简谐振动。其振动周期可以根据弹性系数 k 和物体的质量 m 计算：

$$T = 2\pi\sqrt{\frac{m}{k}}$$

以图 8.11 中的实际弹丸为例，弹丸质量 m 是 6.3g，弹性系数 k 为 6438N/m，因此振动的周期应当为 6.2ms。

在瞬态仿真中可以直接观察到简谐振动，如图 8.12 所示。弹丸的初始 y_p= –0.7mm，z_p = –13.5mm（回中力最大处），初始速度为零。振动的周期是 6.8ms，比上面计算的结果略大，原因可能是仿真误差，尚未具体查明。

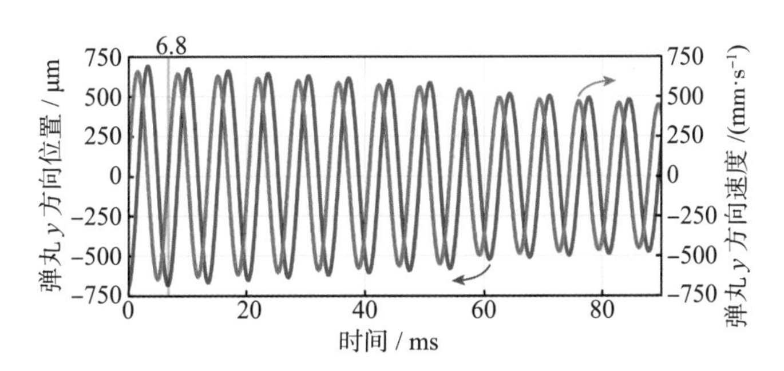

图 8.12　弹丸平移振动

瞬态仿真的振荡存在微弱衰减。这个衰减应该是由“弹丸涡流”带来的。当弹丸作径向振荡时，其内部会出现一个微弱电流，如图 8.13 所示。

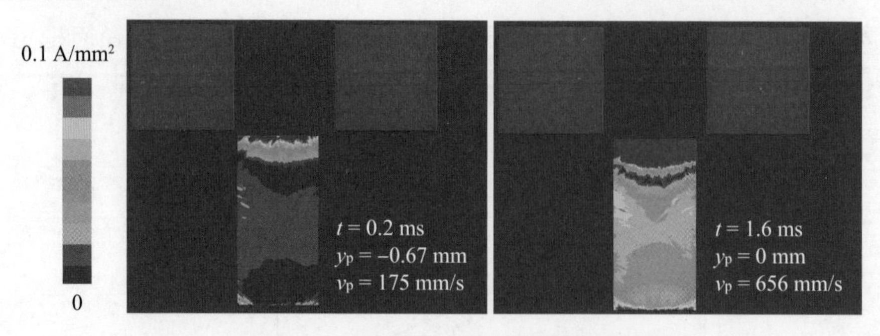

图 8.13 振荡中的弹丸内部存在涡流

8.2.3 电磁回中力矩

弹丸离线圈较远时，除了回中力，还会出现回中力矩。当弹丸轴线和线圈轴线成一定角度时，电磁力会有这样一种力矩，使弹丸轴线回归到和线圈轴线平行的状态。弹丸沿 x 方向扭转的仿真模型和磁感应强度分布如图 8.14 所示，其中弹丸和线圈尺寸不变，但弹丸运动从 y 方向平移改为 x 方向旋转，线圈电流同样是 40kAt。

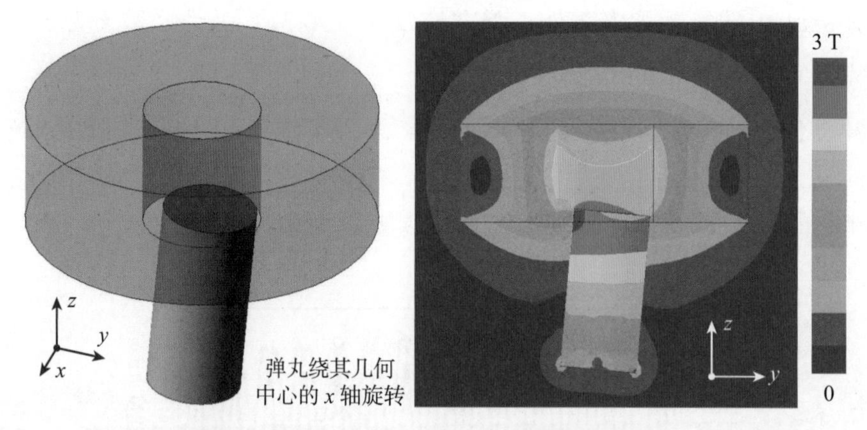

图 8.14 弹丸沿 x 方向扭转的仿真模型（左），磁感应强度分布（右）（θ_p=−5°）

扭力如图 8.15 所示。图中的扭力 τ_x 以过弹丸几何中心和 x 轴平行的直线为轴心。弹丸旋转角度 θ_p 从 −5° 扫描到 0°。正的扭力会使图 8.14 中的弹丸逆时针旋转，称为回中扭力。回中扭力在“弹丸离线圈较远”时出现，但是出现得比回中力早很多，z_p = −5.5mm 时就从靠边扭力转变为回中扭力了。θ_p = −5° 时，最大回中扭力出现在 z_p = −12mm 处，为 69.8mN · m（毫牛米）。

扭力 τ_x 和旋转角度 θ_p 呈相当理想的线性关系，即 $\tau_x = -\kappa\theta_p$，其中，κ 为扭转刚度。图 8.16 是 z_p = −12mm 时的 $\tau_x - \theta_p$ 关系。

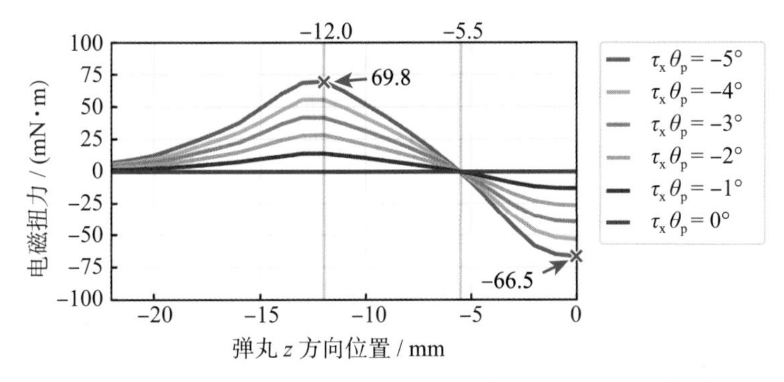

图 8.15 不同弹丸扭转角度下，扭力与弹丸轴向位置的关系

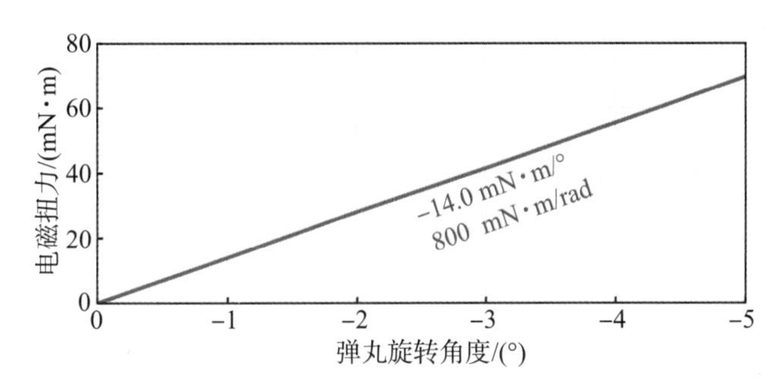

图 8.16 扭力和弹丸旋转角度间的关系（z_p=-12mm）

受线性回中力矩的物体会作简谐振动。简谐振动的周期 T 可以通过转动惯量 I 和扭转刚度 κ 计算：

$$T = 2\pi\sqrt{\frac{I}{\kappa}}$$

对于绕垂直于轴线的轴旋转的实心圆柱体，以 x 轴为例，其转动惯量的计算方式如下：

$$I_x = \frac{1}{12}m\left(3r^2 + h^2\right)$$

式中，m 为圆柱体质量；r 为半径；h 为长度。对于质量 6.3g、直径 8mm、长 16mm 的弹丸，其 I_x=1.6 × 10^{-7}kg · m^2。因此，扭转振动的周期应当为 2.8ms。

瞬态仿真的扭转振动结果如图 8.17 所示。

振动周期为 3.2ms，比计算的值略大。扭转振动同样存在微弱衰减，其原因应该也是弹丸涡流。

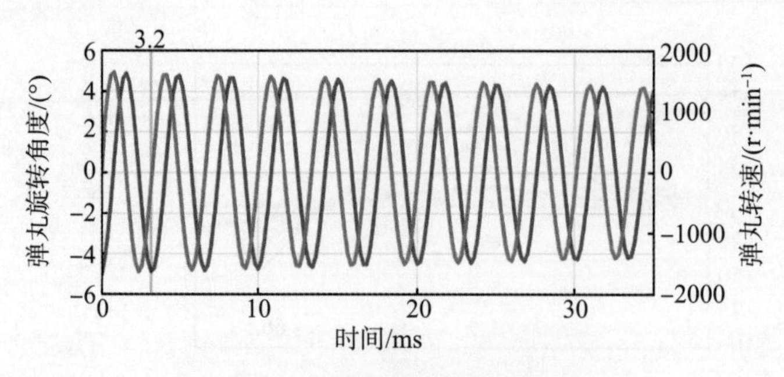

图 8.17 弹丸的扭转振动仿真

8.2.4 磁悬浮加速和惯性稳定的方案和难点

1. 磁悬浮加速的方案

磁悬浮加速有两类可能的方案：开环磁悬浮加速和闭环磁悬浮加速。

开环磁悬浮加速只检测并控制弹丸的轴向运动，然后期盼着振荡的弹丸回归正确的径向位置和稳定姿态，并实现磁悬浮。

闭环磁悬浮加速一方面通过负反馈控制弹丸的轴向运动，另一方面通过传感器检测弹丸的径向位置、径向速度以及姿态，据此构建控制算法，对位置和姿态做负反馈控制，实现弹丸磁悬浮。

2. 磁悬浮加速的难点

（1）磁悬浮加速需要回中力和回中力矩，这需要弹丸处在轴向不稳定区。此时不能使用 7.4 节的开环时序控制，只能采用基于位置传感器的闭环控制，因为此时速度是正反馈的，不是负反馈。对加速器本身来说，相当于开倒车。

（2）开环磁悬浮加速可能完全不好使。如 8.2.2 和 8.2.3 节所述，弹丸的振荡周期过长，衰减速度也过慢。以图 8.12 为例，径向平移的简谐振动周期是 6.8ms。而此时弹丸受的加速力 F_z 是 131.3N（参见图 8.10）。在 30cm 的路程内维持这个加速力，可以让 6.3g 的弹丸加速到 112m/s，是典型手持磁阻炮的水平。但是，这个加速过程只会持续 5.4ms。整个加速过程中，弹丸无法靠电磁回中力完成一个完整的振荡周期，振荡的衰减更是微乎其微。因此，靠自由振荡自行衰减实现磁悬浮看起来是不现实的。

（3）闭环磁悬浮加速需要检测弹丸径向的位置和姿态，这样的传感器目前不存在，而且可以想见是很难实现的。

（4）闭环磁悬浮加速需要的控制算法可能极难构建。上述关于简谐振动的计算和仿真都只考虑了一个自由度。实际情况非常复杂，因为弹丸作平移运动时，不仅会受到回中力，还会受到回中 / 靠边力矩。

平移带来的力矩如图 8.18 所示。

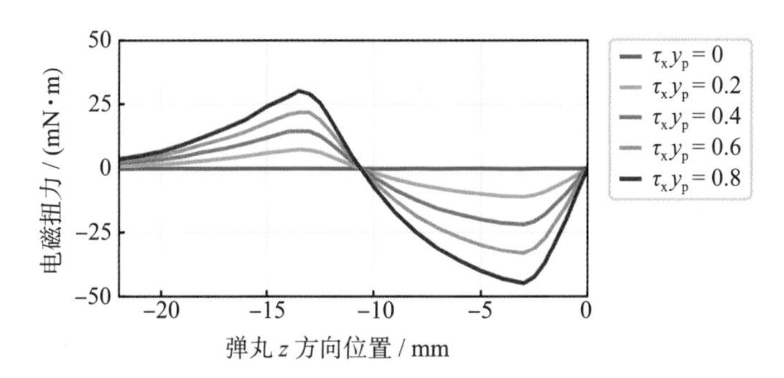

图 8.18 平移运动带来的 *x* 方向力矩

同样地，弹丸扭转也会带来平移的力，如图 8.19 所示。

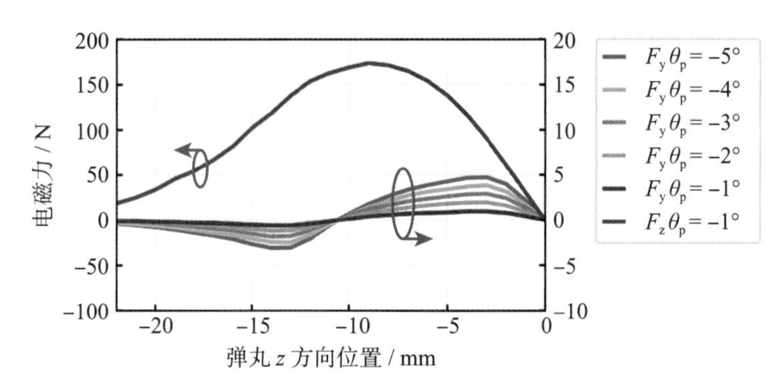

图 8.19 扭转运动带来的 *y* 方向力

平移和扭转运动会相互耦合，因此大概率会出现混沌现象，表现为弹丸以很复杂且敏感的状态，同时进行平移和扭转运动。这显然是很难进行负反馈控制的。

（5）无法控制弹丸的角向平移和方位向旋转。如果线圈轴线和导管轴线重合，则无法产生需要的电磁力分量。一旦某种原因导致弹丸被赋予了这两个方向的速度，则没有办法通过线圈产生的电磁力分量将其消除。此时弹丸会在回中力 / 力矩的作用下，沿导管轴线做圆周运动。一种可能的做法是，令每一个线圈都和导管不共轴，故意加上一定的偏移，如图 8.20 所示。此时可以产生角向平移和方位向旋转电磁力。原则上可以通过巧妙地控制每个线圈产生的各种电磁力分量，使弹丸在 4 个自由度上都实现稳定。代价是进一步损失加速力，并使得控制算法更难构建。

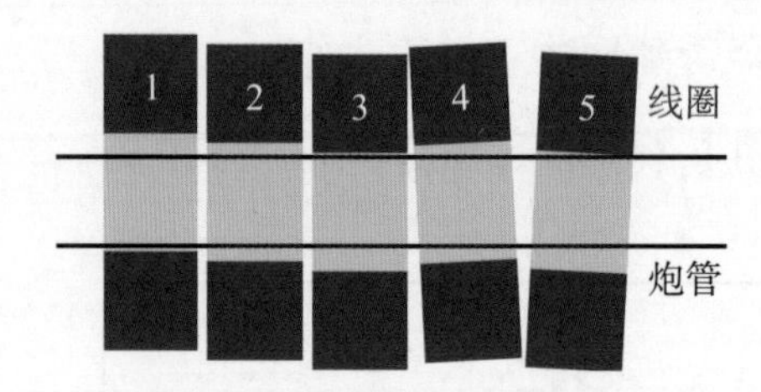

图8.20 非共轴线圈，包括平移的不共轴（1 ~ 3号线圈），以及扭转的不共轴（4、5号线圈）

3. 惯性稳定的方案

和磁悬浮加速不一样，惯性稳定不关心弹丸内弹道的状态，只关心弹丸在出口瞬间的状态。因此，惯性稳定方案的分类方式，除了开环和闭环，还有全局和末端两个概念。

全局惯性稳定可以看作精度格外高的磁悬浮加速。

末端稳定则是只在靠近炮口的几级尝试改善弹丸的姿态。在更之前的其他级，则不关心弹丸姿态，可以按普通线圈炮来设计。

惯性稳定最简单的形式是开环末端惯性稳定，即只在最后一级或几级尝试惯性稳定，并且不检测弹丸的径向位置和姿态，只是单纯地在弹丸离线圈较远的时候给线圈通电。

开环末端惯性稳定甚至可以省去检测弹丸轴向位置的传感器，使用最简单的无感控制策略。此时尽管最后几级工作在轴向不稳定区，但轴向正反馈还来不及显现出来，弹丸就已经出膛了，所以轴向不稳定的影响不大。

4. 惯性稳定的难点

（1）包含前面提到的“磁悬浮加速”的所有难点。

（2）可能会遇到“气动失稳”的问题，即在弹丸出膛后，气动力迅速使弹丸开始翻滚，令惯性稳定失效。图8.27展示了圆头圆柱形弹丸受到的气动力矩，结果显示它会受到一个使其翻滚的力矩，力矩 τ 随弹丸攻角 θ 的增大而（大致地）线性增大，可以表示为 $\tau=\kappa\theta$。和8.2.3节不同的是，κ 前面没有负号。此时弹丸攻角与时间呈双曲余弦关系。双曲余弦是一个很糟糕的函数，它的特点是：自变量增大到一定程度之后，因变量会急剧增大，意味着弹丸会迅速失稳。

取转动惯量 $I = 1.6\times10^{-7}\mathrm{kg\cdot m^2}$，初始攻角1°，扭转刚度 $\kappa\approx2.4\mathrm{mN\cdot m/rad}$（如果图8.27的结果是正确的），根据这些数据计算得到的攻角－时间关系如图8.21所示。

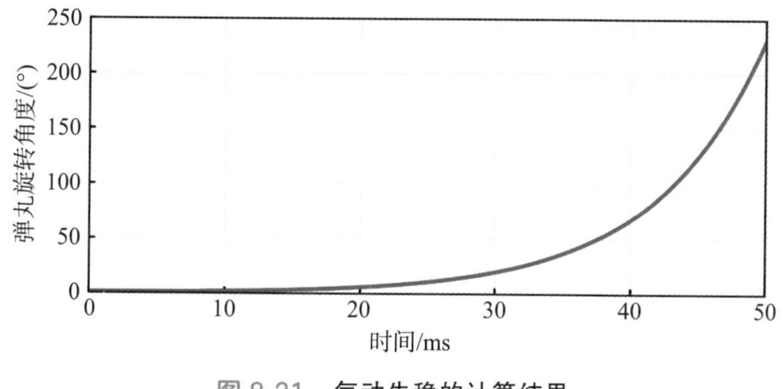

图 8.21 气动失稳的计算结果

可以看到，50ms 时，弹丸就已经充分翻滚了。对于 100m/s 的出速，此时弹丸只飞出了 5m。5m 都稳定不了，显然是不实用的。如果图 8.27 的结果是正确的，则单独的惯性稳定将只能用于低速、重弹的应用，此时气动力的影响小，弹丸不会受其影响而迅速开始翻滚。如果要用于高速、轻弹，则必须与尾翼稳定相结合，此时惯性稳定的效果是允许使用尺寸较小的尾翼。

8.2.5 开环单级惯性稳定的实验结果

从前面几小节不难看出，电磁姿态稳定到目前为止似乎是不实用的，至少理论上如此。之所以还要讨论，是因为实验现象比较耐人寻味。

实验使用的是直径 8mm、长 16mm 的实心圆柱形弹丸（平头平尾），出速约为 130m/s。实验时修改了磁阻炮最后一级时序，使得线圈导通时，弹丸离线圈较远，下文称这种状态为“开启惯性稳定”。作为对照，还测试了“未开启惯性稳定”时的状况。

实验进行了两轮，分别在 6m 和 10m 的距离上射击，每次射击 5 发。6m 时的靶纸如图 8.22 所示。

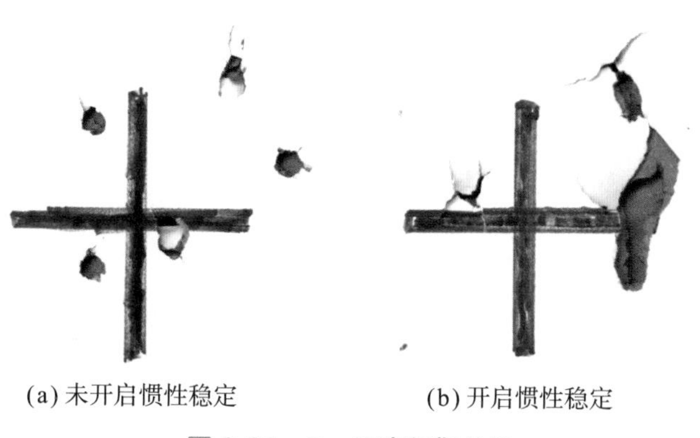

(a) 未开启惯性稳定　　(b) 开启惯性稳定

图 8.22 6m 距离打靶结果

与预期的结果恰恰相反，未开启惯性稳定时，弹丸普遍以较好的姿态着靶。开启惯性稳定后，弹丸反而出现了明显的翻滚。这个实验重复了多次，确信没有弄反实验记录。

这个结果也不完全是坏消息，虽然开启惯性稳定带来了坏效果，但坏效果也是效果，而且这个效果还比较显著。这说明，调整最后一级线圈的导通时刻，是可以影响弹丸着靶姿态的。能产生坏的影响，那就理应也能产生好的影响。毕竟“默认状态”是在对弹丸姿态一无所知的情况下设计出来的，一无所知时刚好设计出了“最优状态”，是极小概率的事件。只要不是最优状态，自然就能通过调整得到更好的效果。只是目前这个实验比较匆忙，没来得及调试得到“更好的结果”，但这种可能性是很大的。

对于目前的实验结果，一种可能的解释是，实验采用的磁阻炮，除了最后一级，其他所有级都是“径向不稳定”的，因此弹丸在加速过程中会始终贴在导管壁上。此时，如果最后一级开启惯性稳定，则弹丸会受到回中力，离开导管壁。这个过程会产生扭转，使弹丸姿态变差。反过来讲，如果不开启惯性稳定，则直到弹丸出膛，它都始终贴在导管壁上，翻滚反而较小。

10m 的射击结果和 6m 时有很大不同。此时不论是否开启惯性稳定，弹丸着靶姿态都是非常随机的，没有发现明显区别。这说明弹丸在 6m 到 10m 之间受到了某种力，使其翻滚程度急剧增大。而且这个力非常大，以至于惯性稳定的影响被淹没在噪声之下。这与前一小节末尾关于“气动失稳”的猜想是一致的。不过实验中“翻滚程度急剧增大”发生的时刻比图 8.21 中的计算结果晚了许多。

当然，我们进行的测试远不止上述几组。实验中甚至可以观察到同一个发射装置在相同条件下的平均弹着点，与供弹的初始径向位置（贴近导管左壁或右壁）强相关。这些现象比较有趣，值得进一步研究。

8.3 外弹道姿态稳定

8.3.1 自旋稳定

多数轻武器有膛线，弹丸能够自旋稳定。在磁阻炮上，由于导管强度低、弹丸硬度高、加速力不足等原因，添加膛线是不现实的，将来最多在导管末端添加少许膛线。但通过摩擦力或电磁力，也可以让弹丸自旋。自旋通常导致弹丸紧贴导管内壁滚动，这种滚动对导管寿命、射弹散布有负面影响。

可以将弹丸视作电机转子，通过电磁力使其旋转。与磁阻炮原理相同的磁阻电机，需要转子在旋转方向上磁阻不均匀。但出于轴向加速性能、制造成本等方面的考虑，磁阻炮弹丸铁磁部分的外形类似圆柱体，在旋转过程中，磁阻并没有差异。

既然磁阻电机不太可行，也可以借助感应电机、磁滞电机的原理，使铁磁材料圆柱弹丸旋转。

感应电机比较常见，定子产生旋转磁场，在转子上产生感应涡流，感应涡流产生的磁场与定子磁场之间相互作用，由此产生转矩。但由于弹丸是整块铁磁材料，相当于只有转子铁芯而没有转子绕组，加速效果不好。

磁滞电机则比较小众，这种电机依靠转子的磁滞转矩工作，转子可以是一整块匀质圆柱体或圆环。图 8.23 展示了一种磁滞电机，转子仅由圆片状顶盖和转轴组成，红色圆环部分是转子的磁材料，方片状结构是轭铁。转子材质的磁滞损耗越大，转矩越大，一般使用硬磁材料。但磁阻炮弹丸的磁滞损耗小，以磁滞电机方式旋转，转矩小，旋转效率可能不理想。

图 8.23 磁滞电机

也可以使用摩擦力带动弹丸自旋，如图 8.24 所示，电机带动套管高速旋转，弹丸先在套管内受摩擦力高速自旋，随后再直线加速。

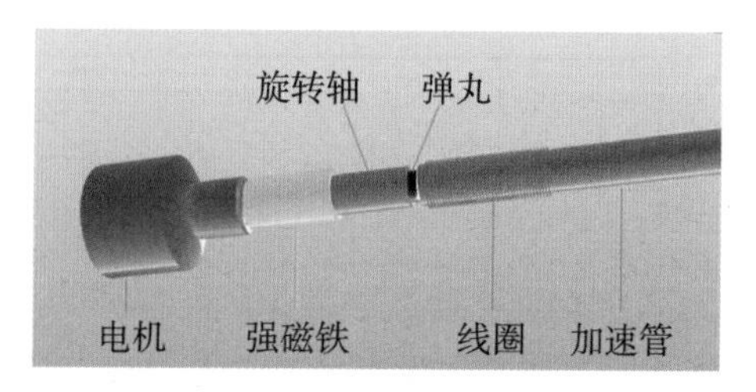

图 8.24 使用摩擦力旋转弹丸（高颖，2016）

对于轻武器常用的艇尾形弹头，当速度低于音速时，可以使用以下经验公式估算自旋稳定所需的转速：

$$n = 0.423v\sqrt{\frac{sdl(1+l^2)}{m}}$$

式中，n 为每秒转速（r/s）；v 为弹丸初速（m/s）；s 为稳定系数（无量纲），一般认为 $s = 1$ 以下不稳定，通常取 $s = 2$；d 为弹丸直径（mm）；l 为弹丸长径比；m 为弹丸质量（g）。

可见，影响自旋速度的主要因素是弹丸长径比，小长径比的弹丸在相对低的速度下就可实现自旋稳定。若弹丸为圆柱体，所需自旋速度会有所差异。通过公式可以预估，即便最有利的条件，所需转速也高到对磁阻炮来说不现实的程度。

8.3.2 气动稳定

滑膛炮通常发射气动稳定弹丸，这种弹丸的重心位于气动压心之前。弹丸飞行出现攻角时，因气动作用产生恢复力矩，使弹丸方向回正。如图 8.25 所示，可以通过气动仿真的手段来评估弹丸的气动性能。

图 8.25 气动仿真示意图

图 8.26 展示了三种弹头的风阻特性。可见平头弹的风阻较大，不过由于形状标准，在研发中使用较为方便。椭圆头弹虽然风阻较小，但弧面占据了较长的弹体长度，如果将铁磁体加工成椭圆头，则不利于电磁性能，加工成本较高。

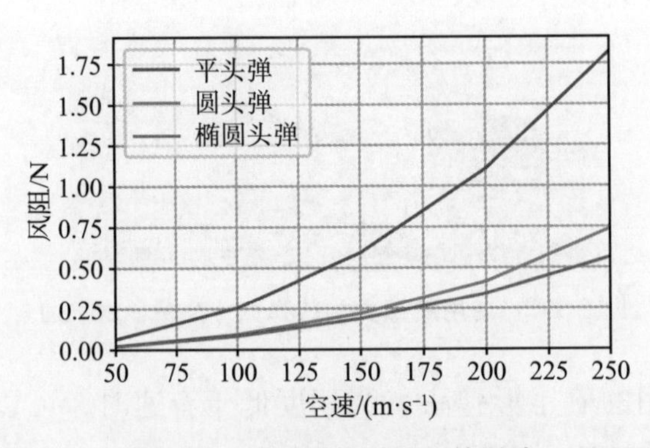

图 8.26 弹头形状对风阻的影响

弹丸尾部的形态对风阻也有明显影响，没有尾整流罩，会在尾部形成低压区。如果尾整流罩长度太短，曲面过于“陡峭”，气流会出现分离，减阻效果不佳。一般而言，尾整流罩的半角度在 5° ~ 15° 。

图 8.27 展示了相同空速下，恢复力矩随气动攻角的变化曲线，三种弹丸采用不同的气动稳定方式。图 8.27 中，如果恢复力矩为正，意味着弹丸有攻角减小的趋势；反之，恢复力矩为负，意味着没有气动稳定效果。可见，在没有气动稳定措施时，弹头在 ±25° 攻角以内是不稳定的。尽管有多种气动稳定方法，比如在弹丸尾部系上飘带、尾部安装轻质圆管结构，但通常尾翼稳定效果最好、稳定装置的长度最短。

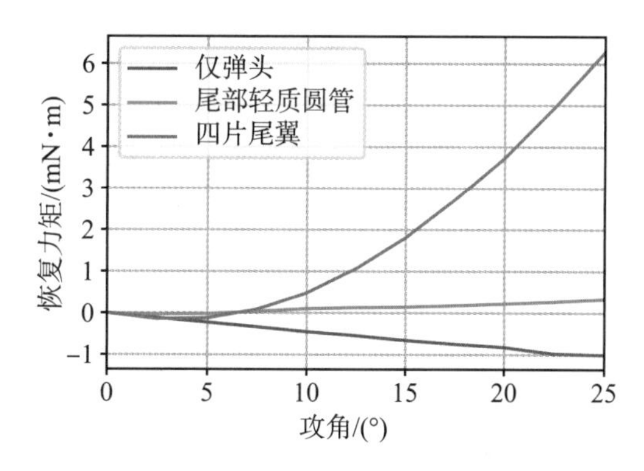

图 8.27 不同气动稳定方式效果对比

气动稳定效果对比如图 8.28 所示，图 8.28（a）使用实心圆柱弹，从靶纸可以看出弹丸出现翻滚；图 8.28（b）使用尾翼稳定弹，着靶姿态几乎垂直。

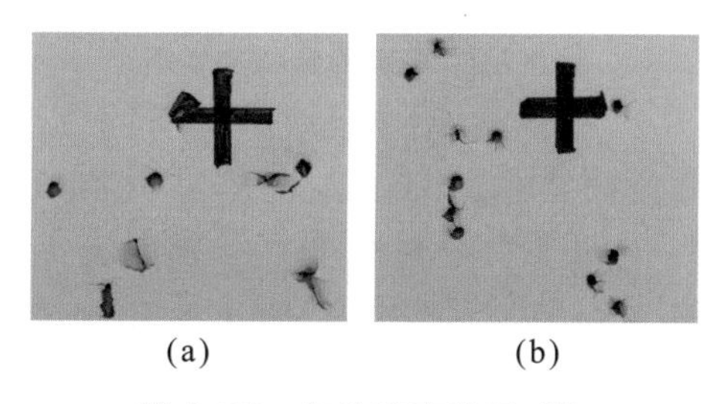

图 8.28 气动稳定效果对比

理想的气动稳定弹应当在任意攻角下具有恢复力矩。图 8.29 展示了不同尾翼形状的气动稳定效果，尾翼长 20mm，4 片翼片时，在大攻角下有较好的恢复力矩，但在小攻角下不太稳定；将翼片数量增加至 6 片，小攻角下稳定性提升，但大攻角效果略差；尾翼缩短至 15mm 后，稳定性能整体恶化。由于尾翼密度远低于铁磁材料，加长尾翼不会带来明显的重心后移，却能使压心显著后移，气动压心 – 重心的距离变大，气动稳定效果提升。基于同样的原理，降低尾翼密度也能提升稳定性，如将尾翼做成中空结构，或使用发泡材料。

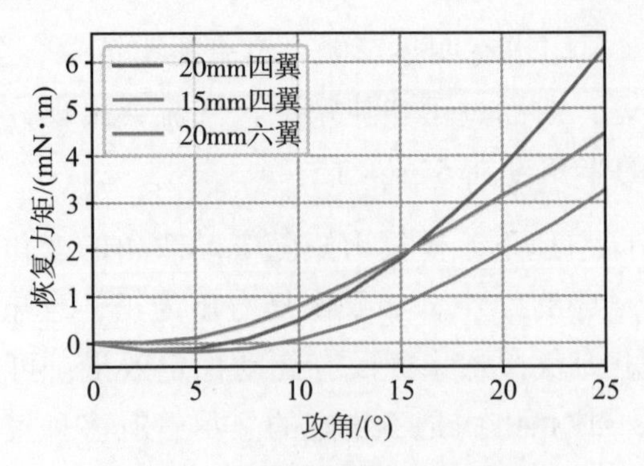

图 8.29 不同尾翼的气动稳定效果

尾翼与供弹系统相互关联。图 8.30 展示了三种不同的尾翼稳定弹，尾翼越长，对气动稳定性越有利，但要求供弹系统有更长的行程，且弹药携带量受限、风阻变大、弹丸死重增加。另一方面，简单的直尾翼在弹匣收纳时容易发生尾部交叠现象，导致供弹困难。可行的解决方式是在尾翼末端添加圆环，或令尾翼扭转，但两种方法都会使得气动现象更复杂。

图 8.30 尾翼稳定弹实物图

添加尾翼虽然能稳定弹丸姿态，却未必有利于散布。尾翼稳定的本质是保持弹体姿态与气流方向平行，如果发射时有垂直于发射方向的气流，如侧风，那么尾翼稳定弹受到的气流是相对地面的速度（地速）和侧风的矢量和，飞行轨迹会趋向于来风方向。如果尾翼的加工装配精度不足，也会造成弹体偏转，扩大散布。使用图 8.30 中的扭转尾翼，以低速自旋抵消这种误差是可行的，但又会导致气动稳定性的恶化。

实际设计中，应当从需求出发，根据所需的散布与姿态要求，结合实验，提出可行的几种弹丸稳定方案。再综合考虑供弹系统、加速部分的设计，提出整体可行的方案。

第9章 磁阻炮的极限性能

9.1 概述

装备的性能总是在约束条件的重重包围下取得的，磁阻炮也不例外。前面各章，大多隐含了加速路程、质量、弹丸尺寸、复杂度等约束条件，并且优先考虑效率。这样做一方面是为了取得较为均衡的指标，另一方面是为了面向产业化。本章通过调整约束条件和优化目标，看看磁阻炮有多大想象空间。可以简单地理解为，如果是学术界而不是工业界研究磁阻炮，在纸面上能达到什么水平。

谈到枪炮的性能，最吸引目光的是出速。我们已经知道，在经典物理范畴内，磁阻炮的速度和效率都没有理论上限（效率可逼近100%）。速度来源于加速，加速度越大，效率越低。在放弃效率的情况下，可以采用十分暴力的驱动方式，只要线圈和开关器件不被电流炸毁即可。如果对效率仍有追求，则可以通过延长加速路程来提高出速。

加速路程（决定了加速器长度）变长，装置就会变得更重。若提高加速度，由于效率迅速降低，就需要更多的储能和更健壮的开关器件，也会增加装置质量。随着加速器变长，需要的线圈级数会越来越多，当级数从十几级、几十级，提升到数百乃至上千级，复杂度就提高到实验室也难以驾驭的程度，其可靠性达到实测完一组数据还没坏掉，就谢天谢地了。

小的弹丸更易获得高出速，但如果加速路程相同，由于高加速度的效率更低，弹丸的动能却降低了。小的弹丸意味着更短的线圈，同样加速路程下的线圈数量会增加，复杂度也会增加。

从上面的描述可以看出，出速、动能、效率存在互相制约关系，它们又和加速器的长度、质量、复杂度等相矛盾。当然，如果弹丸不会磁饱和，那么这些参数就不存在相互制约，只要增加储能，性能就能得到全面提升。事实上，所有实用的磁阻炮都工作在深度磁饱和状态，也就是极限状态。提升任何一个指标，都会导致其他指标劣化。

我们已经掌握磁阻炮的性质，可以在系统工程层面探讨极限指标，此处并不需要考虑具体的电路拓扑。

9.2 以减小装置质量和尺寸为目标

假设我们需要设计实用的手持电磁炮，那么总质量应控制在 5kg 以内，去除电池、供弹机、外壳等部分，单纯加速器的质量以不超过 3kg 为好，长度应小于 1m。弹丸需要达到一定出速以确保射程，于是将 100m/s 视为实用的最低标准。为了保证打击效果，把 50J 视为最低动能标准。

若要减小发射器质量，首先需要明确其组成部分。通常，发射器的主要质量来自线圈和电容，其次是电路和机械结构。

理想情况下，线圈是紧密排布的，其质量可以根据线圈内外径和加速路程估算。在相同出速的条件下，加速路程越长，效率越高，但线圈的质量也随之增加。此外，线圈的厚度也会影响效率，最优效率的线圈厚度并不一定能使加速器的质量最轻。为了控制加速器质量，线圈厚度应适当减小，稍微牺牲效率以换取更轻的线圈，只要因此增加的储能元件质量比减少的线圈质量少即可。线圈的质量可以按照式（9.1）计算。

$$M_{\text{coil}} = \pi \cdot \left(R_2^2 - R_1^2\right) \cdot \rho_{\text{Cu}} \cdot \lambda_{\text{m}} \cdot s \tag{9.1}$$

式中，R_1、R_2分别是线圈的内径、外径；λ_{m}为线圈质量填充率。

线圈匝间存在间隙，质量会略小于同形状的实心铜。由于绝缘层的存在，λ_{m}的极限一般在 0.8 左右，可以计算出外径 20mm、内径 10mm 的铜线圈的线密度为 1689g/m。加速器实物图如图 9.1 所示。

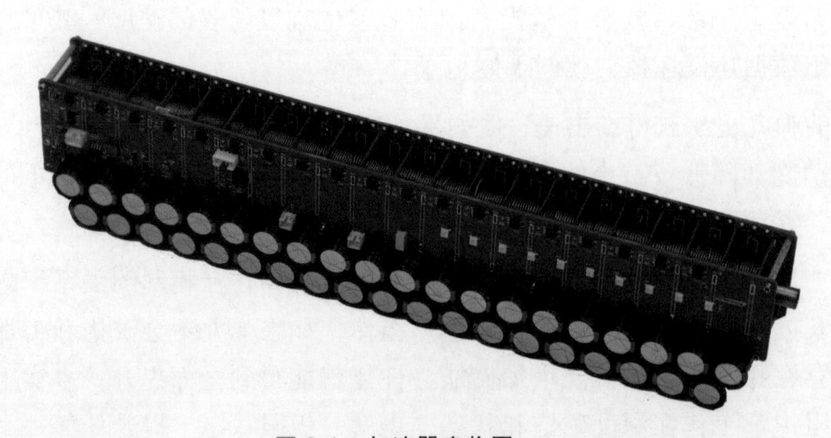

图 9.1 加速器实物图

储能元件往往比线圈的质量更大。加速器所需的电容质量可以根据弹丸动能、效率、储能密度和放电深度进行计算。效率可根据第 2 章的方法估算。效率越低，相同发射动能下所需的电容质量就越大。放电深度 D_D 是指发射使用的储能占总储能的比值。由于电容通常不会完全放电，因此部分储能无法被利用。电容质量计算公式如下：

$$M_{Cap}=\frac{\frac{E_k}{\eta\cdot D_D}}{u_{Cap}} \tag{9.2}$$

式中，E_k是弹丸动能；u_{Cap}是电容的质量储能密度，单位J/g。性能较好的小型单体电解电容的质量储能密度普遍在0.7J/g左右，个别产品可达1J/g。以目前电解电容的性能，手持规模下，电容总储能一般不超过3kJ。

电路和机械结构的质量与加速器规模成正比，也受复杂度的影响。这些质量可以根据加速路程估算。磁阻炮的每级线圈都需要开关器件控制，功率容量大的开关器件更重。这些质量都要考虑进去，如式（9.3）：

$$M_S=N\cdot M_T+M_C\cdot s \tag{9.3}$$

式中，N是加速所需的开关管数量；M_T是单个开关管质量；M_C代表每米电路板的质量。

加速器质量是上述三部分质量之和：

$$\begin{aligned}M&=M_{Coil}+M_{Cap}+M_S\\&=\frac{\frac{E_k}{\eta\cdot D_D}}{u_{Cap}}+\left[\pi\cdot\left(R_2^{\ 2}-R_1^{\ 2}\right)\cdot\rho_{Cu}\cdot\lambda_m+M_C\right]\cdot s+N\cdot M_T\end{aligned} \tag{9.4}$$

式中，效率η在第2章已经计算过了，重写如下。可以看出效率也受线圈外形和加速路程的影响。

$$\eta=\frac{1}{1+\frac{32v\rho_m\rho cl\left(R_2^{\ 2}-R_1^{\ 2}\right)}{s\lambda B_S^{\ 2}D^2K^2}} \tag{9.5}$$

综上，当加速路程较短时，线圈和机械结构的质量较小，但由于发射效率较低，所需的电容质量会显著增加。当加速路程较长时，线圈和机械结构的质量则较大。存在一个最优的加速路程，使得加速器质量最小。整体来看，加速器的质量随着加速路程的增加呈现先下降后上升的趋势。根据上述原理，编写一个计算器（图 9.2），可以快速计算加速器最小质量。

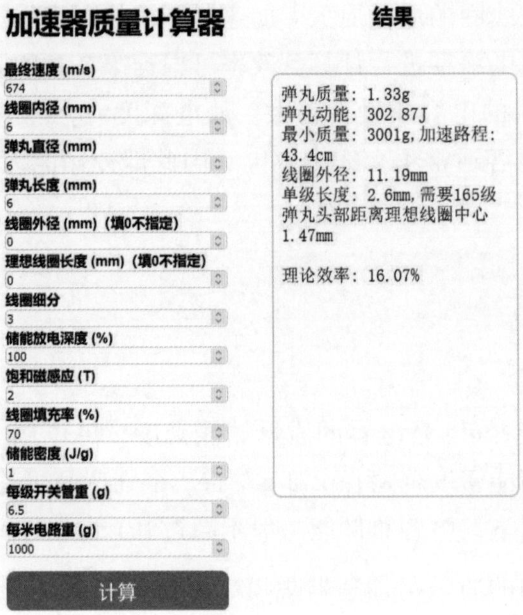

加速器质量计算器

最终速度 (m/s)
674
线圈内径 (mm)
6
弹丸直径 (mm)
6
弹丸长度 (mm)
6
线圈外径 (mm) (填0不指定)
0
理想线圈长度 (mm) (填0不指定)
0
线圈细分
3
储能放电深度 (%)
100
饱和磁感应 (T)
2
线圈填充率 (%)
70
储能密度 (J/g)
1
每级开关管重 (g)
6.5
每米电路重 (g)
1000
计算

结果

弹丸质量：1.33g
弹丸动能：302.87J
最小质量：3001g，加速路程：43.4cm
线圈外径：11.19mm
单级长度：2.6mm，需要165级
弹丸头部距离理想线圈中心1.47mm

理论效率：16.07%

图 9.2 加速器质量计算器界面图

图 9.2 中，以 3kg 质量为期望，经过扫参，得到一种配置方案，用 43.4cm 的加速路程，将 1.33g 的直径 6mm、长 6mm 的弹丸加速到 674m/s。由该例可知，优化目标转变为质量后，能得到在指定出速条件下，最轻和较小的装置，而效率不是最优的。反过来可以认为，674m/s 是在指定质量和弹丸条件下，能够得到的最大出速。当然，因存在各种阻力，实际速度会低于该值，由于趋肤效应和邻近效应的存在，期望质量 3kg 时也不可能做到该指标。但转变优化目标后，各指标的关系是不变的。

线圈个数是按照把理想线圈分成若干份计算的。分的份数越多，效率越接近理论值，通常分成 3 份足矣。由于其复杂度过高（165 级），不太可能实现产业化，但在实验室中具有一定可行性。如果增加单个线圈长度，减少线圈个数，可在稍微牺牲性能的条件下，显著降低复杂度，具体可参考 3.2.1 节。

9.3 在指定条件下的出速极限

在限定 3kg 加速器质量的情况下，弹丸直径越小，出速越高。计算表明，若不考虑阻力，即使有最大质量和最低动能限制，3kg 加速器的理论出速依然可以达到八九倍音速。当然，实际是不现实的，因为此时弹丸直径仅有约 1mm，需要五六百个长度 1mm 左右的加速线圈。并且线圈电流很大，开关器件的体积也很大，挤不进如此狭小的空间。为了避免出现这种实验室也难以实现的极端参数，我们将弹丸直径限定在不小于 6mm。此时的极限出速已在 9.2 节算出，接近 674m/s，动能约 300J。

一些高效率的拓扑，如使用公用电容的拓扑，只能放出约 60% 的储能。考虑放电深度后，仍用 9.2 节的方法计算，发射直径 6mm、长 6mm 的弹丸，极限速度降到大约 560m/s，加速路程接近 0.5m。由于基于理想线圈长度，仍需要一百六十多级。如果将线圈级数指定为 100 级，极限速度将降至大约 520m/s。

如果不追求高效率，使用某些效率稍低，但能放出 100% 储能的拓扑，则储能电容的质量反而更轻，或同等电容质量下能实现更高的出速。

采用矩阵拓扑来对上述算例进行初步设计。该拓扑已在第 4 章介绍，具有开关管数量少的特点。由于级数过多，使用有限元仿真比较麻烦，这里使用柯巍建立的时域方程求解，顾子飞已经把它写成了仿真软件，仿真结果如图 9.3 所示。

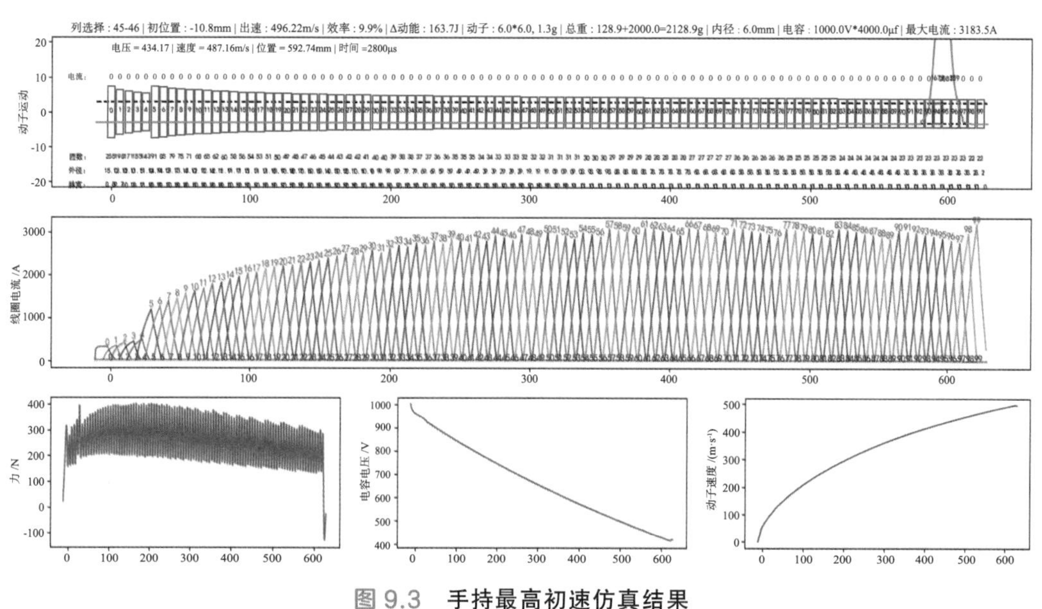

图 9.3 手持最高初速仿真结果

时域方程求解的结果较质量公式稍有劣化。使用 1000V、4000μF 电容，100 个 5.3mm 长的线圈，忽略除线圈电阻以外的回路电阻，可以把弹丸加速到 490m/s。此时峰值电流达到 3kA，需要采用并管均流的办法构建开关器件。如果不采用矩阵拓扑，由于需要更多开关管，对质量的估计是不足的，质量将超过 3kg，或者需要进一步降低指标。

9.4 在指定条件下的动能极限

理论上，相同加速度下，不同直径的最优效率相同。换句话说，通过增大直径，可以在不改变效率的前提下显著提升动能。经过计算，3kg 的加速器，如果以出速不低于 100m/s 为约束条件，则最大可以发射直径 28mm、长 28mm 的弹丸，理论动能可达 680J（图 9.4）。

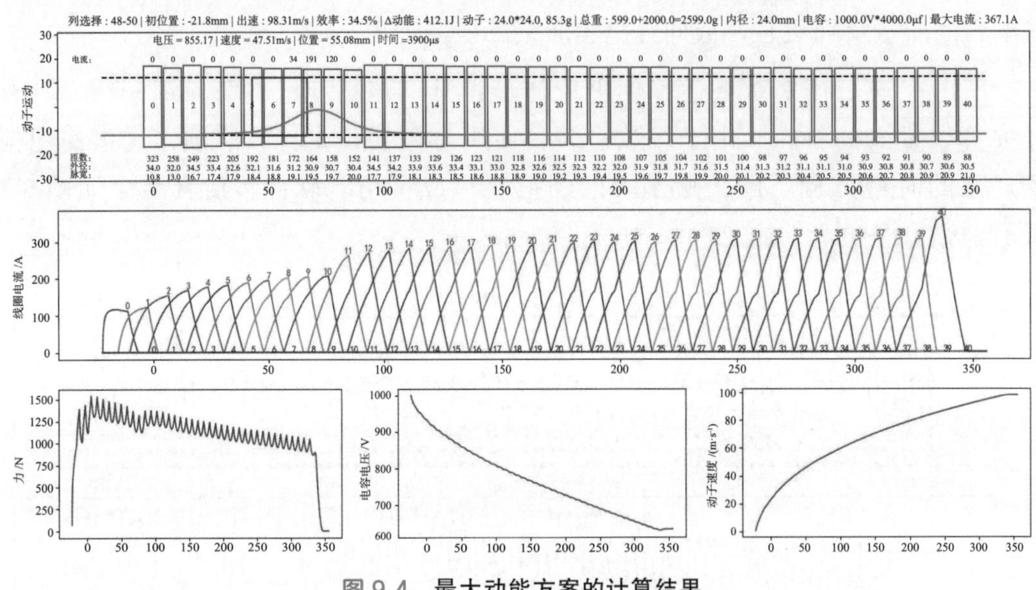

图 9.4 最大动能方案的计算结果

若考虑 60% 的放电深度，则需要降低指标。仍在 3kg 的质量约束下，可以将直径 24mm、长 24mm 的弹丸加速到 100m/s，动能约 430J，只需要 41 个线圈。

再用时域方程验算，电容依然为 1000V、4000μF，线圈长度 7.7mm，动能约 412J，线圈最大电流不到 400A，具有可行性。

如果将弹丸缩小到直径 12mm、长 12mm，则出速可达约 306m/s，动能约 500J。按照 60% 的放电深度来计算，则出速能达到约 255m/s，动能约 340J。

如果将加速器质量限制放宽到 10kg，可以求得以下结果。

（1）直径 6mm、长 6mm 的弹丸，极限速度约 1300m/s，动能约 1.1kJ，需要三百多级。

（2）直径 10mm、长 10mm 的弹丸，极限速度约 750m/s，动能约 1.8kJ，需要二百多级。

（3）直径 20mm、长 20mm 的弹丸，极限速度约 320m/s，动能约 2.5kJ，需

要一百二十级。

这些极限性能如果能在工程中实现，则能够以常见火药武器三倍的装置质量，达到相似的“威力”。考虑到磁阻炮的优点，三倍质量是可能被许多用户接受的。

不过，越接近极限，线圈的工作频率越高，趋肤效应和邻近效应的影响越明显，线圈损耗越大，直到打破高速级效率较高的趋势。再加上实际工程中的多种限制，实际装置距离“三倍”还很远，在低出速（低于300/ms）能做到6～10倍就不错了。出速进一步提高，则所需脉冲功率越来越大，直到在手持规模上不现实的程度。

9.5　制约磁阻炮性能极限的因素

磁阻炮的研究近年来取得了较大进展，技术的边界已经基本探查清楚。有些制约因素在短期内看不到突破的希望，而有些则可能通过投入研发而见到明显的改善。

（1）限制磁阻炮性能提升的根本因素是弹丸饱和磁感应强度不足。钢制弹丸约为2T，昂贵的铁钴钒合金弹丸约为2.4T。在可以预见的未来，不太可能出现超过3T，同时还廉价易得的新材料。对于这个问题，仅靠磁阻炮一家是无能为力的，只能等待科学技术的进步。

（2）材料的电导率是其次的限制因素。目前实际可以应用的线圈材料是铜和铝，在数百乃至数千安的电流下，会产生巨大的损耗，特别是高速短弹下，由于频率更高，损耗更大。如果希望降低损耗，可以使用银和传说中的石墨烯，如果有特别耐磁场的常温超导线圈，这个限制因素就不存在了。

现实的办法是定制圆角矩形截面的导线，把线圈填充率从70%提升至80%左右，从而等效于使用更高电导率的材料。这个工作成本不算离谱，值得推进。就实验研究而言，对于损耗最大的一、二级，可以使用银线来绕制。

（3）目前市场上缺乏专门针对脉冲场景设计的小尺寸功率器件。为了减小体积，普遍选用货架化供应的小封装器件，并按照极限甚至超限条件使用，导致故障率居高不下。

以功率半导体技术的当前水平，缺乏这种器件大概只是因为需求太少。如果斥资研发适合脉冲工况的大电流、小体积、无须考核持续耗散功率的开关器件，则能够显著减小体积，提高可靠性。

（4）缺少针对性优化的电容。电解电容耐压低，储能密度不足，且最近几十年几乎没有发展。其他类型的电容虽然文献中有出类拔萃者，但从未见货架产品。在保持400V以上储能电压的前提下，提高储能密度，降低电容内阻，或者在保持储能密度的前提下把耐压提升到1200V，有利于简化设计，提高性能。

（5）理论上磁阻炮可以不需要“炮管”，但现实中往往需要导管来保证线圈同心和免受弹丸剐蹭，大多数设计还依赖导管提供射击精度。为了提升效率，导管壁必须尽可能薄，为了提高精度，导管又必须通过增加壁厚来保证刚度。要想解决这对矛盾，只能提高材料强度。目前主要采用薄壁不锈钢管，因为它有能用的强度，同时电导率和磁导率都很低，让涡流损耗和磁场旁路变得可以忽略不计。对于不考核寿命，只要求性能的实验装置，碳纤维管是更好的选择。

材料研究是一个长期的事，当前可以在已经产业化的材料中寻找，然后定制成适当的管材。在导管的出口部分，可以模压一些向内的凸起来减小间隙，提高精度。

除了上述基础条件的制约，实际装置还存在来自结构、可靠性等方面的制约，无法按照理想状况实施。例如，不可能将线圈划分得太细，于是磁场将有脉动，加速过程传递的能量少于理想情况。这些因素都会导致磁阻炮性能比前文推算的极限情况有所劣化。

9.6 磁阻炮的前景

从技术角度看，磁阻炮的实用极限在两三百米每秒出速，数百焦耳动能。基于该性能，可以展望的前景是替代绝大部分气枪和少部分火药枪械。它无须燃烧，加速平稳，又能达到火药武器的动能水平，可以开拓原本由于无法耐受燃气高温和高加速度而难以实现的用途。

从市场角度看，磁阻炮的前景与它的优势是一一对应的。无声无光和后坐力低的特点，使其在隐蔽性方面表现出色，适合特殊作战用途。动能可调，能够设置适宜的打击效果从而减少伤亡，适合护卫用途。以电能为动力使其在武器智能化和监管智能化方面具有良好基础，能够承载丰富的应用创新、软件创新，更适合基层部门。弹丸速度和发射时间都可以精确控制，非常适合测试用途和科学实验。

随着战争格局和战术观念的改变，单兵轻武器是否真的需要三倍音速的出速值得商榷。有一个可能性是，对现代战争而言，只要解决射击精度问题，即便出速降低至音速，采用电磁炮依然能够明显获益。

尽管从趋势上看，枪械领域的电气化、智能化不可阻挡，但换代需求却并不紧迫。这是因为，在传统思维框架下，磁阻炮虽不见得比现有技术差，但也没有革命性的优势。对警用武器来说，考虑到威慑用途，磁阻炮的无声可能反成劣势。

任何大的技术转型，都伴随着整个产业链的重构以及纷繁复杂的博弈。作为一种新装备，必然需要全新的训练、战术、后勤体系支撑，甚至需要全新的思想，高楼大厦不是一天就能建成的。

武器装备是较为特殊和封闭的领域，换代过程并不完全由市场规律决定。电磁炮的普及和产业成长能进展到何种程度，十分依赖于制度准备。目前可以设想的是，由于我国在该领域处于全球领军地位，它的产业化理应由我们引领。

总的来讲，磁阻炮刚刚进展到产业化培育阶段。迄今为止，还没有一款真正达到现役装备成熟度的产品，各细分领域更是一片空白。俗话说，一张白纸好作画，电磁炮的发展完全有条件跳出传统枪械的思维，借助我国坚实的机电制造业基础，迈向新的高度。